住房城乡建设部土建类学科专业"十三五"规划教材

高等学校建筑学专业指导委员会规划推荐教材

室内设计原理

（第二版）

Principles of Interior Design

主　编　同济大学　陈　易

副主编　重庆大学　陈永昌

　　　　华中科技大学　辛艺峰

中国建筑工业出版社

建筑及其室内极大地影响了人们认识世界的方式。伟大的建筑必定有伟大的室内，据称，100个改变建筑的伟大观念中，有16项完全是室内的观念，而且开宗明义第一项"壁炉"就源自室内，其余52项也与建筑的室内外整体环境相关。几乎所有的建筑思潮和流派都与室内设计不可分割，几乎所有的艺术思潮和艺术流派也都反映在室内设计中，甚至源自室内设计，诸如18世纪的洛可可风格、19世纪的工艺美术运动、20世纪初的新艺术运动及其相关的欧洲各国流派、20世纪20年代发端的装饰艺术派、20世纪30年代的有机抽象、20世纪50年代末的波普艺术和动态艺术等。室内设计成为最具实验性和先锋性的领域，历代许多建筑大师同时也是室内设计大师，他们都创造了具有里程碑意义的室内设计。

室内设计可以追溯到史前时代，绵延数千年的建筑室内设计成为人类文化的纪念碑。完美的建筑必定是室内外空间与环境的整合，室内空间是从建筑环境空间的宏观尺度转化为人的尺度的核心。由于社会生产、生活方式和自然环境的差异，不同时代的宗教、社会、文化、艺术、审美和科学技术对室内设计产生了根本性的影响，而不同的建筑类型和功能也产生了丰富多彩的室内空间。

历史上，室内设计与建筑设计是建造过程的组成部分，室内设计也称为室内建筑设计。

在工业革命以后，随着建筑类型的丰富和发展，室内设计不再是室内装饰，而开始作为一门独立的专业，成为根据建筑的类型以及使用者的功能需求和审美趣味的二次建筑创造，与建筑形成一个整体。19世纪的商业繁荣也推动了室内设计的扩展，20世纪50和60年代，室内设计达到了前所未有的昌盛，与室内设计相关的家具、饰品等已经成为一种产业，出现了大规模的室内设计公司，吸引了众多建筑师、艺术家、家具设计师、陈设设计师、工程师、技术人员等专业人员。美国在1938年成立美国设计师学会，20世纪30年代在大学中开始设置工业设计专业，1957年成立国家室内设计师学会，国际室内设计师协会于1994年成立，英国在1966年成立室内装饰师和室内设计师协会，1986年成立注册设计师协会，标志着室内设计成为独立专业的漫长历程。

室内设计也是建筑空间的再设计，实现建筑空间的内在本质，以室内空间表述建筑和建筑的外空间。室内设计既反映了社会分工和设计阶段的分化，也是社会生活精细化的结晶，是技术与艺术的完美结合。建筑的外观可能历经千年没有变化，而室内的演变却远胜建筑风格的变化。室内空间的类型和艺术风格，如果仔细划分的话，可能远远超过建筑。室内设计是艺术和科学的结合，室内设计是一个综合而又整体的概念，按照公共空间、半公共空间和非公共空间的区分，从宏观上把握并有效地利用空间，使之适合建筑的功能和审美，提升建筑内部空间的品质，使之更有益健康，更具审美愉悦。室内设计师既创造生活方式，在这个意义上说，也创造未来。

室内设计融合了艺术和科学，室内设计师需要有设计的理念，需要广博的知识，既能处理艺术问题，又能控制技术细节，既是工程师、建筑师，又是艺术家，在特殊的历史建筑修缮工作中甚至也是建筑史学家。室内设计的成功取决于设计师的艺术和技术修养，也取决于业主的需求以及设计师与业主的互动。当代室内设计涵盖的领域十分广阔，不仅是建筑的室内设计，也涉及家具、灯具、织物、陈设、小品和标志等的艺术设计，甚至有时也会拓展到建筑立面和表皮。室内设计也延伸至一切有内部空间的领域，诸如舰船、车辆和飞行器等的内舱设计。室内设计师既要从宏观上把握空间，又要细致入微地关注每个细节。在现代社会中，人们的生活体验在很大程度上与室内设计相关，室内空间是人们所无法回避的主要工作和生活环境，室内设计直接反映了生活的品质和人们的素质。

室内设计是一门发展极为迅速的学科，当代室内设计不再是传统意义上的工艺美术和装饰设计，现代室内设计不仅与建筑学、文学、美学、艺术学、物理学、生物学、生态学、符号学、人类工程学、认知心理学、环境心理学等学科相关，也与结构工程、生产工艺、环境工程、机械工程、照明工程、材料工程等紧密相关，具有多学科综合的特点。

由同济大学陈易教授、重庆大学陈永昌教授和华中科技大学辛艺峰教授等主编的《室内设计原理》（第二版）全面地论述了室内设计的概念、原则、方法和过程，室内设计的相关学科，室内设计的学习方法等内容，同时也论述了室内设计的演化历程。该书不仅讨论设计的对象，也研究设计的主体。这部教材凝聚了集体的心血，全书具有完整的体系，资料详实，插图精美，写作严谨。作者们不仅注重理论的系统性，也注重实践性。修订中介绍了世界建筑最新的发展趋势及其流派，论述深入浅出，是迄今为止国内最为全面的一本高水平室内设计原理教材。

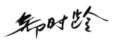

中国科学院院士
法兰西建筑科学院院士
美国建筑师学会荣誉资深会员
中华人民共和国一级注册建筑师
同济大学教授、博士、博士生导师
2020年6月25日

序（第一版）

自从人类有建筑以来，就有室内空间。作为建筑设计的延伸，室内设计既反映了社会分工、设计阶段的分化，也是社会生活精细化的结晶，是技术与艺术的完美结合。作为工业设计和陈设、装饰设计的先导，室内设计也是室内空间的再设计，实现了建筑空间的内在本质、以内空间表述建筑和建筑的外空间。室内设计是对建筑内部围合空间的重构与再建，使之适应特定功能的需要，以符合使用者和设计师的目标要求。英国建筑师里伯斯金曾经指出"建筑永远处于过程之中"，这个过程不仅是时间和空间变化、流动的过程，也是室内外空间环境交融的过程。许多建筑的外观和结构可以几乎是永恒的，而室内设计则会经历许多变化，室内设计是建筑过程最完美的体现。

室内设计是一个整体的概念，将室内设计所涉及的各个专业加以整合，对不同部位使用的各种材料按照技术要求进行选择和封装，对室内各个空间和界面按照功能要求进行视觉艺术设计和标识系统设计，对空间及其界面进行装饰、点缀、美化以及陈设布置。

当代室内设计涵盖的领域十分广阔，不仅包含建筑物的室内设计，也延伸至诸如轮船、车辆和飞行器等的内舱设计。室内设计师的设计领域也扩展到诸如家具、灯具、陈设、小品和标志等的艺术设计，甚至有时也会拓展到建筑立面和表皮的设计。既要从宏观上把握空间，又要细致入微地关注每个细部。

室内设计与建筑设计、环境设计、工业设计等有着十分密切的关系，是一门发展极为迅速的学科。当代室内设计不再是传统意义上的工艺美术，现代室内设计不仅与建筑学、文学、美学、物理学、生物学、生态学、符号学、人类工程学、认知心理学、环境心理学等学科相关，也与结构过程、生产工艺、环境工程技术、机械工程、照明工程、材料工程紧密相关，成为一门综合性的学科。如果将室内设计与建筑设计进行比较，我们会发现，室内设计更着重于人性化和生活的层面。美国当代著名建筑师、建筑理论家文丘里曾说过："室外和室内的使用及空间的力量交汇之时，就是建筑的开始。"

室内设计既涉及个人的空间，也涉及公共的空间，通过室内空间及其界面的处理，以家具与陈设的布置与装饰等来满足生活的需求，表达设计师的理想和追求。室内设计是在更深的层次上设计生活，既是社会生活方式的体现，也是个体生活方式的反映，既反映使用者的个性，也反映设计师的风格，从而使室内设计呈现了极为丰富多彩的面貌。从这个意义上说，室内设计师既创造生活，也创造未来。室内设计是社会生活、经济、政治、伦理、科学和技术的综合物化，也是时代精神的整体表现。在现代社会中，人们的生活体验在很大程度上与室内设计相关，室内空间是人们所无法回避的主要生活环境，室内设计直接反映了生活的品质和人们的素质。

由于室内设计的上述特性，室内设计师必须具备丰富的想象力和社会洞察力，同时又有深厚的生活体验，既能处理艺术问题，又能控制技术细节，即是艺术家，又是工程师。同时，也无法想象一位缺乏文学修养的设计师能创造并表达出中国新建筑的精神及其韵味，无法想象一位缺乏生活激情的设计师能面对社会，面对生活创造出反映时代精神的作品。

由陈易教授、陈永昌教授和辛艺峰教授等主编的《室内设计原理》全面地论述了室内设计的设计方法和原则、室内设计的相关学科、室内设计的学习方法以及室内设计的评价原则等，同时也论述了室内设计的发展史。该书不仅讨论设计的对象，也研究设计的主体。各位主编和撰稿者不仅有深厚的理论功底，同时也都有十分丰富的实践经验。作为一本教材，这本著作凝聚了集体的心血，全书具有完整的体系，资料丰足，插图精美。作者们不仅注重理论的系统性，也注重实践性。该书介绍了世界建筑最新的发展趋势及其流派，论述深入浅出，逻辑严密，是迄今为止国内最为辉煌的一本室内设计原理教材。

郑时龄

中国科学院院士
法兰西建筑科学院院士
美国建筑师学会荣誉资深会员
中华人民共和国一级注册建筑师
同济大学教授、博士、博士生导师
2007 年 3 月 30 日

自教材第一版付印以来，不知不觉中已经过去了十多年。这十余年间，中国室内设计蓬勃发展，涌现出大量优秀的室内设计作品，同时，新概念、新理论、新技术层出不穷，因此，有必要对第一版教材进行修订，跟上时代发展的步伐。

修订中，在以下方面投入了很大精力，以确保教材的先进性。

第一，保持教材原有结构的基础上，对章节安排做了调整。有些章节进行了合并，全书从 11 章调整为 10 章，结构更为紧凑；增加了"交通工具内装设计"的章节，扩大了传统室内设计的领域。

第二，对内容进行了全面更换、充实，在保持教材经典性的基础上，尽量采用最新的理念、引用最新的案例、采用最新的规范和标准，及时反映时代发展的动向。

第三，对内容和文字进行了精简，尽量做到言简意赅；同时，对注释和图表来源进行了细化，使教材更为规范。

教材第二版的修订工作仍由同济大学建筑系陈易教授担任主编，重庆大学建筑系陈永昌教授、华中科技大学建筑系辛艺峰教授担任副主编，负责全书的构思、协调和组织工作；陈易教授同时承担了整本教材的统稿工作。本教材由同济大学建筑系庄荣教授主审。教材第二版具体各章节的撰写人员见下表：

修订过程中，得到了教育部高等学校建

第二版编写人员一览表

第 1 章	1.1—陈易（同济大学）（其中 1.1.3 中的大部分内容由陈永昌、苏宏志完成） 1.2 和 1.3—陈永昌、苏宏志（重庆大学） 1.4—陈易（同济大学）
第 2 章	2.1—李旭佳（重庆大学），陈易（同济大学） 2.2.1 ~ 2.2.5—符宗荣（重庆大学） 2.2.6—陈永昌、李南希（重庆大学）
第 3 章	陈易（同济大学）
第 4 章	4.1—陈易（同济大学） 4.2.1—陈永昌、孙雁（重庆大学），陈易（同济大学） 4.2.2—邓宏（重庆大学），陈易（同济大学） 4.2.3—陈永昌、孙雁（重庆大学），陈易（同济大学） 4.2.4—严永红（重庆大学），陈易（同济大学） 4.2.5—陈易（同济大学）
第 5 章	霍维国（华中科技大学）
第 6 章	辛艺峰（华中科技大学）

第 7 章	卢琦（上海交通大学）
第 8 章	8.1 和 8.2—陈易（同济大学） 8.3—严永红（重庆大学）
第 9 章	王红江（上海视觉艺术学院）
第 10 章	陈易（同济大学）

注：参编人员的单位参照了第一版时的所在单位。

筑类专业教学指导委员会建筑学专业教学指导分委员会、同济大学、重庆大学、华中科技大学、上海交通大学、上海视觉艺术学院等单位领导的大力支持，中国建筑工业出版社的领导和编辑则在各方面给予很多帮助和指导；同济大学建筑系陈申源教授和上海同济室内设计工程有限公司前董事长陈忠华教授多次为本书提出了宝贵意见；美国加利福尼亚大学戴维斯分校（University of California，Davis）副研究员易钧女士对本书的英译部分作了修正；中国科学院院士郑时龄先生在百忙之中为本书第二版再次作序，更使本书增色不少；同济大学博士研究生薛天、齐飞、李品、张冬卿，硕士研究生黄曼姝、傅宇昕、赵文佳、薛洁楠、董之鑫、蔡少敏、方兴等提供了诸多帮助；在修订工作中，本书借鉴了老一辈室内设计专家的研究成果，在此，一并表示诚挚的谢意。

原计划仅对教材进行少量的修订，预计工作量不大。可是在实际工作中，发现涉及的内容十分广泛，不知不觉修订工作量已经远远超过 50%。但即便如此，仍感到难以全面概括当今室内设计发展的趋势，有些遗憾只能留到第三版的修订之中了。

尽管各位主编和编写人员尽了很大的努力，力求使本书能反映时代发展的最新成果，但由于能力有限，加之时间紧张，平时教学科研工作繁忙，书中定有很多不妥之处，在此表示深深的歉意，并希望在今后的再版中能继续修正。书中的一些数据与尺寸偏重于说明设计原理，若与现行规范不一致时，以国家和地方规范为准。

本教材参考、引用了国内外学者的一些图片资料，在此表示衷心的感谢。由于编写时间紧迫，加之缺少联系方式，无法与有关学者一一联系，在此深表歉意。相关学者见本教材后，可以与编者或出版社联系，以便当面致谢。

本书第一版已经得到专家和读者们的首肯，在行业内具有较好的声誉和影响。希望修订后的第二版能继续得到大家的厚爱，为中国的室内设计事业发展作出持续的贡献！

2020 年 3 月

改革开放以来，我国人民的生活水平不断提高，建筑装饰业迅猛发展，室内设计方兴未艾。1987年经建设部批准，同济大学建筑系和重庆建筑工程学院建筑系（现重庆大学建筑系）开始设立室内设计专业，成为我国大陆最早在工科类高等院校中设立的室内设计专业。时至今日，我国的室内设计教育已经得到飞速发展，日益受到人们的高度重视，展现出蓬勃向上的气势。

在精神文明和物质文明不断向前发展的今天，人们对美的要求日益提高，这就更加要求设计人员通过室内设计这一融科学和艺术于一体的学科，提高人们的生活质量和生存价值，展示现代文明的新成果。为了向建筑学、室内设计、艺术设计等相关专业的学生和对室内设计感兴趣的人士系统地介绍室内设计的知识，全国高等院校建筑学专业指导委员会决定编写本教材，并委托同济大学、重庆大学和华中科技大学负责本书的编写工作。

本书由同济大学建筑系陈易教授任主编，重庆大学建筑系陈永昌教授、华中科技大学建筑系辛艺峰教授任副主编，负责全书的构思、统稿、协调和组织工作。本书具体各章节的撰写人员如下：

陈　易（同济大学）：
第1章（1.2除外）、第4章、第8章（8.2.1、8.3除外）、第10章；

陈永昌、苏宏志（重庆大学）：
第1.2节、第2章、第8.3节；

李旭佳（重庆大学）：第3.1节；

符宗荣（重庆大学）：
第3.2节中的3.2.1～3.2.5；

陈永昌、李南希（重庆大学）：
第3.2节中的3.2.6、第11.6节；

陈永昌、孙　雁（重庆大学）：
第5.1节、第5.3节；

邓　宏（重庆大学）：第5.2节；

严永红（重庆大学）：第5.4节；

霍维国（华中科技大学）：第6章；

辛艺峰（华中科技大学）：第7章；

李　钢（华中科技大学）：
第8.2节中的8.2.1；

卢　琦（上海交通大学）：第9章；

陈永昌、姜玉艳（重庆大学）：
第11.1～11.5节。

本书为普通高等教育土建学科专业"十一五"规划教材、全国高校建筑学专业指导委员会规划推荐教材，在写作过程中得到了有关部委、全国高校建筑学专业指导委员会、同济大学、重庆大学、华中科技大学、上海交通大学等单位领导的大力支持，中国建筑工业出版社的领导和编辑则在各方面给予很多帮助；

此外，作为"同济大学'十五'规划教材"，本书得到了"同济大学教材、学术著作出版基金委员会"的资助；同济大学建筑系陈申源教授和上海同济室内设计工程有限公司董事长陈忠华教授多次为本书提出了宝贵意见；澳大利亚新南威尔士大学建筑历史理论教务主任、同济大学访问教授冯仕达先生，美国 JH 国际建筑设计及咨询事务所设计总监朱俊先生对本书的英译部分作了修正；中国科学院院士郑时龄先生在百忙之中为本书作序，更使本书增色不少；在写作中，本书借鉴了老一辈室内设计专家的研究成果，参考引用了国内外相关学者的一些图片和资料，在此，一并表示诚挚的谢意。

室内设计是一门发展十分迅速的学科，涉及面很广，尽管在写作过程中各位主编和老师尽了很大的努力，力求使本书具有新意和创意，但仍感能力有限，加之时间紧张，平时教学科研工作繁忙，书中定有很多不妥之处，在此表示深深的歉意，并希望在今后的再版中能一一修正。本书中的一些数据与尺寸偏重于说明设计原理，若与现行规范不一致时，以国家和地方规范为准。

最后，愿这本凝聚着众人心血的教材能为中国室内设计事业的发展作出微薄的贡献！

目录

第 4 章
Chapter 4
室内空间限定和造型元素
Interior Space Planning and
Design Elements

第 5 章
Chapter 5
室内界面及部件的装饰设计
The Decorative Design for Interior
Surface and Components

第 6 章
Chapter 6
室内环境中的内含物
Components of Interior
Environment

第 7 章
Chapter 7
特殊人群的室内设计
Interior Design for People
with Special Needs

第 8 章
Chapter 8
室内设计与其他相关学科
Interior Design and Related
Disciplines

第 9 章
Chapter 9
交通工具内装设计
Interior Design for
Vehicles

第 10 章
Chapter 10
室内设计的发展趋势
Trends in Interior Design

第1章
Chapter 1

室内设计概述
Interior Design Concepts

■ 基本概念及辨析
Basic Concepts and Analyses

■ 室内设计的方法与过程
The Methods and Process of Interior Design

■ 室内设计的学习方法
Learning Methods of Interior Design

■ 从业人员及相关组织
Professionals and Related Organizations

自 21 世纪以来，中国人民的生活水平不断提高，室内设计方兴未艾，已经越来越与人们的生活、工作发生密切的关系，受到人们的高度重视。室内设计作为一门专业，亦得到了空前的发展，展现出蓬勃向上的气势。

1.1　基本概念及辨析

室内设计是一门相对独立的专业，涉及诸多理论，为此有必要首先介绍一下它的一些基本概念。

1.1.1　设计和室内空间

"设计"（design）是一个经常使用的概念，有多种解释。根据《辞海》，设计是指根据一定的目的要求，预先指定方案、图样等。[1]事实上，设计是寻求解决问题的方法与过程，是在有明确目的引导下的有意识创造，是对人与人、人与物、物与物之间关系问题的求解，是生活方式的体现，是知识价值的体现。

"空间"（space）是建筑学专业中一个内涵非常丰富的专业术语。就建筑物而言，"空间"一般是指由结构和界面所限定围合的供人们活动、生活、工作的空的部分，"空间"是建筑学专业研究的核心内容之一。

"室内空间"（interior space 或 indoor space）就是指：带有顶面的空间，顶面使空间基本具备了遮风避雨的功能，能够满足人们最基本的生存需求，因此可以说：具有顶界面是室内空间的最大特点。一个最简单的独柱伞壳，就具备避免日晒雨淋的效果；而徒具四壁的空间，只能称为"天井"或"院子"，它们不具备避免日晒雨淋的效果，所以可以说，有无顶界面是区分室内空间与室外空间的关键因素。

就建筑物的室内空间而言，一般指被墙面、地面和顶面所围合而成的空间，该空间一般总有一个或多个出入口，也有一个或更多个像窗这样的开口以解决它的通风与采光问题。围合该空间的元素的形状可以是各种各样的，其用材也可以是丰富多彩的。室内空间有时也常称为室内空间环境、室内环境、内部环境或内部空间环境等。

1.1.2　室内设计

与建筑设计相比，室内设计是一门年轻的学科，其作为相对独立学科的历史并不太长，有必要对其基本概念作一简要的介绍。

有的学者认为：室内设计是根据建筑物的使用性质、所处环境和相应标准，运用物质技术手段和建筑美学原理，创造功能合理、舒适优美、满足人们物质和精神生活需要的室内环境。这一空间环境既具有使用价值，满足相应的功能要求，同时也反映了历史文脉、建筑风格、环境气氛等精神因素。[2]

《辞海》把室内设计定义为：对建筑内部空间进行功能、技术、艺术的综合设计。根据建筑物的使用性质（生产或生活），所处环境和相应标准，运用技术手段和造型艺术、人体工程学等知识，创造舒适、优美的室内环境，以满足使用和审美要求。[3]

《中国大百科全书——建筑·园林·城市规划》把室内设计定义为：建筑设计的组成部分，旨在创造合理、舒适、优美的室内环境，以满足使用和审美的要求。室内设计的主要内容包括：建筑平面设计和空间组织、围护结构内表面（墙面、地面、顶棚、门和窗等）的处理，自然光和照明的运用以及室内家具、灯具、陈设的选型和布置。此外，还有植物、摆设和用具等的配置。[4]

目前在美国和加拿大具有较大影响的室内设计资格委员会（The Council for Interior Design Qualification，简称CIDQ）则指出：室内设计是一具有专门知识的独特专业，通过对室内环境的规划和设计，促进健康、安全和福祉，支持和改善人们的体验。在设计和行为理论研究的基础上，室内设计师运用基于循证的方法来识别、分析和综合信息，以形成整体的、技术的、创造性的、符合环境的设计解决方案。室内设计围绕以人为中心的策略，应对文化、相关人群和政治对社会的影响。室内设计师专注于室内环境中的技术和创意，提供具有弹性、可持续性、适应性的设计和施工解

决方案。通过教育、实践和考核的方式，室内设计师具备保护业主和使用者的道德和伦理责任，他们通过设计符合规范、无障碍、包容的室内环境，既满足人们的福祉，又满足他们复杂的生理、心理和情感需求。[5]

因此，综合各家之言，可以把室内设计简要理解为：运用一定的物质技术手段，根据对象所处的特定环境、相应标准和建设时间，对内部空间进行创造与组织，形成安全、健康、舒适、优美、生态的内部环境，满足人们的物质功能需要与精神功能需要。室内设计的对象并不总是局限在建筑物内部，诸如飞机、车辆、轮船等交通工具的内部环境设计，也带有强烈的室内设计特征，也应该属于室内设计的范畴。

1.1.3　室内设计与相关概念的辨析

在日常工作中经常会遇到建筑设计、室内装饰、室内装潢、室内装修等与室内设计密切相关的名词，辨析它们之间关系，亦有助于全面理解室内设计的含义。

1）室内设计与建筑设计

建筑学是一门传统的学科，是研究建筑物及其环境的学科，也是关于建筑设计艺术与技术结合的学科，旨在总结人类建筑活动的经验，研究人类建筑活动的规律和方法，创造适合人类生活需求及审美要求的物质形态和空间环境。建筑学是集社会、技术和艺术等多重属性于一体的综合性学科。建筑学与数学、力学、物理学、地理学等自然科学领域，土木工程、热能工程、电气工程、环境科学与工程、计算机科学与技术、材料科学与工程等工程技术科学领域，美学、社会学、心理学、历史学、经

济学、法学等人文社会科学及艺术学领域有着紧密的联系。传统建筑学科的研究对象包括建筑物、建筑群、室内外空间环境以及城乡空间环境设计。随着建筑学科的发展，城乡规划学和风景园林学逐步从建筑学中分化出来，形成互相独立的学科。今天的建筑学包括建筑设计、建筑历史、建筑技术、城市设计、室内设计和建筑遗产保护等方向，并与城乡规划学和风景园林学共同构成综合性的人居科学。建筑学包含六个主要研究方向，即：建筑设计及其理论、建筑历史与理论、建筑技术科学、城市设计及其理论、室内设计及其理论、建筑遗产保护及其理论。[6]

从上述表述可以发现：建筑设计和室内设计都属于建筑学的范畴，它们之间不可能截然分开。从某种意义上说，当今建筑设计和室内设计的分工是一种具有哲理性的分工，也是工程设计阶段性的分工。建筑设计主要把握建筑的总体构思、创造建筑的外部形象和合理的空间关系，而室内设计主要专注于研究特定内部空间（有时也包括交通工具的内部空间）的功能问题、美学问题和心理效应问题，并创造具有特色的内部空间。

（1）建筑设计与室内设计的不同之处

首先，两者的重点有所不同，涉及的尺度也有所不同。建筑设计主要涉及建筑的总体和综合关系，包括平面功能的安排、平面形式的确定、立面各部分比例关系的推敲、空间体量关系的处理，同时也要协调建筑外部形体与城镇环境、与内部空间形态的关系；室内设计主要针对内部空间环境进行设计，更加重视特定环境的视觉和生理、心理反应，主要通过内部空间的形状、色彩、材质、光线等造型元素来实现设计目标，创造尽可能完美的时空氛围。

其次，二者的过程存在一定的先后关系。建筑设计是室内设计的前提，室内设计是建筑设计的继续和深入。一般可以以建筑工程的构架完成为界限，之前为建筑设计，之后为室内设计。对于已建成的建筑实体进行室内设计或内部环境改造设计则是以建筑物整体作为前提条件的内部空间环境设计。

第三，二者的更新周期不同。一般来说，建筑设计的结果是长期存在的，往往较难适应现代人不断变化的生活工作状况，而室内设计的更新周期比较短，可以通过内部空间的再创造而赋予建筑物以个性，对建筑设计中的缺陷和不足进行调整和补充，使之不断适应时代发展的新要求。

（2）建筑设计与室内设计的内在联系

建筑设计和室内设计的内在联系始终贯穿于设计的全过程，在实践中，应该特别注意以下几个阶段的联系：

第一，在建筑设计的前期阶段：在室内设计过程中，有时为了弥补原有建筑设计的缺陷，有时为了新的功能需要，常常会对现有建筑进行改造。有时即使是新建工程，由于思路和需求的变化，也同样会发生大量的修改，这会造成许多无谓的人力、物力、时间、金钱的消耗。因此，在建筑设计的前期工作阶段就应该考虑室内设计的定位，两者最好同时开始，同步进行，以免不必要的损失。

第二，在建筑设计的深化阶段：深化设计是建筑设计工作中将概念性成果有效地向施工图设计转换的关键环节。如果在这个环节中，不能充分地使建筑设计与室内设计有机配合，就无法确保设计师整体思路的实施，会对未来设计造成不利影响。

第三，在室内设计进行阶段：尊重建筑师的设计构思是室内设计师的工作原则之一，室内设计人员应该在满足业主新需求的情况下，尽量尊重和进一步完善原有的设计意图，这样才有利于保持构思的完整连续。但在现实生活中，由于各种原因及工作责权的限制，建筑设计与室内设计常常处于分离状态，造成诸多问题。

第四，在项目成果评价方面：建筑设计和室内设计应该是在整体设计思想指导下相互影响、互利互动、不可分割、双向融和的过程，一件优秀的建筑设计作品离不开成功的室内设计，富有创意的室内设计能够为建筑设计增添光彩。所以室内设计师在尊重建筑师设计构思的同时，应该充分发挥自己的聪明智慧，通过对内部空间的再创造，营造出富有整体感和生命力的空间氛围，使建筑空间具有自身的特质。

2）室内设计与室内装饰、室内装修

在日常生活中，经常出现的还有室内装饰、室内装潢与室内装修这几个词，它们的词义与室内设计有一定的区别。

室内装饰或室内装潢（interior ornament or decoration），这两词偏重于从视觉艺术的角度探讨和研究问题，如偏重于室内地面、墙面、顶棚等界面的艺术处理，也涉及材料的选用，也可能包括对家具、灯具、陈设和室内绿化的选用、配置等。

室内装修（interior finishing）则偏重于从工程技术、施工工艺和构造做法等方面进行理解。

综上所述，室内设计一词的含义远较室内装饰、室内装潢、室内装修广泛得多，它既包含了视觉艺术的内容，也涉及了工程技术的要求，还包括对建筑物理的要求以及对社会、经济、文化、环境等综合因素的考虑。它是对装饰及装修概念的继承、发展与提升，具有更广阔的含义。至于经常出现的"室内环境设计"一词，则与"室内设计"一词的含义相同。

1.2 室内设计的方法与过程

室内设计既有类似于建筑设计的方法和过程，也有其独特之处。对从事室内设计工作的专业人员而言，应该了解这些内容，并熟悉掌握这些方法与过程。

1.2.1 室内设计的方法

室内设计与建筑设计具有类似的方法，二者有许多共同点，如都要满足使用功能（包括物质功能和精神功能）的要求，都受到经济能力、技术条件的制约，在设计过程中都要符合视知觉与审美的规律，都要考虑材料的特性与使用方法等，然而，以下几点需要特别引起注意。

1）大处着眼、细处着手，总体与细部反复推敲

大处着眼，是室内设计应该坚持的基本观点。大处着眼就是以室内设计的总体框架为切入点，这样就容易建立一个全局观念，起点比较高；框架建立之后，进行细化设计，也就是细处着手。只有这样反复推敲，设计才能有全局观，才能深入，才能符合客观实际的需要。

2）从里到外、从外到里，局部与整体协调统一

"里"是指某一室内环境，"外"是指与这一室内环境连接的其他室内环境，以至建筑物的室外环境，里外之间有着相互依存的密切关系。设计时需要从里到外，从外到里多次反复协调，才能更趋完善合理，使室内环境与建筑整体（包括室外环境）的性质、标准、风格协调统一。经过"从里到外""从外到里"的多次推敲，设计的整体性才能达到最大。

3）意在笔先、笔意同步，立意与表达同时并重

意在笔先，是指设计的构思、立意至关重要，应该有了构思和立意之后才开始动笔。可以说，一项室内设计，没有立意就等于没有"灵魂"。然而，一个好的构思往往很难得，需要有足够的信息量，需要有一定的商讨和思考时间，因此在实际工作中，也常常边动笔边构思，即所谓笔意同步，在不断推敲的过程中，使立意和构思逐步明确。但是，不管如何，一项优秀设计的关键因素仍然是要有一个好的构思和立意。

对于设计人员而言，还必须正确、完整，又有表现力地表达出室内设计的构思和意图，使业主和评审人员能够通过图纸、模型、多媒体等表达手段，全面地了解设计意图。设计成果质量的完整、精确、优美亦应该是优秀室内设计作品的必备品质。

1.2.2 室内设计的过程

室内设计的过程通常可以分为以下几个阶段，即：设计准备阶段、方案设计阶段、深化设计阶段、施工图设计阶段、现场配合阶段和使用后评价阶段。

1）设计准备阶段

设计准备阶段主要是接受委托任务书，签订合同，或者根据标书要求参加投标；明确设计期限并制定设计计划进度安排，考虑各有关工种的配合与协调；明确设计任务和要求，如室内设计任务的使用性质、功能特点、设计规模、等级标准、总造价，根据任务的使用性质判断所需创造的室内环境氛围、文化内涵或艺术风格等；此外，还应熟悉相关的规范和定额标准，收集分析必要的资料和信息，包括对现场的调查踏勘以及对同类型实例的参观等。一般具体内容可见表1-1。

随着建筑策划概念的普及，这一阶段的工作已愈发受到各方的重视，它对于以后各阶段工作的顺利进行将发挥越来越重要的影响。

设计准备阶段的相关工作一览表 　　　　　　　　　　表1-1

准备内容	交谈者	具体内容
了解建筑的基本情况	业主、原设计师	收集相关的平面图、立面图、剖面图和设计说明书。如上述资料无法收集时，则需采用测绘的方法予以补救。另外，在可能的条件下，应设法与原设计的建筑师进行交谈，充分了解原有的设计意图、建筑物的消防等级、机电设备配套情况等内容
了解业主的意图和要求	业主、使用者	了解他们对于各个空间的具体使用要求、内心意图和预期效果。设计人员既不能忽视业主的需求，也不能一味听从业主的要求，应该通过坦诚的沟通，了解业主的真实需求，并通过真诚的交流促使业主接受合理的建议

续表

准备内容	交谈者	具体内容
明确工作范围和投资额度	业主	必须明确室内设计的工作范围，同时必须了解业主的装修投资额度。投资情况对于选材和内部空间的整体效果具有十分重要的影响，必须在设计前做到心中有数
明确主要材料的情况	业主、供应商、施工单位	必须了解主要装修材料的品牌、质量、规格、色彩、价格、供货周期、耐火等级、环保安全指标等情况；对于进口材料，还必须了解其供货周期
实地调研和收集资料	业主、相关人士	测量现场，核对主要的数据；对现场周边的自然、人文、社会、经济等情况也应有所了解，并做好记录；拍摄必要的照片，以便进行研究和存查；同时，应尽可能搜集必要的类似设计资料（图片、文字记录或实例），研究其借鉴的可能性
拟定任务书	业主	在实践中，常常会遇到设计任务书不全的情况。业主常常以其他工程作为参照，或待设计方案出台后，再明确功能和投资金额。这样，设计方案常会因业主的意见而不断修改。为此，尽可能在设计准备阶段就与业主协商，明确设计的内容、条件、标准，拟定一份合乎实际需求、经过可行性论证的设计任务书

表格来源：陈永昌制作.

2）方案设计阶段

在设计准备阶段的基础上，进一步收集、分析、运用相关资料与信息，形成相应的构思与立意，进行多方案探索。经过方案分析、比较后，确定最佳方案。

在这个阶段中，设计师将在充分调研的基础上，通过初步构思—吸收各种介入因素—调整—绘成草图—修改—再构思—再绘成图式的反复操作，最后形成一个为各方均能满意接受的理想设计方案。这一过程是室内设计师的思维方式从概念上升为形象的过程，是形象思维转化为清晰的设计图式的过程，是设计程序中的关键阶段。

这一阶段提供的成果主要有设计说明书、设计图纸、模型、投资估算等，见表1-2。

方案设计阶段的成果一览表　　　　　　　　　　表1-2

成果种类		具体说明
设计说明书		是对设计方案的具体解说，涉及：建筑空间的现状情况、运用的相关设计规范、设计的总体构思、对功能问题的处理、平面布置中的相互关系、装饰的风格和处理方法、相关技术措施等
图纸（二维）	平面图	一般反映功能与人流的空间布局关系，确定各局部空间及家具的大体尺寸，确定门窗的定位、开启部位与隔断的位置，确定地面标高和材料的铺设划分、绿化景点和设施设备的分布等
	铺地图	如果设计中的地面铺装十分复杂，则可单独绘制地面铺装图
	平顶图	应明确顶棚的造型方式、标高、色彩和材料，布置照明灯具，确定空调和新风系统的出风口与回风口位置、消防烟感和喷淋的位置、顶棚上露明的各种设施位置等
	立面图	主要涉及墙立面各部的长、宽、高尺寸，墙面造型，材料选择和颜色，门窗造型，绿化配景，艺术挂饰品，固定家具形式等。室内设计中立面图的表达方式主要有两种：一种称为内立面展开图，另一种称为剖视图。两种方式各有利弊，前者尤其适用于圆形及弧形平面的空间，后者则有利于表达空间的起伏关系

续表

成果种类		具体说明
图纸 （二维）	剖面图	主要表现空间的高低起伏，楼梯、坡道等的高差关系，在室内设计中，剖面图常与表现内立面的剖视图结合使用
效果图		通过一定的视点，较为真实、直观地表现内部空间的设计效果，充分表现空间的造型、色彩、材质和整体氛围
材料 实样		主要提供墙纸、织物、石材、面砖、木材等主要用材的小面积实样（为了方便，目前也常通过彩色图片表达），同时需提供家具、灯具、设备等的实物照片
估算		根据方案设计，对工程所需的投资额作出初步的估计，以供业主和评审人员参考

表格来源：陈永昌制作.

3）深化设计阶段

一般的室内设计项目分为两个阶段进行，即：方案设计阶段和施工图设计阶段。设计师在吸收业主和专家意见的基础上，对原方案设计进行调整，然后直接进入施工图设计阶段。

对于大型的、技术要求较高的室内设计项目，应该进行深化设计，以报业主和有关部门进一步审查、确认。深化设计是对方案设计的进一步完善和深入，是从方案设计到施工图设计的过渡阶段。这个阶段需要重点考虑方案的实施情况，进行多专业多工种的配合，落实相关的技术支撑和技术措施，为下一步绘制施工图、确定工程造价、控制工程总投资奠定基础。

深化设计阶段提供的图纸种类基本与方案设计阶段相似，但深度较深，并从各专业角度考虑、论证了方案设计的技术可行性。这一阶段应包括其他配套专业的相关图纸、工程概算等。

4）施工图设计阶段

施工图是直接提供施工企业按图施工的图纸，图纸必须尽可能规范、详细、完整、可行。施工图设计一般由设计单位完成，然后以此作为依据，再进行施工的招标投标工作。施工图也是编制工程预算、银行拨付工程款以及安排材料和设备的依据。施工图的可行性、完整性和准确性一般应进行相应的审查和审批。

提供的成果主要包括设计说明书、设计图纸两部分（表1-3），设计单位有时也还有可能需要提供预算书（也可由业主委托其他单位编制）。

在施工图设计时，必须与其他专业的工程师协商配合，充分考虑上下水系统、强弱电系统、消防系统、空调系统等的管线和设备的布局定位以及施工配套顺序。完整的施工图纸必须包括上述各专业的施工图纸。

施工图出图时必须使用图签，并加盖出图章。图签中应有工程负责人、专业负责人、设计人、校对人、审核人等的签名。

5）现场配合阶段

选定施工企业之后，室内设计师应向施工人员解释图纸中的相关内容，并根据工程进展情况，进行现场配合与指导，及时回答现场施工人员的问题，进行必要的设计调整和局部修改，保证施工顺利进行。此外，施工结束后，

施工图设计阶段室内设计师需要提供的主要成果说明表　　　　　表 1-3

成果类型		成果要求
设计说明		对施工图设计的具体解说，说明工程的总体设计要求、规范要求、质量要求、工艺做法、施工约定以及设计图纸中未表明的部分内容；还常常包含：材料表、构造做法表，以及装饰配部件、五金门锁、卫生洁具、灯光音响、厨房设备等的详细资料和要求
主要设计图纸	平面图	工程施工的依据，应详细标明图纸中有关物体的尺寸、做法、用材、色彩、规格等；应该特别重视饰面材料的分缝定位尺寸，重视材料的对位和接缝关系；应重点标明各界面造型的节点、构造，注明工艺流程。 施工图设计必须综合考虑材料性能、施工工艺、造价情况等因素，尽可能达到实用、美观、经济、便于施工、便于维护的目标
	铺地图	
	平顶图	
	立面图	
	剖面图	
	节点详图	

表格来源：陈永昌制作.

室内设计师也有必要配合业主从事选购家具、布置室内陈设品等工作，共同营造完美的空间氛围。

在国外，也有设计人员承担监理的任务，对施工进行全面的监督与管理，以确保设计意图的实施，使施工按期、保质、保量、高效协调地进行。

6）使用后评价阶段

工程完成后，室内设计的过程并没有真正结束，室内设计效果的好坏还需要经过使用后的评价才能确定。只有通过使用后的评价才能了解设计中的不足，才能更好地总结经验，改进设计，并不断提高设计水平。目前这一阶段的工作已经逐渐受到人们的重视。

1.3　室内设计的学习方法

室内设计的学习可以分为基本理论学习和设计实践学习两部分，二者之间既有区别又相互联系：理论关注的是普遍的原则，而设计实践关注的是具体的、取决于特定背景的实例。

理论处理的是抽象的概念，可以指导实践；实践处理的是具体的事实，是理论的深化。

1.3.1　基本理论学习

室内设计的基本理论学习应该关注以下几个方面的内容。

1）注重对人和自然的关怀

人是室内设计的主体，满足人的生理和心理需求是营造室内空间的目的，是现代室内设计的核心内容。在理论学习过程中，尤其需要重视人类工效学和心理学的内容。人类工效学是近几十年发展起来的学科，有助于在设计中协调人、物、环境之间的关系，力求达到三者的完美统一。心理学（特别是环境心理学）有助于在设计中了解人的行为模式、心理特征，从而营造符合人们需求的内部空间。

可持续发展是人类在 21 世纪面临的最迫切议题。室内设计中的生态问题日益受到学界的重视，如不及时解决和改善，将有可能成为破坏生态和环境的"疾病"，因此，必须引起高度重视。

2）注重全球知识与地域文化

从一方面看，全球化趋势有其合理的内涵，但从另一方面看，不同地域的建筑各有特色，有其特殊规律，一部建筑史本来就是地域文化发展的总和。因此，在学习、吸收各国先进理念的基础上，应该关注地域文化与民族特色，促进室内设计创作的繁荣。

3）注重学习其他专业的知识

室内设计涉及的领域十分广泛，与其紧密相关的有：建筑结构类；管道设备类——空调、水、电、采暖、消防等；艺术饰品类——雕塑、字画、饰品等；园林景观类——植物、水池、亭台楼阁等；家具电器类——家具、家用电器……如此众多的元素必然要求设计师有宽广的知识面。

掌握基本的结构知识十分重要，有助于在设计实践中对原建筑平面进行优化，提出不破坏结构安全的设计方案，也有助于与结构工程师沟通。空调、强弱电、给排水及消防专业设施设备的高度和位置是影响顶面、墙面造型的重要因素，室内设计师应该仔细研究各种管道、各种设备设施的布置情况，与各专业的工程师沟通协调，使之尽量满足室内设计的要求。

4）注重熟悉相关规范与标准

室内设计涉及不少国家规范、地方规范及行业标准，而且这些规范和标准常常处于修订之中，需要不断学习，及时更新。比较常用的规范有：《建筑设计防火规范》GB 50016-2014、《建筑内部装修设计防火规范》GB 50222-2017、《民用建筑工程室内环境污染控制规范》GB 50325-2010、《建筑装饰装修工程质量验收标准》GB 50210-2018 等，设计师应该了解这些常用规范的大致内容，熟悉主要数据，在设计中主动运用，确保设计符合现行规范、标准的要求。

1.3.2 设计实践学习

室内设计的设计实践学习方法主要有案例学习法、空间体验学习法、专题训练学习法、施工现场学习法、沟通能力学习法等。

1）案例学习法

通过对室内设计中具体案例的分析和讨论，形成对室内设计的本质、意义和原理等的认识，了解室内设计中疑难问题的解决方法。

案例学习法具有从点到面的效果，有助于加强对室内设计的理解。案例学习法强调课堂上每个人的共同参与，由于每一参与者的知识结构不同，不同的观点会在课堂讨论中产生碰撞，迸出火花。通过讨论，对案例的认识会逐渐完善。通过这种方式所掌握的知识不再是从概念到概念的表面知识，而是融合到学生自己知识体系中的内化了的知识。

2）空间体验学习法

即通过自身沉浸在已建成的室内空间环境中，与空间融为一体，感受空间的存在，与空间进行交流互动。

室内空间总是由具体的物质围合而成，它不是抽象而是具体的，人在空间内的体验往往是最直接、最真实的。对于设计师而言，应该学会以一种具体的方式去体验室内空间，去触摸它、看它、听它、嗅它。只有在脑海中带着室内设计作品的形象，受到它们的影响，才能在心灵中唤起这些形象并重新审视它们，进而帮助设计师发现新的形象，设计出新的作品。

3）**专题训练学习法**

指一个有一定独立性、有确定任务、可以获得一定成果（阶段成果）的室内设计题目，学生一般在教师的指导下独立完成这一过程，这是一个知识→智力→能力的转化过程。在教学中表现为课程设计、毕业设计和室内设计实习等方式。

专题训练的主要目的是培养学生运用已获得的一系列基础知识和专业知识，进行综合思考和分析，进一步训练运用创造性思维去分析问题和解决问题。专题训练的题目有两类，一种是假想的，另一种是实际的，这两类题目各有利弊。前者有利于教学的系统性，但与工程实践有较大的距离；后者的特点刚好相反。

4）**施工现场学习法**

其目的是在学生完成基础课、专业基础课和专业课的基础上，通过工程施工实习，进一步了解室内设计工程项目的设计、施工、施工组织管理及工程监理等主要内容，使书本理论与生产实践有机结合，扩大视野，增强感性认识，以适应未来实际工作的需要。

这一方法有助于拓宽学生的专业知识面；加深学生对细部构造、装饰材料、结构体系、施工工艺、施工组织管理、工程预算等内容的理解，巩固课堂所学的知识；也可使学生了解装饰施工企业的组织机构及企业经营管理方式……达到理论联系实践的目标。

5）**沟通能力学习法**

室内设计，尤其是大型室内设计项目中，牵涉业主，使用单位，政府管理部门，施工单位，经营管理方，供应商，建筑师，结构、水、电、空调工程师等诸多人员，室内设计师必须经常协调各方的要求，才能解决复杂工程中的复杂问题，达到各方面都能满意的结果，因此，在学习阶段就应该训练沟通能力。拥有良好的沟通能力，才能更好地实现自己的设计构思。

1.4 从业人员及相关组织

在实践中，室内设计基本分为公共建筑室内设计、住宅室内设计两类。公共建筑室内设计涉及公众的安全，需要有一定资质的设计人员承担；住宅室内设计常常并不涉及公众安全，因此在一般情况下对设计人员没有严格的资质要求，有时住户自己就能布置、装饰其居所，但是，作为专门从事住宅室内设计工作的人员则应该具有相应的资质。

总之，从事室内设计工作的专业人员应该接受过相应的教育，拥有相应的实践经验，获取一定的资质，并终身学习，不断提高自己的业务能力。

1.4.1 室内设计从业人员

在欧美发达国家，从事室内设计工作的专业人员主要有：室内设计师、室内建筑师、建筑师等；在中国，除了上述人员之外，还有不少其他专业的人员和从事艺术创作的人员。

1）**室内设计师**

在北美，室内设计师已经与建筑师、工程师、医师、律师一样成为一种职业。美国室内设计师学会（The American Society of Interior Designers，简称 ASID）对室内设计师的能力提出了如下要求：

室内设计师具有创意和解决技术问题的能

力，能够为业主提供安全、符合功能、具有吸引力的设计方案，将美学、实践技能和知识融于一体，从而影响人们的空间体验，改变人们的生活。

室内设计与建筑设计等专业一样，亦属于服务行业，成功的室内设计师应该能为业主提供令人满意的服务。室内设计师必须具备以下三方面的重要能力：创意和技术能力、人际交往能力和管理能力。

创意和技术能力：室内设计师应该具有将业主的目标和要求转化为符合功能、支持使用者行为、具有吸引力的室内环境的能力。成功的室内设计应该与建筑空间相协调，保护使用者的健康和安全，符合建筑规范，满足其他各专业的技术要求。通过对材料、照明、家具等的巧妙处理可以产生良好的空间体验，形成具有吸引力的室内设计方案。室内设计师一般通过系统的流程来完成设计工作。

人际交往能力：室内设计师必须与各类不同的人群进行沟通与合作。有效的书面、语言和视觉交流能力是与客户、利益相关者和合作伙伴成功合作的必要条件。室内设计师需要经常与建筑师、承包商和其他服务供应商合作，他（她）既要成为优秀的团队领导，又要成为出色的团队合作者。他们必须乐意通过协商和调解来解决遇到的各类问题。

管理能力：室内设计师必须具备出色的时间管理能力和项目管理能力，因为在工作中经常不得不同时按时限地完成多个设计项目，同时，还必须不断寻找新的项目和新的业主。室内设计师应该具有制定和执行商业计划的能力，以不断扩展自身的业务。他们应该懂得市场营销，懂得如何向客户推销自己，懂得如何提出和展示有信息量和说服力的建议和成果，以及如何维持良好的客户关系。[7]

2）其他专业人员

建筑师的执业范围包含了室内设计的工作，作为一名合格的建筑师应该对室内设计有必要的了解，应该在建筑方案构思中就对建成后的内部空间效果具有一定的考虑，为今后的室内设计创作提供便利。不少建筑师本身就是合格、乃至出色的室内设计师，往往将室内设计一气呵成，使内外空间成为一个完整的整体。

艺术创作人员具备一定的艺术素养，掌握相应的造型规律，经过一定的针对性学习，掌握了必要的建筑结构、建筑技术、建筑设备等方面的知识之后，也可以从事室内设计工作。

总之，作为一名合格室内设计师应该具有必要的建筑设计知识。在设计前，应充分了解建筑师的创作意图，然后根据内部空间的具体情况，运用室内设计的手段，对内部空间加以丰富与发展，创造出理想的内部环境。对于从事公共建筑内部空间设计的人员，应该具有相应的执业资质，以确保公众安全。

3）NCIDQ 资格认证考试

为了确保室内设计从业者达到必备的执业能力，保证公众的健康、安全和福祉，有的国家和地区推出了资格认证考试，如目前在美国和加拿大影响较大的 NCIDQ 资格认证考试（National Council for Interior Design Qualification，简称 NCIDQ）就是一例。该考试由室内设计资格委员会（CIDQ）负责操作，已经具有 40 多年的历史，在美国一半以上的州和加拿大一半以上的省份都得到认可，具有较高的权威性。[8]

NCIDQ 考试由三部分内容组成：基础知识（fundamentals）、专业知识（professionals）和实践能力（practicum）。

基础知识主要包含：建筑系统与施工、策划与现场分析、人类行为与人工环境、施工图绘制与细化等内容，考试时间三小时。

专业知识主要包含：规范与标准、建筑系统与整合、项目协调、专业与商务实践等内容，考试时间四小时。

实践能力主要包含：针对由 CIDQ 提供的三个案例（大型商业空间、小型商业空间、多住户住宅），综合评估应试者通过梳理已有信息，做出设计判断的能力，考试时间四个小时。[9]

1.4.2 室内设计师的相关组织

室内设计师具有自己的相关组织，并依托这些组织维护自身的合法权益，开展相关的业务活动和学术活动，这里简单介绍几个代表性组织。

1）中国建筑学会室内设计分会

中国建筑学会室内设计分会前身是中国室内建筑师学会，成立于 1989 年，是在中国建筑学会（Architectural Society of China）直接领导下、民政部注册登记的社团组织，是获得国际室内设计组织认可的中国室内设计师的学术团体。

分会的宗旨是引领室内设计行业的学术发展，联合全国室内设计师和相关资源，推动中国室内设计行业走向国际化舞台。

分会每年在全国各地举办学术活动，为设计师提供交流和学习的场所，同时也为设计师提供丰富的设计信息，加强室内设计行业国际学术交流活动，促进中国室内设计行业更好更快地发展。[10]

2）亚洲室内设计联合会

亚洲室内设计联合会（Asia Interior Design Institute Association，简称 AIDIA）是一个致力于亚洲室内设计专业发展的学术团体，是一个非政治、非宗教、非营利性的学术专业组织。目前有 8 个地区成员：中国、日本、韩国、马来西亚、泰国、菲律宾、新加坡、中国台湾。

该组织 2000 年由中国（IID-ASC）、日本（JASIS）、韩国（KIID）三国室内设计学会共同发起成立；2009 年马来西亚（MIID）、泰国（TIDA）和菲律宾（PIID）三个国家的学术团体加入；2016 年又吸收了新加坡（SIDS）与中国台湾（TnAID）两个学术组织。

AIDIA 举行了各种形式的教育交流会、双年大会、研讨、展览和竞赛等活动，并出版了涵盖亚太各国室内设计理论与实践的国际论文集、作品集等刊物，为亚洲室内设计教育发展贡献了力量。[11]

3）美国室内设计师学会

美国室内设计师学会的宗旨是：设计可以影响生活。学会致力于通过与其他组织和相关人士的合作，提升室内设计的价值；帮助会员在一个充满活力和不断发展的行业中脱颖而出；学会也致力于提供、收集和传播具有应用价值的知识。

学会通过教育、知识分享、宣传、社区建

设和推广，努力推动室内设计行业的发展，并在此过程中展示和宣传设计在提升人们生活质量方面的力量。

学会组织室内设计师在循证设计、以人为本、社会责任、公共福利、可持续性等方面互相交流，显示设计对人类体验的影响力量，以及室内设计师在这方面的贡献和价值。[12]

4）室内建筑师 / 室内设计师国际联盟

室内建筑师 / 室内设计师国际联盟（International Federation of Interior Architects/Designers，简称 IFI）1963 年 12 月 10 日创立于丹麦。目前有 40 个会员国家或地区，是世界上最大的室内建筑师 / 室内设计师联盟组织。IFI 为中立组织，不受政治、宗教及贸易联盟等影响，其目标如下：

第一，提高室内设计专业的水平；

第二，扩大室内设计在国家发展中的社会贡献；

第三，推动运用室内设计知识，解决影响人类物质与精神需求的卫生、安全及公共福利等问题；

第四，为保障室内设计师的利益提供帮助，加强对专业设计及专业实践的认定。[13]

本章主要注释：

（1）辞海编辑委员会 . 辞海 [M]. 上海：上海辞书出版社，2000：472.

（2）来增祥，陆震纬编著 . 室内设计原理（上册）[M]. 北京：中国建筑工业出版社，1996：1.

（3）辞海编辑委员会 . 辞海 [M]. 上海：上海辞书出版社，2000：1233.

（4）中国大百科全书总编辑委员会本卷编辑委员会 . 中国大百科全书—建筑 · 园林 · 城市规划 [M]. 北京 · 上海：中国大百科全书出版社，1988：390.

（5）Definition of Interior Design[EB/OL]. [2019-07-24]. https：//www.cidq.org/definition-of-interior-design.

（6）国务院学位委员会第六届学科评议组编 . 学位授予和人才培养一级学科简介 [M]. 北京：高等教育出版社，2013：164-165.

（7）Become an Interior Designer[EB/OL]. [2019-07-24]. https：//www.asid.org/belong/become.

（8）About CIDA [EB/OL].[2019-07-24]. https：//www.cidq.org/cidq.

（9）NCIDQ Examination：3 Exam Sections [EB/OL]. [2019-07-24].https：//www.cidq.org/exams.

（10）中国建筑学会室内设计分会简介 [EB/OL]. [2019-07-24]. http：//www.iid-asc.cn/about/read/1.html.

（11）亚洲室内设计联合会概述 [EB/OL]. [2019-07-24]. http：//www.iid-asc.cn/international/read/100.html.

（12）About ASID [EB/OL]. [2019-07-24]. https：//www.asid.org/about.

（13）国际室内设计师 / 室内建筑师联盟入会须知 [EB/OL]. [2019-07-24]. http：//www.jlzsxh.org.cn/newsview.php?id=91 IFI.

第2章

室内设计的演化
The Evolution of Interior Design

■ 中国室内设计的演化及主要特征
The Evolution and the Main Characteristics of Traditional Chinese Interior Design
■ 西方室内设计的演化及主要特征
The Evolution and the Main Characteristics of Western Interior Design

室内设计发展史与哲学史、建筑史、艺术史、美术史、家具史等学科密切相连，其资料浩如烟海。本书侧重于从设计的角度探讨室内设计原理，因此仅对中国及西方室内设计的演化及室内空间的主要特征做一简要分析，以有助于室内设计实践。

2.1 中国室内设计的演化及主要特征

在中国传统建筑中，并无"室内设计"的名词，然而尽管如此，学者们普遍承认：人们对内部空间的美化活动从建造住房的那天起就开始了，有意识或无意识的室内设计活动与建筑活动密不可分，二者几乎同步诞生、同步发展。

中国传统建筑以木结构为主，梁、柱、枋、檩等与结构有关的内容常归入大木作，属于建筑设计的范畴；门窗、栏杆、挂落、隔断、罩、天花、藻井等内容常称为装修，归入小木作，与室内设计关系密切。如果进一步细分，"装修"还可以分为外檐装修和内檐装修（表2-1），其中内檐装修与室内设计的关系更为紧密，是本节介绍的主要内容。

2.1.1 中国传统室内设计的演化

关于中国传统建筑的研究已经积累了丰富的成果，梁思成先生的《中国建筑史》、刘敦桢先生的《中国古代建筑史》、潘谷西先生的《中国建筑史》、李允鉌先生的《华夏意匠》等经典著作从多方面多维度研究了中国传统建筑的发展和特点。中国传统室内空间的发展与传统建筑的发展紧密相关，本节仅从内檐装修的角度对中国室内设计的演化做一扼要介绍。

1）原始社会至春秋时期

原始社会时期，生产力水平低下，人们或

中国传统建筑的外檐装修和内檐装修　　　　　　　　　　　　　　　　　表2-1

小木作（装修）	外檐装修	主要指外部空间与内部空间的分隔物，如：外墙上的门、窗、隔扇、梁枋彩画等	与建筑设计、室内设计均有密切关系
	内檐装修	主要指室内空间中的分隔物，地面、墙面、顶面的做法；同时包含了家具、陈设、织物、摆设等内容	与室内设计密切相关，运用木工、瓦工、粉刷、油漆、绘画、雕塑等多种手段完成，内容丰富

表格来源：陈易制作.

者穴居或者巢居，只是到了后期才有了矮小的草泥住屋。然而，一旦人们有了一定的生存条件，就必然会有美的要求。新石器时期，栖息在黄河中下游的人们在地面上用白灰做成坚硬的面层（一般称"白灰面"）就是既考虑功能需要，又出于审美要求的证明。至于装饰纹样，从这一时期出土的彩陶等器皿中可以看出：彩陶的表面上有生动美丽的鱼纹、鸟纹、人面纹、圆点纹、勾叶纹及各种几何纹所组成的图案，体现了先民在初始装饰方面的可喜成就。图2-1为半坡彩陶纹饰，图2-2为庙底沟彩陶纹饰。

商周时期，流行席地跪坐的习俗，此时只有案、俎、禁（置酒器用）等家具和器具。商周已有形象文字和青铜器，由于时处奴隶社会和信仰上的原因，此时的青铜器显示出一种神秘美和狞厉美。

春秋时间，百家争鸣，思想活跃，建筑与装饰已经逐渐摆脱了商周时期的风格：从祭祖、祭鬼神的领域转向实用；从凝固、神秘、狞厉转向活跃；从抽象转向具象，更加直接地反映现实和人们的生活。人们依然席地跪坐，但席下有"筵"，据《考工记》记载，"筵"应是宫室建筑中一种度量面积的单位。家具方面，又有了用以凭靠的"几"，用作隔断的"屏风"（扆）和用来搭挂衣服的衣架（楎椸）等。同时，春秋时期讲究礼制，建筑与装饰方面等级森严，无论彩画还是色彩，都有明确的规定。

2）秦汉时期

秦汉的建筑与装饰体现出一种宏大的气势，在家具、画像石、画像砖、金银器和漆器等方面有了很大发展。秦汉时期，人们依然保持席地而坐的生活起居习惯，高型家具尚未出现。几的形式逐渐增多，有些几案涂刷红漆或黑漆，有些几案还以绘画、雕刻等做装饰。汉时之案，已经加长和加宽，以便放置更多的器具和食物。

汉时之床，既可用于日常起居，又可用来宴请宾客。床的基本形式有两种：一种是大床，常在后面和左右立屏风，在床上置几，诸人可围几而坐；另一种是小床，称"榻"，面积小，高度低，通常只坐一人，图2-3是望都汉墓壁画中的独坐榻。尊者、长者之榻，可用帐幔来围隔。帐幔在汉代是十分流行的陈设，从许多画像石、画像砖和壁画所绘的宴乐图中，都能看到帐幔的形象。

总之，至汉代，中国传统建筑的结构体系和基本形式已大体确立。砖、瓦质量大大提高，装饰纹样更加丰富，人物、文字、植物、动物、几何纹样等已广泛用于门窗、墙、柱、斗栱、顶棚和瓦件。

3）两晋南北朝时期

两晋南北朝时期战争频繁，是佛教传播迅速、民族大融合的时期。此时，席地而坐的习俗尚未改变，家具则有所新的发展。一是睡觉用的床已经增高，周围有可拆卸的矮屏，上部可以加顶；二是起居用的小床（榻）也已经加高，人们既可坐在床上，也可垂足坐于床沿；三是出现了长几、曲几和多折屏风等新型家具；四是受民族融合的影响，西北地区民族的胡床，经东汉末年传入中原后，已逐渐普及至民间；此时，出现了椅子、方凳、束腰凳等部分高坐具。高坐具的出现，对室内空间和陈设布局均有一定的影响，也为唐代之后逐步废弃

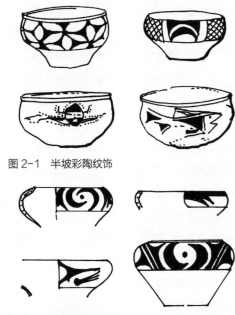

图 2-1　半坡彩陶纹饰

图 2-2　庙底沟彩陶纹饰

图 2-3　望都汉墓壁画中的独坐榻

图 2-5　太原天龙山第三窟内景

席地而坐的习俗作了必要的准备。图 2-4 显示了魏晋南北朝时期的床榻。

从装修装饰方面看，此时已有覆斗式藻井，天花藻井不仅形式多样且色彩丰富。装饰题材中，增加了佛教内容，如莲花、须弥座等，图 2-5 是太原天龙山第三窟内景。

4）隋唐时期

隋唐五代是中国历史上的一个重要时期，唐朝是中国古代的鼎盛阶段，其建筑和室内设计表现为规模宏大、气魄非凡、色彩丰富、装修精美，体现出厚实的艺术风格，表现为写实与变化的结合、现实与理想的结合、民族文化与外来文化的结合。唐代文化对周边国家，如日本、朝鲜等都有很大的影响。

唐代建筑气势宏伟，严整开朗，达到了艺术与结构的统一，基本没有纯粹为了装饰而添加的构件，也没有歪曲材料性能而使之屈从于装饰要求的现象。图 2-6 和图 2-7 所示的山西五台山佛光寺是中国现存最古老的建筑之一，其空间处理手法成熟，通过平面的"内外

![图 2-4 魏晋南北朝时期的床榻]

图 2-4　魏晋南北朝时期的床榻

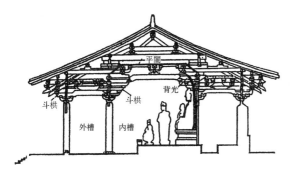

图 2-6　唐佛光寺大殿平面图、剖面图

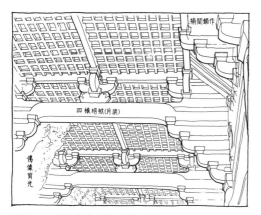

图 2-7　唐佛光寺大殿内部一景

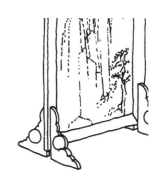

图 2-8　唐敦煌壁画中的屏风

槽"布置、空间高度的起伏、佛坛的地面升高、顶棚的修饰、佛像背景的处理等方法，成功地营造出极具艺术感的内部空间，表现出很高的水平。

隋唐家具有了新的发展：一方面席地而坐和使用床榻的习俗依然存在；另一方面，垂足而坐的习惯正从上层普及到民间。此时，已有多种凳、椅、桌，特别是供多人使用的长凳和长桌，还有了多折有座的大屏风。这种屏风，或立于空间的中央，成为活动的背景，或用于将大空间分为小空间，使空间布局更加具有层次感。家具中使用嵌钿等工艺，家具风格简明、

大方、流畅。图 2-8 为唐敦煌壁画中的屏风，图 2-9 为《韩熙载夜宴图》中描绘的生活场景和使用的家具。

室内装修方面，天花藻井相对简洁，彩画中，初步使用"晕"（yùn）的技法。装饰纹样中，除传统的莲花瓣之外，更多使用卷草、人物和瑞兽，间而使用回纹、连珠和火焰纹。整个构图风格饱满、丰丽，统一和谐。

5）宋元时期

宋朝的建筑与室内设计受唐朝的影响很大，但在装饰方面远比唐朝精致。宋时，琉璃瓦、雕刻及彩画等较前发达，为建筑增添了更

多的艺术效果。宋朝的装饰风格总体上说是简练、生动、严谨、秀丽，给人以更为亲切的感觉。

宋朝时，完全改变了跪坐的习俗，这对家具的发展影响很大：一是桌、凳、椅等高足家具日益普遍（图2-10）；二是框架结构逐步代替了隋唐时期的箱形壸门结构；三是用了大量线脚，丰富了家具的造型。此时，出现了精美的成套家具，它们与精美的小木作互相照应，

图2-9　《韩熙载夜宴图》描绘的场景和家具

图2-10　河南白沙宋墓壁画中的家具及场景

形成了对称或非对称的陈设格局。高直家具加大了室内空间的高度，空间更显开朗、明快。天花、藻井、彩画、斗栱等制作精美，且富于变化。

宋代颁布了《营造法式》，对各类建筑的设计、结构、用料等作了明确的规定，可以视为一部"规范"，对总结中国传统建筑的经验和推动它的发展起了很大的作用。

元代统治者是少数民族，这一时期民族来往增多，文化交流频繁。元朝统治者延续着游牧生活的习惯，元代建筑也受喇嘛教和伊斯兰教的影响。分析元代建筑及其室内设计可以发现：一方面中国传统建筑和室内设计由于吸收了多方面的营养而更为丰富，如：以现存的元代永乐宫为例，建筑气势宏伟，蔚为壮观，其壁画比宋代壁画厚重、结实，表现得更为自由；另一方面中国传统建筑和室内设计的总体风格并没有从根本上有所改变，依然保持着固有的特征。

6）明清时期

明清是中国古代的最后两个皇朝，明清时期的建筑成就达到了中国传统建筑的新高峰（图2-11、图2-12），其影响至今十分深远。明朝建筑与室内设计的基本特点是造型浑厚、色彩浓重、简洁大方。在家具方面，明式家具最具代表性，达到了很高的水平。

清朝的建筑和室内设计总体上继承了明朝的传统，但宫廷建筑、家具、陈设与装修日趋复杂和华美，整体形象不如明代那样统一与和谐。同时，清代亦开始受到西方建筑风格的影响，如乾隆时期恰是"洛可可"（Rococo）风格在欧洲盛行的时期，清代宫廷装饰亦受到了

这种风格的影响，圆明园就是"洛可可"风格鲜明、中西合璧的典例。

明清时期，在园林的理论和实践方面都取得了很大的成就，明朝的造园名著《园冶》影响深远，对建筑设计和室内设计都产生了很大的影响。清朝颁布了《工部工程做法》，统一了宫廷建筑的用料和做法，是一部重要的专业著作，对总结中国传统建筑的经验具有重要意义。[1]

图2-11 最高等级的传统建筑北京故宫太和殿内景

图2-12 故宫御花园万春亭藻井

7）近现代时期

1911年的辛亥革命结束了中国长达两千多年的封建统治，取得了资产阶级民主革命的胜利。在1911年至1949年这段时间内，西方文化开始大规模进入中国，对中国的建筑设计及其室内设计产生了很大的影响。在一些受西方文化影响较大的城市（如上海等地）出现了一批明显受到西方建筑思潮影响的建筑及其室内空间，如位于上海外滩的汇丰银行大楼（新古典主义风格）、海关大厦（古典复兴风格）、汇中饭店（哥特复兴风格）、沙逊大厦（装饰艺术风格）等，以及受到现代主义思潮影响的大光明电影院和吴同文住宅等；与此同时，不少设计师在探索中西合璧的风格，如：上海外滩的中国银行大楼等；当然，也有设计师在尝试将中国传统的室内装饰元素与现代技术、现代材料相结合。可以说，这一时期西风东渐，一时流派纷呈。

1949年10月中华人民共和国成立，国民党败退台湾。经过多年战争，加之当时的国际环境，导致中国大陆处于对外封闭的状态，人民生活水平不高，经济能力和技术条件有限。20世纪60年代初发生了严重的自然灾害，随后又经历十年的"文化大革命"，导致建设活动不多，建筑理论、建筑创作几乎全面停滞。这一时期的建筑基本上是国计民生急需的，人们还没有意识和考虑到室内设计的问题。但是在一些重大建设项目中（如：人民大会堂、中国历史博物馆与中国革命博物馆、民族文化宫、北京火车站等），设计师也对室内空间进行了一些设计，体现出当时的最高设计水准。

1978年十一届三中全会以后，国民经济得到迅速恢复和发展。在20世纪80年代涌现出很多著名的设计作品，这一时期的设计主流是旅游宾馆和少量的文体建筑，例如北京香山饭店、福建武夷山庄、广州白天鹅宾馆、山东阙里宾舍、上海华亭宾馆等。此时室内设计受到重视，倾向于体现民族性和地域性的特色。至20世纪90年代之后，室内设计开始步入高潮。当时建设项目数量巨大，室内设计更加强调国际化、现代化、人性化和个性化，如出现了上海商城、北京燕莎中心等一系列代表性项目。随着住房制度的改革和人民生活水平的提高，住宅建筑大量涌现，住宅室内设计成为新的巨大市场，这在中国室内设计发展史上具有重要意义，标志着室内设计已不再为少数大型公共建筑所专有，而是深入到社会的各个阶层，为改善广大人民群众的生活环境服务。

进入21世纪，中国的建筑装饰业进一步发展，已经与土木工程业、设备安装业一起成为中国建筑业的三大支柱产业，室内设计作为建筑装饰业的主要对应专业也展现出多元发展、百花齐放的局面。

2.1.2 中国传统室内空间的特征及主要装饰元素

独特的地理环境和文化习俗，使中国传统建筑表现出自身的特点，其内部空间也是如此。室内设计涉及空间、界面、家具、陈设等多种因素，这里仅就中国传统建筑中室内空间的主要特征和主要装饰元素作一概要介绍。

1）中国传统室内空间的特征

（1）内外互动

传统建筑往往通过院落组织空间，因此一般对外封闭、对内开敞，非常注重内外空间的互动处理。

第一是通达：传统建筑往往直接面向庭院、天井开门开窗，且常常使用隔扇门（图2-13），可开、可闭。不但可以引入天然采光和自然通风，而且拆卸后，可使内外空间完全连成一体，使庭院成为内部空间的延续。

第二是过渡：有些建筑的前面设廊、平台等灰空间，加强了内外空间互动，使空间转换更加自然。

第三是借景："借景"是中国园林乃至中国建筑中一种重要的取景手法，其方式有：远借、近借、仰借、俯借等。凡是优美的景观，无论在远处还是近处，都可以被借用，都可以被收入室内空间。

中国传统建筑的上述特征，对当今室内设计仍有重要意义。它表明：室内设计应该充分重视室内室外的联系，尽量地把外部空间、自然景观、阳光乃至空气引入室内，把它们亦作为内部空间的构成元素。

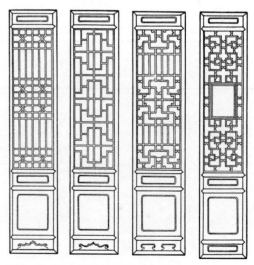

图2-13 传统建筑中常见的隔扇门

（2）布局灵活

中国传统建筑以木结构为主，其结构形式类似于今天的框架结构，以梁、柱作为承重构件，墙体仅起围护作用，具有"墙倒屋不塌"的特点。这种结构方式使其内部空间布置具有很大的灵活性。

传统的单体建筑，不管何种功能，其结构方式和平面形式基本相似，仅有规模（如开间数量、进深和高度）和等级上的区别。正是通过灵活多变的内部空间处理，才使其满足了不同使用功能的需求，例如：一幢普通的三五开间的建筑物，通过不同的处理，可以成为府邸的大门、寺观的主殿、衙署的正堂、园林的轩馆、住宅的居室等功能完全不同的建筑物。

用于传统建筑内部空间分隔的主要构件有：常位于柱网之间的隔扇，各种形式的罩、屏板、博古架等（表2-4），位于顶部的各类

天花、藻井，以及使用非常灵活的屏风、帷幕、家具等。

（3）陈设多样

传统室内空间中的陈设（亦可称为内含物）包括：家具、绘画、雕刻、书法、日用品、工艺品等，种类丰富，装饰性强，布置方式非常灵活。这些陈设品往往本身就具有很强的艺术性，能够表达出浓厚的民族特色，有些陈设品甚至是中国特有的艺术门类，如：书法、盆景和大量民间工艺品等。

中国传统室内空间非常重视陈设的作用，对于一般建筑而言，地面、顶面、墙面的装修比较简单，没有太多的个性和特点，因此，需要通过各类陈设品来装饰美化自己的环境；与此同时，人们可以通过陈设品表达自己的职业特点、个性爱好、个人理想和审美情趣，表达出对美好生活的祝愿和追求。图2-14和

图2-14 皇家建筑的内部空间

图 2-15 分别是中国皇家室内空间和士大夫室内空间的氛围。

（4）构件装饰化

在满足结构等功能要求的前提下，中国传统建筑对不少构件都进行了艺术加工，使其达到功能与艺术的结合。如：斗栱，起初出于结构要求，经过艺术加工之后，成为一个特殊的装饰物；柱础，起初是为了分散压力和减少潮气对木柱的影响，经过艺术加工之后，其形式多样，造型丰富，具有装饰性（图 2-16）；雀替，起初是为了加强柱与枋的连接，经过艺术加工之后，其装饰作用大为增强，后来甚至演变成纯粹的装饰构件；彩画，起初是为了保护梁枋，减少潮气对木结构的影响，经过艺术加工之后，其装饰作用大大突出（图 2-17）；槅扇的隔芯，

起初是为了裱纸、裱织物的需要（当年没有玻璃），经过艺术加工之后，如今已经成为一种纯粹的装饰构件……

在中国传统建筑中，装修往往能体现功能、技术、美观相统一的原则。可惜到了后期，有些构件的装饰作用越来越大，逐渐弱化了原有的功能作用，甚至成为纯粹的装饰构件。

（5）图案象征化

象征，是中国传统艺术中应用颇广的一种艺术手段。就室内设计而言，就是用直观的形象表达抽象的情感，达到因物喻志、托物寄兴、感物兴怀的目的。在中国传统建筑和室内空间中，表达象征的手法主要有以下三种：

形声，即利用谐音，使物与音义巧妙应和，表达吉祥、幸福的内容。如：金玉（鱼）

图 2-15 士大夫使用的内部空间

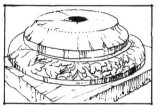

图 2-16 传统建筑中柱础的装饰性处理

图 2-17 颐和园长廊的彩画

满堂——图案为鱼缸和金鱼;富贵(桂)平(瓶)安——图案为桂花和花瓶;连(莲)年有余(鱼)——图案为莲花和鱼;喜(鹊)上眉(梅)梢——图案为喜鹊、梅花(图 2-18);五福(蝠)捧寿——图案为五只蝙蝠和蟠桃等。

形意,即利用直观的形象表示延伸了的而并非形象本身的内容。在中国传统建筑中,有大量以梅、兰、竹、菊为题材的绘画或雕刻,

以此表达人们清高、淡泊、坚强的理想追求;还常用石榴、葫芦、葡萄、莲蓬喻意多子;用龟、松、鹤喻意长寿;用鸳鸯、双燕、并蒂莲喻意夫妻恩爱;用牡丹喻意富贵;用龙、凤喻意吉祥等。

符号,在思维上也蕴含着象征的意义。在室内装饰中,这类符号大多已经与现实生活中的原形相脱离,而逐渐形成了一种约定俗成、为大众理解熟悉的要素。这类符号有:方胜、方胜与宝珠、古钱、玉磬、犀角、银锭、珊瑚和如意,共称"八宝",均有吉祥之意。方胜有双鱼相交之状,有生命不息的含意;古钱又称双钱,常与蝙蝠、寿桃等配合使用,取"福寿双全"的意义;人们总是向往万事如意,"如意头"的图案便大量用于门窗、槅扇和家具上(图 2-19)。同时在室内空间中还常使用一些具象的符号,如:狮、虎、象和各种团花等。[2]

图 2-18 吉祥图案喜(鹊)上眉(梅)梢

方胜　　　　双钱　　　　如意头

图 2-19 方胜、双钱、如意头

图2-20 "暗八仙"纹样

2）中国传统室内空间中的主要装饰元素

中国保存到今天的传统建筑基本都是明清时期的建筑，因此，明清时期的装饰构件和装饰手法至今影响较大，这里简要介绍明清时期传统建筑中的主要装饰元素。

明清建筑可以分为官式建筑和民间建筑二类，前者以北京为中心，包括官方的宫殿、坛庙、园林和王府等建筑，也包括直接受其影响的民居和店铺等，其特点是构图严谨、受传统礼仪的影响较大。后者指由民间工匠建造、受传统做法影响相对较少的建筑，包括民间的祠堂、寺观、民居等，其特点是样式丰富、风格质朴、构图自由。明清建筑还有"大式"与"小式"之分，前者一般指有斗栱的高级建筑，后者一般指没有斗栱的一般建筑。明清建筑等级森严，不同类型、不同级别的建筑，其装修、装饰也大不相同。[3]

（1）界面装饰

明清建筑沿续古代建筑传统并继续发展，在定型化和世俗化方面有新的突破，并达到了中国古代建筑发展史上的又一个高峰。在顶面、侧面、地面的装饰方面主要表现出以下的特点，见表2-2。

（2）彩画

明清是展示建筑美的高峰时期，手段之一就是大量用彩画。明代彩画实存很少，目前保存下来的大部分是清代的彩画。

清代彩画主要有以下特点：第一，色彩反差大，具有华美艳丽的特点；第二，图案纹饰多样，善于在不同部位使用不同的图案，尤其喜欢使用有寓意的吉祥图案；第三，形制严密，有明确的等级、明确的规定。不同等级的彩画，在内容、形式、设色等方面都有不同的要求；第四，工艺独特，艺术效果强。

清代的梁枋彩画主要可以分为三类，即：和玺彩画、旋子彩画、苏式彩画（表2-3、图5-42），此外还有一些适用范围较小的彩画。除了梁枋彩画之外，还有斗栱彩画和天花彩画。

（3）空间分隔物

传统建筑中的空间分隔物种类丰富，使用灵活，且具有很强的民族特色，至今仍得到不少设计师的青睐，常见的室内空间分隔物

明清建筑室内空间各界面装饰做法简表 表2-2

界面	部位	做法	特点
顶面	顶面装饰	藻井	有斗四、斗八和圆形多种，多用于宫殿、庙宇的御座和佛坛上。明清藻井的技术和艺术水平远远高于以前，故宫太和殿、天坛祈年殿及皇穹宇的藻井都是非常典型的佳作
		井口天花	在方木条架成的方格内，设置天花板，在天花板上绘彩画，施木雕，或用裱糊的方法贴彩画。这种做法应用范围较广泛，适用于比较高级的室内空间
		海墁天花	又称软天花，其做法是在方木条架构的格构下面，满糊苎布、棉榜纸或绢，再在其上绘制图案
		纸顶	可在方木条格构的下面，直接裱糊呈文纸，作为底层，再在其上裱大白纸或银花纸，作为面层；对于一般住宅，其骨架往往不是方木的，而是用高粱杆绑扎的
		彻上露明造	不做吊顶，直接将椽、瓦等裸露，简洁质朴
侧面	内墙装饰	白灰	较常见。在内墙上抹白灰，并保持白灰的白色
		裱糊	普通建筑有时常用大白纸，称"四白落地"。比较高级和讲究的建筑，可糊银花纸，有"满室银花，四壁生辉"的意思
		木装修	用于较高级建筑的内表面，采用木装修
	柱子装饰	柱身	一般用油漆，不仅美观，而且可以保护木材，具有防潮、防风化剥蚀的作用。柱子的用色十分讲究，不能随意用色
		柱础	石材，式样多样，有时采用雕饰
地面	地面装饰	砖	以方砖为主，有平素的，也有模制带花的。高级建筑中的地面方砖质量极好

表格来源：陈易制作，参照：霍维国，霍光编著.中国室内设计史[M].第2版.北京：中国建筑工业出版社，2007：141-143.

清代梁枋彩画的主要分类表 表2-3

	适用范围	常用图案或构图	常用色彩	其他
和玺彩画	等级最高的彩画，用于宫殿和坛庙的主要殿堂	龙、凤、吉祥草、西番莲、灵芝等	青、绿、红、紫，主要线条和纹样采用"沥粉贴金"等工艺，显示金碧辉煌、雍容华贵的气派	细分为：金龙和玺、龙凤和玺、龙草和玺三类，等级依次下降
旋子彩画	主要用于衙署、庙宇的正殿，不准用于一般民居	藻头内使用旋涡状的花朵，故称旋子	可以很素雅，也可以很富丽；其枋心可以素色平涂，也可以画锦纹、草纹或龙纹	细分为：金琢碾玉、烟琢墨石碾玉、金线大点金、金线小点金、墨线大点金、墨线小点金、雅伍墨、雄黄玉八种
苏式彩画	多用于园林建筑和住宅	中间绘有一个半圆形的"包袱"，外缘作退晕，内部画山水、花鸟、人物或建筑，包袱与箍头之间画卡子及聚锦等纹饰。有时包袱会采用更加灵活的图形	可以贴金、退晕等。官式彩画中的苏式彩画是借鉴了苏州吉祥纹样后发展起来的却又北方化了的彩画，与苏州地方的彩画是不同的	细分为：金琢墨、金线、黄线或墨线、海墁、招箍头搭包袱、招箍头六种

表格来源：陈易制作，参照：霍维国，霍光编著.中国室内设计史[M].第2版.北京：中国建筑工业出版社，2007：146-147.

见表2-4，同时亦可参阅本书第5章中有关"隔断"的相关介绍和插图。

（4）陈设

伴随着手工业和其他艺术门类的发展，明清时期的陈设形式多样、丰富多彩。这些陈设品往往自身就具有很高的观赏价值，同时也提升了内部空间的艺术效果。常见的陈设品大体上有：织物、陶瓷、金属制品、小型雕塑、插花盆景、书法绘画、挂屏、灯饰等。

明清时期的织物品种繁多，印染工业也相当先进，用于室内的织物很多，图案和色彩也很丰富。在刺绣方面，明代已经很发达，到了清代更是形成了不同的体系，如苏绣、蜀绣、湘绣、京绣、粤绣、鲁绣、汴绣等。

明代陶瓷的主要瓷种为白瓷，主要产地在景德镇；清代制瓷中心仍然在景德镇，同时宜兴紫砂器亦日益兴盛，其中又以紫砂壶最多。

金属制品中宣德炉和景泰蓝最为突出，清代景泰蓝在明代的基础上又有更新，品种更多，小到烟壶、笔床、印盒，大到桌椅、床榻、屏风等。

明清之前，雕塑一般用于寺庙和陵墓等室外场所；到了明清，为了美化生活，开始出现了大量置于案头、供人玩赏的小雕塑，主要有：玉雕、石雕、牙雕、骨雕、竹雕、木雕，陶雕、瓷雕和泥塑等。

在室内运用植物的历史久远，其主要形式有：插花、盆花与盆景。明代的插花与盆花发展成熟，其技术和理论已形成完整的体系，出现了《瓶史》《瓶花谱》等经典著作。明清的盆

明清时期常见的室内空间分隔物一览表　　　　　　表2-4

飞罩	● 一种水平方向的空间分隔物，上靠梁底，两侧不沿墙柱下延、不落地； ● 几腿罩、挂落与之有些类似
落地罩	● 罩的上部紧靠梁底，两侧沿墙柱下延落地，故称为落地罩； ● 如果罩雕成花饰，则称为花罩； ● 如果落地罩四周的面积较大，中间留一个开口的话，可以根据开口的形状称为：圆光罩、八方罩、花瓶罩等
栏杆罩	在柱跨通过增设两根细柱子，形成中间大两侧小的三跨形式。每跨内，上部均沿梁体设置飞罩，两侧小跨下部设置栏杆，中间大跨供人行走
壁纱橱	● 用于室内的隔扇门，可以把两侧空间完全隔开； ● 隔扇主要由边梃、抹头、隔心和裙板等组成。隔心有多种图案，可以糊纸和薄纱；裙板可以装饰雕刻；边梃和抹头表面可以做成各种凹凸线脚
博古架	与落地罩类似的分隔物，又称多宝格。其下部可以是封闭的柜子，用于储物；上部往往是大小不一的格子，可以陈列古玩、器皿等物，具有实用性和装饰性
屏板	一组实木板，往往位于厅堂正中的柱间，具有遮挡视线、组织空间、作为主景背景的作用。有时也常常在上面进行装饰或悬挂书画
屏风	有插屏、折屏等不同形式，常常用于内部空间，具有组织空间、遮挡视线的作用，也常常作为主要家具及主要视觉对象的背景
帷幕	一类织物，有时用于床边，有时用于柱间，可以发挥分隔空间、渲染气氛的作用

表格来源：陈易制作，参自：霍维国，霍光编著．中国室内设计史 [M]．第2版．北京：中国建筑工业出版社，2007：148–153.

景也发展成熟，既有山石盆景，也有树桩盆景，形成了鲜明的中国特色。[4]

书画在中国传统艺术中占有重要地位，明清时期，书画在室内空间中运用相当普遍，其种类和常见运用方式见下表2-5。

（5）装饰纹样

明清时期建筑的装饰纹样十分丰富。与以前相比，更加世俗、更加贴近生活，其主题往往象征祥瑞，寄托人们美好的愿望。常见装饰纹样的类型见下表2-6、图2-20。

明清室内空间中常见的书画类型　　　　　　　　　　　　　　　表2-5

具体类型		使用特点
书法	屏刻	在屏壁上书写或雕刻文字
	臣工字画	故宫的许多殿堂内，常在精致的隔扇夹纱上，镶嵌小幅书法，被称为"臣工字画"，是一种将诗文融入装修的高雅方式
	匾额	常用于点明空间环境的主题，内容多是表达吉祥、勉励自身、抒发情怀等
	对联	主要用于表达环境意境，抒发思想感情。室内对联具有悠久的历史，主要有：当门、抱柱和补壁三种方式
绘画	一般绘画	使用广泛，有山水、花鸟、人物、走兽等各种类型，往往用于表达吉祥，表达空间使用者的兴趣、身份或空间环境的特点
	年画	一般一年一换，且题材广泛、寓意吉祥，在民间十分普及。著名的年画有：天津的杨柳青年画、苏州的桃花坞年画等
	壁画	使用较少，常见于宗教建筑内

表格来源：陈易制作，参自：霍维国，霍光编著.中国室内设计史[M].第2版.北京：中国建筑工业出版社，2007：167-169.

明清时期常见的装饰纹样种类　　　　　　　　　　　　　　　表2-6

类型	主要特点
锦纹类	一种由二方连续或多方连续图案构成的纹样，如回纹锦、龟背锦、拐子锦、丁字锦、万字不到头等
文字类	一般由汉字、少数民族文字或阿拉伯文字组成，如福字纹、寿字纹等
植物类	常见的有花草枝蔓，如：牡丹花、菊花、兰花、梅花、竹、松等。有些是写实的，有些则经过艺术加工和提炼
动物类	一般都有固定的组合方式，如二龙戏珠、龙凤呈祥、犀牛望月、松鹤延年等
器物类	常见的有炉、鼎、瓶、琴、棋、书画、笙、箫、笛、文房四宝等
生活类、故事类	一般采用场景的表现，有对现实生活情境的刻画，有对文学作品、戏曲和民间传说的表现，往往具有强烈的生活性
宗教类	常用莲花，佛八宝（轮、螺、伞、盖、花、罐、鱼、肠），道七珍（珠、方胜、珊瑚、扇子、元宝、盘肠、艾叶），暗八仙（汉钟离的扇子，吕洞宾的宝剑，铁拐李的葫芦，曹国舅的阴阳板，蓝采和的花篮，张果老的渔鼓筒，韩湘子的横笛，何仙姑的莲花）等

表格来源：陈易制作，参自：霍维国，霍光编著.中国室内设计史[M].第2版.北京：中国建筑工业出版社，2007：174-176.

2.2 西方室内设计的演化及主要特征

各地区各国的室内设计都有值得借鉴的有益经验，限于篇幅，这里主要按照历史年代的顺序扼要介绍西方室内设计的演化历程及主要特征，希望能对今天的设计实践有所帮助。

2.2.1 古代

古埃及、古希腊、古罗马被公认为是古代文明的杰出代表，它们的建筑艺术对人类文明作出了重要贡献，至今仍令人仰慕。

1）古埃及

公元前 3000 年左右古埃及开始建立国家。古埃及人制定出世界上最早的太阳历，发展了几何学、测量学，并开始运用正投影方式来绘制建筑物的平、立、剖面。古埃及人建造了举世闻名的金字塔、法老宫殿及神灵庙宇等建筑物，这些艺术精品虽经自然侵蚀和岁月埋没，但仍然可以通过存世的文字资料和出土的遗迹依稀辨认出当时的规模和室内装饰概况。

在吉萨（Giza）的哈夫拉金字塔（Khafra）祭庙内有许多殿堂，供举行葬礼和祭祀之用。"设计师成功地运用了建筑艺术的形式心理。庙宇的门厅离金字塔脚下的祭祀堂很远，其间有几百米距离。人们首先穿过曲折的门厅，然后进入一条数百米长的狭直幽暗的甬道，给人以深奥莫测和压抑之感。"甬道尽头是几间纵横互相垂直、塞满方形柱梁的大厅。巨大的石柱和石梁用暗红色的花岗岩凿成，沉重、奇异并具有原始伟力。方柱大厅后面连接着几个露天的小院子。从大厅走进院子，眼前光明一片，

正前面出现了端坐的法老雕像和摩天掠云的金字塔，使人精神受到强烈震撼和感染。"[5]

埃及的神庙是供奉神灵的地方，也是供人们活动的空间。其中最令人震撼的当推卡纳克阿蒙神庙（Great Temple of Ammon at Karnak）的多柱厅，厅内分 16 行密集排列着 134 根巨大的石柱，柱子表面刻有象形文字、彩色浮雕和带状图案。柱子用鼓形石砌成，柱头为绽放的花形或纸草花蕾。柱顶上面架设 9.21m 长的大石横梁，重达 65t。大厅中央部分比两侧高起，造成高低不同的两层天顶，利用高侧窗采光，透进的光线散落在柱子和地面上，各种雕刻彩绘在光影中若隐若现，与蓝色天花底板上的金色星辰和鹰隼图案构成一种梦幻般神秘的空间气氛（图 2-21）。

图 2-21 埃及卡纳克阿蒙神庙圆柱大厅一角

阵列密集的柱厅内，粗大的柱身与狭窄的柱间净空造成视线上的遮挡，使人觉得空间无穷无尽，变幻莫测，与后面光明宽敞的大殿形成强烈的反差。这种收放、张弛、过渡与转换视觉手法的运用，证明了古埃及建造者对宗教的理解和对心理学的巧妙应用能力。

2）古希腊与古罗马

古代希腊和罗马创立的建筑艺术确立了西方建筑艺术的科学规范、力学形制和艺术原则，对世界建筑设计和室内设计的发展产生了深远的影响，时至今日仍被视为世界建筑艺术的经典。

（1）古希腊

古希腊是泛神论国家，祀奉多种神灵，主张人神同源，宗教带有浓郁的世俗化色彩，很多城邦国家实行奴隶制民主政体，普通公民享有较大的自由，个性和才智均得到较大的发展，在科学、哲学、文学、艺术上都取得了辉煌的成就，古希腊被称为欧洲文化的摇篮，对欧洲和世界文化的发展产生了深远影响。其中给人留下最深刻印象的莫过于希腊的神庙建筑。

希腊神庙象征着神的家，神庙的功能单一，仅有仪典和象征作用。它的构成关系也较简单，神堂一般只有一间或二间。为了保护庙堂的墙面不受雨淋，在外增加了一圈由柱廊组成的围廊，所有的正立面和背立面均采用六柱式或八柱式，而两侧却是数量更多的一排柱子。希腊神庙的柱式主要有三种：多立克柱式（Doric Order）、爱奥尼克柱式（Ionic Order）、科林斯柱式（Corinth Order）。

始建于公元前447年的雅典卫城（Acropolis，Athens）帕提农神庙（Parthenon）是一幢经典建筑。人们通过外围回廊，步过二级台阶的前门廊，进入神堂后又被正厅内正面和两侧立着的连排石柱围绕，柱子分上下两层，尺度由此大大缩小，把正中的雅典娜（Athena）雕像衬托得格外高大。神庙主体分成两个不同大小的内部空间，它们恰好是1.618：1的黄金分割比关系，它的正立面也正好适应长方形的黄金分割比，这不能不说是设计者遵循和谐美的刻意之作（图2-22、图2-23）。

（2）古罗马

公元前2世纪，古罗马人入侵希腊，希腊文化逐渐融入罗马义化，罗马义化仕设计方面最突出的特征是借用古希腊美学中舒展、精致、富有装饰的概念，选择性地运用到罗马的建筑工程中，强调高度的组织性与技术性，进而完

图2-22 希腊帕提农神庙外观

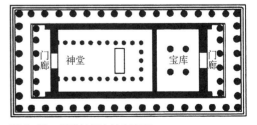

图2-23 希腊帕提农神庙平面

成了大规模的工程建设（道路、桥梁、输水道等）以及创造了巨大的室内空间。这些工程的完成首先归功于罗马人对券、拱和穹顶的运用与发展。

建筑构造技术的发展还来源于罗马人在建筑材料、建筑技术方面的发明。首先，他们创造了切割精细的石材——"细石"；还发明用火烧制结实耐用的"罗马砖"；另外罗马人还发明了用天然火山灰与石子、砂子混合做成可浇灌的混凝土。正是这些构造技术和建筑材料的创新与发明，使古罗马的建筑艺术成就在世界文明史上留下十分光辉灿烂的篇章。

古罗马的代表性建筑很多，神庙就是其中常见的类型。在罗马的共和时期至帝国时期先后建造了若干座神庙，其中比较有名的当推位于罗马（Rome）的万神庙（Pantheon）。万神庙的入口门廊由八根科林斯柱子组成，空间显得具有深度。神庙的内部空间组织得十分得体，入口两侧两个很深的壁龛，里面两尊神像起到了进入大殿前的序幕作用。圆形正殿的墙体厚达4.3m，墙面上一圈还发了八个大券，支撑着整个穹顶。圆形大厅的直径和从地面到穹顶的高度都是43.5m，这种等比的空间形体使人产生一种浑圆、坚实的体量感和统一的协调感。穹顶的设计与施工也很考究，穹顶分五层逐层缩小的凹形格子，除具有装饰和丰富表面变化的视觉效果之外，还起到减轻重量和加固的作用。阳光通过穹顶中央圆形空洞照射进来，产生一种崇高的气氛（图2-24）。

罗马的巴西利卡（Basilica）法庭是公共建筑中具有代表性的作品，它们强调设置一个可供许多人活动的中央大厅，而两边则以拱券

形式修建一些分开的侧廊，高出侧廊的中央大厅周边都开有高侧窗，内部光线明亮，有利于室内开展各种活动，图2-25为玛克辛提乌斯巴西利卡（Basilica of Maxentius）内景。

2.2.2 欧洲中世纪

中世纪是一个漫长的时期，这一时期的欧洲基本处于封建割据状态，科技和生产力发

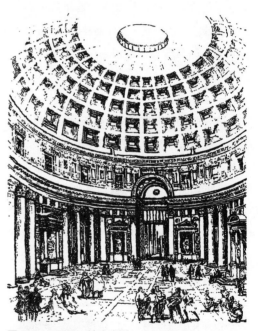

图2-24 罗马万神庙内景

图2-25 罗马巴西利卡内景

展较为缓慢，在宗教建筑方面则取得了较大的成就。

1）教堂的兴起

公元 313 年，罗马帝国君士坦丁大帝（Constantine the Great）颁布了"米兰赦令"，彻底改变了历代皇帝对基督教的封杀令，公元 342 年基督教被奉为正统国教。全国各地普遍建立教会，教徒也大量增加，这时最为缺少的就是容纳众多教徒作祈祷的教堂大厅。过去的神庙样式也不太适应新的要求，人们发现曾作为法庭的巴西利卡比较符合要求，早期的教堂便在此基础上发展起来。

公元 386 年扩建的罗马圣保罗教堂（Basilica di San Paolo）、圣·玛利亚教堂（Basilica di Santa Maria Maggiore）等就是巴西利卡式教堂中保存最好的实例。

另外在意大利的拉韦拉（Ravenna）有一座八边形的圣维达尔教堂（Basilica di San Vitale），它的穹顶用中空的陶器构件制造，可减轻结构压力。从教堂中心看，八个墩柱支撑的多层拱券形成无数的支撑圈，空间形式变化丰富，一个层次连着另一个层次，加之来自各个方向的彩色玻璃透光强化了幻象的效果，为教堂创造了神秘的宗教气氛。

圣维达尔教堂的壁画与装饰更是令人赞叹，金碧辉煌的图案设计复杂而不琐碎，与构造巧妙结合、浑然一体。半圆形穹顶上的马赛克镶嵌画借伊甸园的场景描绘了人神共乐的场面，无论构图和色彩都具有强烈的宗教隐喻和象征。其艺术成就不仅感动了诗人但丁（Dante Alighieri），引发了《神曲》（The Divine Comedy）中的一段精彩的描述，以致文艺复兴时期人文主义思想家特拉瓦萨利（Antonio Traversari）也曾写道："我们从来没有见过这么完美这么精致的墙面装饰"（图 2-26）。[6]

2）罗马风

经过中世纪早期近 400 年的"黑暗时代"，公元 800 年查理曼（Charles the Great）在罗马加冕称帝，查理曼是一位雄心勃勃、思想开明的帝君，在他统治期间，文学、绘画、雕刻及建筑艺术都有很大发展，史学上把这种艺术启蒙运动新风格的出现称为"加洛林式"（Canolingian）。

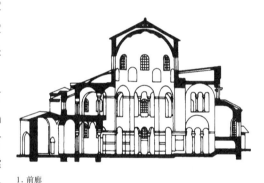

1. 前廊
2. 回廊
3. 中厅
4. 圣坛
5. 圣龛
6. 壁龛

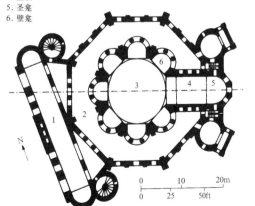

图 2-26 意大利圣维达尔教堂平面、剖面图

罗马风设计最易识别的元素是半圆形券和拱顶，现在的西欧各地都能看到那个时期在罗马风影响下建造的数以千计的大小教堂，甚至在斯堪的纳维亚（Scandinavia）半岛上的北欧地区也有许多用木结构修建的受罗马风影响的小教堂，罗马风的传播不能小觑。

3）城堡与住宅

中世纪中期的世俗建筑主要是城堡和住宅。封建领主为了维护自己领地的安全、防御敌人的侵袭，往往选择险要地形，修建高大的石头城墙，并紧挨墙体修筑可供防守和居住的各种功能的塔楼、库房和房间。室内空间的分布随使用功能临时多变。为了抵风御寒，窗户开洞较小，大厅中央多设有烧火用的炉床（后来才演变为壁炉），墙体和屋顶有烟道，室内墙面多为裸石。往往依靠少量的挂件（城徽、兽头骨、兵器和壁毯）作装饰。室内家具陈设也都简单朴素，供照明用的火炬、蜡烛都放置在金属台或墙壁的托架上，不仅实用，同时也是室内空间的陈设物品（图 2-27）。

图 2-27　中世纪城堡内的一间大厅

4）哥特式风格

大约 12 世纪，随着社会历史的发展与城市文化的兴起，王权进一步扩大，封建领主势力缩小，教会也转向国王和市民一边，市民文化在某种意义上来说改变了基督教。在西欧一些地区人们从信仰耶稣改为崇拜圣母。人们渴求尊严，向往天堂。为了顺应形势变化，也为了笼络民心，国王和教会鼓励人们在城市大量兴建能供更多人参加活动的修道院和教堂。由于开始修建这些教堂的地区的大多数市民来自七百多年前倾覆罗马帝国统治的哥特人，后来文艺复兴的艺术家便称这段时期的建筑形式为哥特式（Gothic）建筑风格。

（1）主要艺术特征

高大深远的空间效果是人们对圣母慈祥的崇敬和对天堂欢乐的向往；对称稳定的平面空间有利于信徒们对祭台的注目和祈祷时心态的平和；轻盈细长的十字尖拱和玲珑细巧的柱面造型使庞大笨重的建筑材料似乎失去了重量，具有腾升冲天的意向；大型的彩色玻璃图案，把教堂内部渲染得五色缤纷，光彩夺目，给人以进入天堂般的遐想。

经过长时间的锤炼，哥特式教堂的设计格局已成定式：即教堂平面成船形，有同舟共济之意；教堂入口朝西，与之相对的祭台在东侧，因为那是耶稣圣墓所在；教堂平面图形呈纵（东西向）长、横（南北向）短的十字形，这样的十字叫"拉丁十字"，以区别于拜占庭的"希腊十字"。这种十字形被比喻为耶稣受难的十字架，具有宗教的象征意义和艺术形式上的寓意性。

（2）主要结构技术

中世纪前期教堂所采用的拱券和穹顶过于笨重，费材料、开窗小、室内光线严重不足，而哥特式教堂从修建时起便探索摒除以往建筑构造缺点的可能性。他们首先使用肋架券作为拱顶的承重构件，将十字筒形拱分解为"券"和"蹼"两部分。券架在立柱顶上起承重作用，"蹼"又架在券上，重量由券传到柱再传到基础，这种框架式结构使"蹼"的厚度减到20～30cm，节约了材料，减轻了重量，增加了适合各种平面形状的肋架变化的可能性（图2-28）。其次是使用了尖券。尖券为两个圆心划出的尖矢形，可以任意调整走券的角度，适应不同跨度的高点统一化。另外尖券还可减小侧推力，使中厅与侧厅的高差拉开距离，从而获得了高侧窗变高、引进更多光线的可能性。第三，使用了飞券。飞券立于大厅外侧，凌空越过侧廊上方，大厅拱顶的侧推力便通过飞券直接经柱子转移到墙脚的基础上，墙体因减少了承受侧推力而获得更多的开窗自由，增加了室内墙面虚实变化的可能性。

总之，哥特式教堂风格特征明显，在欧洲各地十分普遍，图2-29是法国沙特尔大教堂（Chartres Cathedral）大厅剖面透视

图2-29 法国沙特尔大教堂大厅剖面透视图

图，图2-30是英国埃克塞特大教堂（Exeter Cathedral）内景。

2.2.3 欧洲文艺复兴运动时期

始于欧洲的文艺复兴运动（Renaissance）是一场反映新兴资产阶级要求的思想文化运动，揭开了近代欧洲历史的序幕，在人类历史上占有重要地位。

1）文艺复兴运动的历史背景

13世纪后，一大批勇敢的人文主义者和艺术家，如：但丁、乔托（Giotto di Bondone）、

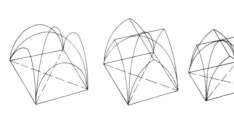

图2-28 哥特式建筑的结构说明图例

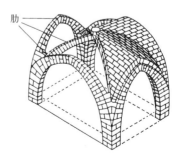

肋

图 2-30　英国埃克塞特大教堂

达·芬奇（Leonardo da Vinci）、米开朗琪罗（Michelangelo Buonarroti）和伯鲁乃列斯基（Filippo Brunelleschi）等主张：人有权力去认识客观世界，发展人性，塑造自我，享受现实生活，热爱一切的美。他们在意大利的古典文化、古希腊和古罗马遗留的文物中看到了这些人文气息十分浓重的东西，发出了让古典文化再生的呼唤，这是这场运动得名的依据，也是文艺复兴运动的重要标志之一。

在 15 世纪文艺复兴运动大潮冲击下，意大利中部和北部的封建统治者和罗马教廷转而支持人文学者，到了 16 世纪，罗马便成了文艺复兴运动的中心。文艺复兴运动在建筑设计上和室内设计上的主要表现有如下几个方面：

第一，为现实生活服务的世俗建筑类型大大丰富，质量大大提高；

第二，各类建筑的形制和艺术形式都有很多创新；

第三，大型建筑都采用古罗马式的拱券，穹顶结构技术进步很大；

第四，建筑师摆脱了工匠身份，成为个性强烈且多才多艺的"巨人"；

第五，建筑理论空前活跃，产生了大量理论著作；

第六，恢复了古典建筑风格，柱式再度成为建筑构图的基本因素；

第七，许多建筑师成为新思想、新文化的代表，他们的作品成为历史的里程碑。

2）意大利文艺复兴时期的代表作品

（1）佛罗伦萨大教堂

佛罗伦萨大教堂（The Dome of Santa Maria del Fiore, Florence）是 13 世纪末，行会把它作为共和政体的纪念碑式的建筑来修建的，由于构造技术和审美心理等问题，拖延了很长时间没能完成。15 世纪初，伯鲁乃列斯基通过对古罗马建筑，特别是对万神庙的圆顶结构做了深入研究后，提出一个无须支撑也不必建造木膺架的大穹顶的设计方案。他创造性地将古罗马的水平构造方法和哥特式的骨架券结构相结合，在直径 42.2m 的八角形鼓座的每一个角上建一根主券、八个边上各建两根次券、用九道水平券把主券、次券连接成整体，形成一个八角形状的尖矢形笼子，在此结构基础上加建外壳和顶上的采光亭。大厅内部的空间净高接近百米，人们举头仰望透着天光的矢顶，无不赞叹这座结构上大胆创新、形式上巧妙结合（古罗马与哥特式）的里程碑式建筑。

（2）罗马圣彼得大教堂

这是在旧的巴西利卡式的彼得教堂旧地上重新设计建造的新的圣彼得大教堂（The Dome of St. Peter）。经过设计竞赛，伯拉孟特（Donto Bramante）的方案中标，该方案平面中厅为希腊十字形，近似正方形的四角分别有一个小十字空间，集中式的布局严格对称，具有纪念碑式的形象意义。该工程 1506 年动工，至 1514 年，伯拉孟特去世。此后的三十多年里，随着各种势力的反复较量，设计方案也几经变动，直到 1547 年，教皇才委任 72 岁高龄的米开朗琪罗主持圣彼得大教堂的工程设计。他首先肯定了伯拉孟特的方案，在此基础上加强了中央支承穹顶的四座柱墩，简化了四角的布置，使整个大厅内部空间更为流畅。同时他还提高了穹顶的鼓座，使穹顶向上拔高增大内部空间。穹顶的造型受佛罗伦萨大教堂影响，也在顶部做了一个以柱子环绕的采光亭，鼓座上一圈采光窗将大量光线引入中厅。充足、明朗的光线，正是人文主义者对教堂的要求。

目前，圣彼得大教堂内部空间具有光线明晰的中厅、高大宽阔的拱廊、连续优美的半圆形券柱、色彩艳丽而堂皇的图案设计、檐部上和壁龛中精美的雕刻等，向人们展示意大利文艺复兴运动的巨大成果，证明了古典文化是取之不竭的艺术源泉。

（3）府邸与住宅

盛期文艺复兴的府邸和别墅建筑显示了更多的古罗马语汇。罗马的法尔尼斯（Farnese）家族的府邸就是典型实例，它是小桑迦洛（Antonio da San Gallo, the younger）和米开朗琪罗前后合作设计建造的。建筑为正方形

四合院，每边三层均有柱廊。建筑的拱券不是架在柱头而是落在厚实的檐部上，柱头直接顶住各层的檐部增强了竖向的力度感，一部巨大的楼梯引向二层，该层有一环形通道通向院落三边大小不同的房间。府邸最大的房间是加德斯大厅（Salle des Gardes），空高两层，窗户及柱子形式与外部一致。门道的门框和镶板式的木格顶棚以及铺砌精美的地面都具有古典韵味，除了墙面中部装饰一些小圆浮雕和彩色挂毯之外，并无多余浮华的装饰，显得简洁、朴素。府邸内其他房间的室内装饰根据功能而繁简不一。许多房间也多喜欢通过绘画的形式来装饰天顶和墙面，采用逼真的手法描绘各种神话题材。一些立体感极强的人物雕刻和绘画的框子，均是运用透视方面的知识描绘在平滑的粉墙上，有些类似庞贝古城住宅墙面装饰建筑画的效果（图 2-31）。

3）欧洲其他国家文艺复兴时期的代表作品

意大利的文艺复兴运动影响了整个欧洲，也促进了人文主义思潮和古典主义设计的发展。

图 2-31　罗马法尔尼斯府邸的门廊

法国设计师在 16 世纪设计的枫丹白露宫（The Palace of Fontainebleau）等建筑，吸取了意大利的艺术装饰风格，创造了灰泥高浮雕和绘画相结合的新的建筑装饰造型手法。其中的长廊空间整齐规正，但并不单调。起伏变化较大的顶棚结构和壁画上的门窗、线脚装饰以及绘画、雕刻的设计，使人目不暇接，效果十分强烈。

西班牙出现了银匠式风格（Plateresque），这是将当地哥特式、阿拉伯式建筑风格和意大利文艺复兴的装饰设计手法相融合的产物，这种风格的作品具有类似银器般的精雕细琢的工艺特色。建筑物内外的各种装饰构件以及家具陈设的细节部位也都做工精美、千变万化，体现了西班牙人特有的活泼热情的性格，其代表建筑有贝壳府邸（Casa de las Conchos）和海纳瑞大学（Alcarà de Henares）等。

英国的罕普敦府邸（Hampton Court）也是这一时期的例子。罕普敦府邸是一座"都铎风格"明显的具有欢快气息的庄园。外观形体起伏多变，红砖白缝的外墙显示着尼德兰的影响。内部装饰以深色木材作浅浮雕花饰的围护墙裙；天花用浅色抹灰制作直线和曲线结合的格子，中间下垂钟乳状的装饰以求造型变化。一些重要大厅采用由两侧逐级挑出的木制锤式屋构架，构架上精雕细镂的下垂装饰物具有典型的英格兰地方风味（图 2-32）。

俄国没有过多受意大利文艺复兴设计样式的影响。他们在 16 世纪推翻蒙古人的统治，正经历一个民族复兴的时期，民族意识十分强烈。为纪念战胜蒙古人在 1555-1560 年修建了著名的华西里·柏拉仁内教堂（Xpam

图 2-32　英国罕普敦府邸的大厅

BacИлИЯ БлаЖеHoro）。教堂着重外部造型，内部空间却十分狭小，算是室内空间设计的一个败笔。但是它具有别具一格的俄罗斯民间建筑形式，九个高低不一、色彩多样、形态各异的葱头顶，就像一团熊熊燃烧着的烈火，充满了活力，爆发出欢乐，成为俄罗斯的标志。

2.2.4　巴洛克与洛可可时期

巴洛克（Barocco）和洛可可是文艺复兴之后流行于欧洲的两种艺术风格，对当时的建筑设计和室内设计都产生了重要影响。

1）巴洛克

巴洛克这个词源于葡萄牙语，意思是畸形

的珍珠（另一种说法认为该词来源于意大利语，意为奇形怪状、矫揉造作），这个名词最初出现略带贬义色彩。巴洛克建筑的表情非常复杂，历来对它的评价褒贬不一，尽管如此，它仍造就了欧洲建筑和艺术的又一个高峰，其影响远至俄罗斯和美洲。

（1）巴洛克风格的室内设计

意大利罗马的耶稣会教堂（Church of The Gesu）被认为是巴洛克设计的第一件作品，其正面的壁柱成对排列，在立面上部两侧有一对大卷涡，中央入口处有双重山花，这些都被认为是巴洛克风格的典型手法。另一位雕塑家兼建筑师伯尼尼（Giovanni Lorenzo Bernini）设计的圣彼得大教堂穹顶下的巨形华盖，由四根旋转扭曲的青铜柱子支撑，具有强烈的动感，整个华盖缀满藤蔓、天使和人物，充满活力，也被认为是巴洛克风格的代表作品（图2-33）。

意大利的威尼斯（Venice）、都灵（Torino）以及奥地利、瑞士和德国等地都有巴洛克式样的室内设计。比如：威尼斯公爵府（The Doge's Palace）会议厅里的墙面上布满令人惊奇的富丽堂皇的绘画和镀金石膏装饰，给参观者留下强烈的印象。都灵的圣洛伦佐教堂（Chiesa di San Lorenzo），室内平立面造型复杂，直线加曲线，大方块加小方块，希腊十字形、八边形、圆形或不知名的形状均可看到。室内大厅里装饰复杂的大小圆柱、方柱支撑着饰满图案的半圆拱和半球壁龛，龛内上下左右布满大大小小的神像、天使雕刻和壁画，拱形外的大型石膏花饰更是巴洛克风格的典型纹样。

德国的维斯朝圣教堂（Die Wies）等也都一律秉承大量穿金带银、工艺精细、材料华贵

图2-33　圣彼得大教堂大厅的华盖

等特点，把法国洛可可风格也混在一块，很难区分两者的归属（图2-34）。

（2）古典主义的室内设计

16世纪末，路易十四（Louis XIV）登基后，法国的国王成为至高无上的统治者，法国文化艺术界普遍成为为王室歌功颂德的工具。王室也以盛期古罗马自比，提倡学习古罗马时期的艺术，建筑界兴起了一股崇尚古典柱式的建筑文化思潮。他们推崇意大利文艺复兴时期帕拉第奥（Andrea Palladio）规范化的柱式建筑，进一步把柱式教条化，在新的历史条件下发展为古典主义的宫廷文化。

法国的凡尔赛宫（Chateau de Versailles）和卢浮宫（Louvre）便是古典主义时期的代表之作，两宫内部的豪华与奢侈令人叹为观止。绘满壁画和刻花的大理石墙面与拼花的地面、

图 2-34　德国维斯朝圣教堂内景

镀金的石膏装饰工艺、布满图案的顶棚、大厅内醒目的科林斯柱廊和罗马式的拱券，都体现了古典主义的规则。除了皇宫，这个时期的教堂建筑有壮观的巴黎式穹顶教堂恩瓦立德大教堂（S. Louis des Invalides），它的室内设计特点是穹顶上有一个内壳，顶端开口，可以看见外壳上的天棚画，光线从窗户射进来，但是人在地上看不见窗户，创造出空间与光的戏剧性效果。这种创新方法体现了法国古典主义并不顽固，有人把它称作真正的巴洛克手法。

2）洛可可

同"巴洛克"一样，"洛可可"一词最初也含有贬义。该词来源于法文，意指布置在宫廷花园中的人工假山或贝壳作品。

（1）法国的洛可可风格

法国洛可可艺术设计时期在艺术史上称为"摄政时期"，图 2-35 就是一例，在那里看不见沉重的柱式，取而代之的是轻盈柔美的墙壁曲线框沿。门窗上过去刚劲的拱券轮廓被逶迤草茎和婉转的涡卷花饰所柔化。巴黎（Pairs）苏俾士府邸（Hotel de Soubise）椭圆形客厅是洛可可艺术最重要的作品，设计师是博弗兰（Gabriel Germain Boffrand）。客厅共有八个拱形门洞，其中四个为落地窗，三个嵌着大镜子，只有一个是真正的门。室内没有柱的痕迹，墙面完全由曲线花草组成的框沿图案所装饰，接近天花的镶板绘满了普赛克故事的壁画。画面上沿横向连接成波

图 2-35　洛可可风格的墙面设计

图 2-36　西翁府邸接待厅

浪形，紧接着金色的涡卷雕饰和儿童嬉戏场面的高浮雕。室内空间没有明显的顶面和立面界线，曲线与曲面构成一个和谐柔美的整体，充满着节奏与韵律。三面大镜子加强了空间的进深感，造成令人安逸和迷醉的幻境效果。

（2）英国的乔治风格

英国从安妮女王（Anne of Great Britain）时 期 到 乔 治 王 朝（Georgian Dynasty）时期，建筑艺术早期受意大利文艺复兴晚期大师帕拉提奥的影响，讲究规矩而有条理，综合了古希腊、古罗马、意大利文艺复兴时期以及洛可可的多种设计要素，演变到后期形成了一个个性不明朗的古典罗马复兴文化潮流，其代表作有伦敦（London）郊外的柏林顿府邸（Burlington House）和西翁府邸（Syon House）。他们的室内装饰从柱式到石膏花纹均有庞培式的韵味（图 2-36）。乔治时期的家具陈设很有成就，各种样式和类型的红木、柚木、胡桃木厨柜，桌椅以及带柱的床，制作精良；装油画和镜片的框子，雕花十分考究；窗户也都采用帐幔遮光；来自中国的墙纸表达着自然风景的主题。室内的大件还有拨弦古钢琴和箱式风琴，其上都有精美的雕刻，往往成为室内的主要视觉元素。乔治时期的家具之所以能在欧洲红极一时，主要依赖于家具手工工业生产的艺术化、科学化。奇彭达尔（Thomas Chippendale）、赫 普 尔 怀 特（George Hepplewhite）、谢拉顿（Thomas Sheraton）等一批艺术素养很高的家具设计师，不仅身体力行，而且还将设计图整理出版，推广了乔治时期的家具。

（3）西班牙的"超级洛可可"

中世纪后期的西班牙，宗教裁判所令人胆寒，建筑装饰艺术风格也异常的严谨和庄重。直到 18 世纪受其他地区巴洛克与洛可可风格的影响，才出现了西班牙文艺复兴以后的"库里格拉斯科"（ChurriGueresco）风格，这种风格追求色彩艳丽、雕饰繁锁、令人眼花缭乱的极端装饰效果。格拉纳达主教堂（Granada Cathedral）的圣器收藏室就是这样的实例。它的室内无论柱子或墙面，无论拱券或檐部均淹没于金碧辉煌的石膏花饰之中，过分繁复豪华的装饰和古怪奇特的结构，形成强烈的视觉冲击和神秘气氛。

（4）殖民时期与联邦时期的美洲

欧洲殖民主义者在瓜分占领美洲的同时，也把各自国家流行的文艺复兴式、巴洛克式、洛可可式或者古典主义式的风格带进了新建筑的室内装饰中。

18 世纪中期的美国追随欧洲文艺复兴的样式，用砖和木枋来建造城市住宅，称为美国乔治式住宅，一般二至三层，成联排式样。从前门进入宽大的中央大厅，由漂亮的楼梯引向二层大厅。门厅两边有客房和餐厅，楼上为卧室，壁炉、烟囱设在墙的端头，厨房和佣人房布置在两翼。室内装修多以粉刷墙和木板饰面，富裕一些的家庭则在门、窗、檐口一带作木质或石膏的刻花线。壁炉框及画框都用欧洲古典细部装饰，还有的喜欢在一面墙上贴中国式的壁纸，大厅地面多为高级木板镶拼，铺一块波斯地毯，显示主人的优越地位。费城（Philadelphia）的鲍威尔住宅（Powel House）就是一个很好的实例（图 2-37）。

2.2.5　19 世纪时期

18 世纪末到 19 世纪中叶，资本主义社会政治制度在欧美大片地区逐步得以实现和巩固。随着这些国家政治、经济、文化的进步与发展，在建筑艺术领域，浪漫主义、新古典主义、折中主义成为当时的主要潮流。作为一种理念和样式，它们在不同地区、不同时间，有区别地表现着自己。各种"主义"之间既相互排斥又相互渗透，从历史的足迹来看，它们都留下了自己值得骄傲的作品。

1）新古典主义（含罗马复兴与希腊复兴）

在 18 世纪中期，新古典主义与巴洛克在法国几乎并存了许久。进入 19 世纪后，继续有力地影响着法国，特别是在 1804 年拿破仑（Napoléon Bonaparte）称帝之后，为了宣扬帝国的威力、歌颂战争的胜利、也为他自己树

图 2-37　费城鲍威尔住宅室内空间

立纪念碑，在国内大规模地兴建纪念性建筑，对 19 世纪的欧洲建筑影响很大。这种帝国风格的建筑往往将柱子设计得特别巨大，相对开间很窄，追求高空间的傲慢与威严，巴黎的圣日内维夫教堂（Panthéon in Paris）就是实例。建筑大厅内有高大的科林斯柱子支撑着拱券，山花和帆拱正是罗马复兴的表现，图案和雕刻分布合理，体现了罗马时期建筑的豪华而不奢侈，表现出一种冷漠的壮观。

新古典主义在与法国为敌的英国以及德国、美国一些地方则表现为希腊复兴。他们认为古希腊建筑无疑是最高贵的，具有纯净的简洁，其代表作有英国的大英博物馆（The British Museum）和爱丁堡中学（The High School, Edinburgh），德国的柏林博物馆（Altes Museum, Berlin），美国的纽约海关大厦（New York Custom House）等。这些建筑模仿希腊较为简洁的古典柱式，追求雄浑的气势和稳重的气质。

2）浪漫主义（含哥特复兴）

浪漫主义起于 18 世纪下半叶的英国，常称先浪漫主义。浪漫主义在艺术上强调个性，提倡自然主义，反对学院派古典主义，追求超凡脱俗的中世纪趣味和异国情调。19 世纪 30～70 年代是它的第二阶段，此时浪漫主义已发展成颇具影响力的潮流，它提倡造型活泼自然、功能合理适宜、感觉温情亲切的设计主张，强调学习和摹仿哥特式的建筑艺术，又被称为哥特式复兴。

1836 年始建的英国伦敦议会大厦（Houses of Parliament）、1846 年始建的美国纽约圣三一教堂（Trinity Church）、林德哈斯特府邸（Lyndhurst House）是当时哥特复兴的代表性建筑和室内设计。在这些实例中都能看到哥特式的尖券和扶壁式的半券，彩色玻璃镶嵌的花窗图案仍然艳丽动人。

3）折中主义

进入 19 世纪，随着科学技术的进步，人们能更快、更多地了解历史的、当前的、各地的文化艺术成果。有人主张选择在各种主义、方法或风格中看起来是最好的东西，于是设计师根据业主的喜爱，从古典到当代、从西方到东方、从丰富的资料中选择讨好的样式糅合在一起，形成了折中主义的设计风格。折中主义作为一种思潮有其市场，但最可悲的是他们更多地依赖于传统的样式，过多的细节模仿妨碍了对新风格的探索与创造。

4）工业革命的影响

18 世纪末到 19 世纪初，世界工业生产的发展与变化给室内设计带来了新意。早期工业革命对室内设计的影响，其技术性大于美学性。用于建筑内部的钢架构件有助于获取较大的空间；由蒸气带动的纺织机、印花机生产出大量的纺织品，给室内装饰用布带来更多的选择。

19 世纪中期，钢铁与玻璃成为主要建筑用材，同时也创造出历史上从未有过的空间形式。1851 年，由约瑟夫·帕克斯顿（Joseph Paxton）为举办首届世界博览会而设计的"水晶宫"（Crystal Palace）更是将铸造厂里预制好的铁构架、梁架、柱子运到现场铆栓装配，再将大片的玻璃安装上去，形成巨大的透明的半圆拱形网架空间。另外，结构工程师埃菲尔（Gustave Eiffel）设计了铁桥和著名的埃菲尔铁塔（Eiffel Tower），也设计了巴黎廉价商场

（Bon Marché）的钢铁结构，内有宏大的弧形楼梯和走道，钢铁立柱支撑着玻璃钢构屋顶，创造出开敞壮观的中庭空间。

5）维多利亚时期

与此同时还并行着另一种设计风格，那就是以英国维多利亚（Alexandrina Victoria）女王名字作为代称的维多利亚风格，它反映了欧美设计的一个侧面。

维多利亚设计不是一种统一的风格，而是欧洲各古典风格折中混合的结果。维多利亚风格更多地表现在室内设计与工业产品的装饰方面，它以增加装饰为特征，有时甚至有些过度装饰。究其原因，大概与手工艺制作的机器化、模具化生产有关，雕刻与修饰不再像以前纯手工艺制作那样艰难，许多样式的生产只须按图纸批量加工便可。借用与混合成为维多利亚式创作与设计的主要手段。

6）工艺美术运动

19世纪下半叶，设计界出现了一股既反对学院派的保守趣味，又反对机械制造产品低廉化的不良影响的有组织的美学运动，称为工艺美术运动。这场运动中最有影响的人物是艺术家兼诗人威廉·莫里斯（William Morris），他信奉拉斯金（John Ruskin）的理论，认为真正的艺术品应是美观而实用的，提出"要把艺术家变成手工艺者，把手工艺者变成艺术家"的口号。他主要从事平面图形设计，诸如：地毯（挂毯）、墙纸、彩色玻璃、印刷品和家具设计。他的图案造型常常以自然为母题，表达出对自然界生灵的极大尊重，他的设计风格与维多利亚风格类似，但却更为简洁、高贵和富于生机。

7）新艺术运动

19世纪晚期，欧洲社会相对稳定和繁荣，当工艺美术运动在设计领域产生广泛影响的同时，在比利时布鲁塞尔（Brussels）和法国一些地区开始了声势浩大的新艺术运动。与此同时在奥地利也形成了一个设计潮流的中心，即维也纳分离派；法国和斯堪的纳维亚国家也出现一个青年风格派，可以看作是新艺术运动的两个分支。新艺术运动赞成工艺美术运动对古典复兴保守、教条的反叛，认同对技艺美的追求，但却不反对机器生产给艺术设计带来的变化。

比利时设计师维克托·霍尔塔（Victor Horta）在布鲁塞尔设计的塔塞尔住宅（Tassel House），室内有一个复杂开敞的楼梯，楼梯的扶手和支撑柱均用钢铁为材料加工成型。栏杆与铁柱上端的图形呈曲线和涡卷，韵律优美。墙面描绘的卷草图案与地面玻璃马赛克的拼花图形，构成一幅十分和谐、轻盈，极富流动感的画面，生硬而冷冰冰的钢铁在这儿变得柔软而富有生气（图2-38）。

新艺术运动在欧美不仅对建筑艺术，还对绘画、雕刻、印刷、广告、首饰、服装和陶瓷等日常生活用品的设计产生了前所未有的影响。这种影响还波及到亚洲和南美洲，它的许多设计理念持续到20世纪，为早期现代主义设计的形成奠定了理论基础。

2.2.6 近现代时期

20世纪是现代主义运动兴起、走向繁荣，并深化变化的时期，现代主义的建筑理论和实践至今仍对建筑设计和室内设计具有非常重要的影响。

图2-38　比利时布鲁塞尔的塔塞尔住宅楼梯

1）20世纪早期的室内设计

（1）现代主义的出现

在20世纪头十年中，人们清楚地看到：工业化及其所依赖的工业技术为人们的生活带来了巨大的变化——生活中电话、电灯的使用；旅行中轮船、火车、汽车和飞机的采用；以及结构工程中钢和钢筋混凝土材料的运用——所有这些都为人们的生活带来了翻天覆地的变化。纵观人类历史，过去手工劳动是主要的生产方式，而这时已经很少有手工产品了，工厂生产的产品也越来越标准化，于是人们在艺术、建筑领域中更加感觉到：历史上一直遵循的传统与当时世界的距离越来越远了。

在19世纪，人们已经开始努力寻找新的设计方向，工艺美术运动、新艺术运动和维也纳分离派都保持着和过去紧密的联系。工艺美

术运动希望回归前工业时代的手工技艺；新艺术运动和维也纳分离派在寻找新的装饰语汇，但却没能认识到涉及现代生活方方面面的变化所具有的强大影响力；折中主义被用来作为旧形式向现实转化的手段。机器工业的发展使以手工艺为基础的装饰艺术与时代格格不入，工艺美术运动以来室内设计的装饰化、艺术化倾向又使之脱离了最广泛的群众基础，最后艺术变成阳春白雪、高高在上。因此，从某种意义上说，现代主义运动的先驱们希望改变这种现象，他们的作用具有革命性。

现代主义运动希望提出一种适应现代世界的设计语汇，这种运动涉及所有艺术领域，如绘画、雕塑、建筑、音乐与文学。在建筑设计领域有四位人物被大部分人认为是"现代运动"的主要代表人物——欧洲的沃尔特·格罗皮乌斯（Walter Gropius）、密斯·凡·德·罗（Mies van der Rohe）、勒·柯布西耶（Le Corbusier）和美国的弗兰克·劳埃德·赖特（Frank Lloyd Wright），他们既是建筑师，又同时活跃于室内设计领域。当然除了上述四位之外，这一时期还产生了一批著名的设计师，都具有重要的影响。

① 格罗皮乌斯与包豪斯

1919年，格罗皮乌斯出任魏玛"包豪斯"（Bauhaus）校长，在包豪斯宣言中，他倡导艺术家与工匠的结合，倡导不同艺术门类的综合。

1925年，"包豪斯"迁至工业城市德骚（Dessau），由格罗皮乌斯设计了新的校舍。包豪斯校舍于1926年竣工，这是一组令人印象深刻的建筑群，无论平面布局还是立面表达都体现了包豪斯的理念，图2-39（a, b）。复

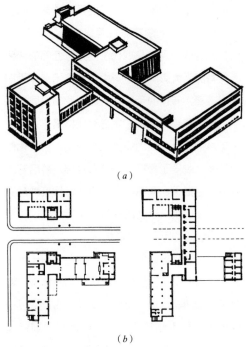

图 2-39 包豪斯校舍的鸟瞰图和平面图
（ a ）鸟瞰图；（ b ）平面图

杂组群中最显著的部分是用作车间的四层体块，在这里学生们能进行真正的实践，各种材料均在这些车间中生产。包豪斯校舍引人注目的外观来自车间建筑三层高的玻璃幕墙、其他各翼朴素的不带任何装饰的白墙、墙面上开着的条形大窗、以及宿舍外墙上突出的带有管状栏杆的小阳台。"包豪斯"校舍设计强调功能决定形式的理念，建筑的平面布局决定建筑形式，这是对传统设计理念的巨大冲击，影响十分深远。"包豪斯"的室内非常简洁，并且与功能、与外观有着直接的关联。格罗皮乌斯主持的校长办公室室内设计引人注目，表现出对线性几何形式的探索。学生和指导教师设计的家具和灯具亦随处可见，对白色、灰色的运用以及重

点使用原色的方法使人联想起风格派的手法。

② 密斯·凡·德·罗

1929 年巴塞罗那博览会中的德国展览馆（German Pavilion, Barcelona）是密斯的代表作之一，巴塞罗那德国馆布置在一座宽阔的大理石平台上，有两片明净的水池。整幢建筑结构简单，由八根钢柱组成，柱上支撑着一个平板屋顶。侧界面有玻璃和大理石两种，位置灵活，纵横交错，有的延伸出去成为院墙，形成了既分隔又连通的半封闭半开敞空间，室内室外互相穿插，没有明确的界限。巴塞罗那德国馆是一幢充分发挥钢和混凝土性能的建筑，它的结构方式使墙成为自由元素——它们不起支撑屋顶的作用，室内空间可以自由安排。这个作品凝聚了密斯风格的精华和原则：水平伸展的构图、清晰的结构体系、精湛的节点处理、高贵而光滑的材料、流动的空间、"少即是多"的理念等（图 2-40 ）。

密斯是一个真正懂得现代技术并熟练地应用了现代技术的设计师，他的作品比例优美，讲究细部处理，通过现代技术所提供的高精度的产品和施工工艺来体现"少即是多"的理念。密斯善于把他人的创作经验融会到自己的建筑语言中去，他的作品虽有浓郁的个人色彩，但却能用最抽象的形式来抑制个人冲动，追求表达永恒的真理和时代精神。

③ 勒·柯布西耶

勒·柯布西耶是一位对后代建筑师产生重大影响的现代主义大师。早在 1914 年，勒·柯布西耶在他提出的"多米诺"体系中，就已经把建筑还原到最基本的水平和垂直的支撑结构以及垂直交通构件，这样就为室内空间的营造

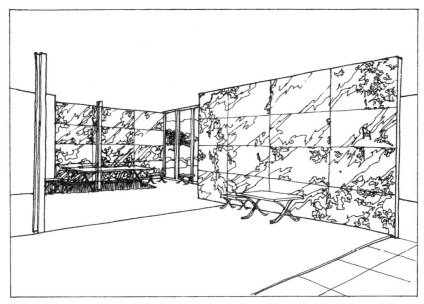

图 2-40　巴塞罗那德国馆室内空间效果

提供了最大限度的自由。

20世纪20年代初，勒·柯布西耶和友人共同创办了《新精神》（L'Esprit Nouveau）杂志。在《走向新建筑》（Vers Une Architecture）一书中，勒·柯布西耶提出了他著名的"新建筑五项原则"：独立的支撑结构；自由平面，不受承重墙限制；自由立面，即垂直面上的自由平面；水平条形窗；屋顶花园。他认为要把建筑美和技术美结合起来，把合乎目的性、合乎规律性作为艺术的标准，并把建筑从为少数所谓高品位的人服务转向为大众服务，提倡建筑产品工业化。在设计方法上，他十分注重自然因素对建筑的作用，强调阳光对建筑的表现力。

勒·柯布西耶最著名、最有影响力的作品之一是巴黎近郊的萨伏伊别墅（Villa Savoye）（图2-41a、b）。住宅的主体部分接近方形，

抬高到第二层的楼板支撑在底层纤细的管状钢柱上。建筑的墙面大部分都是白色的，开着连续的带形窗。地面层布置门厅、车库、楼梯、坡道和佣人房间，一层的墙体从上层楼板处后退，配以落地玻璃或漆成暗绿色的墙面，减弱了墙体的视觉冲击力。一条双折坡道通向主要楼层，直抵空间中央。一间宽敞的起居空间占据了建筑的一侧，上下贯通的玻璃面对一处室外露台，直接接纳天光；室外露台没安装玻璃的带形长窗便于观赏周围的风景。坡道一直延伸至室外，通向屋顶生活平台，平台由或直或曲的隔墙围合，墙体被漆上柔和的颜色。萨伏伊别墅外形简洁，但通过几何形体的巧妙组合创造了丰富的空间效果。在室内设计中，没有任何多余的线脚与繁琐的细部，强调建筑构件本身的几何形体美以及不同材质之间的对比效果；内部空间用色以白为主，辅以一些较为鲜

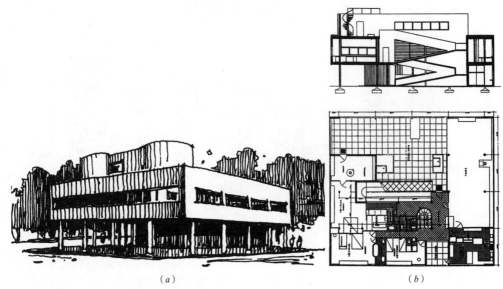

（a）

（b）

图 2-41　萨伏伊别墅的外观图、平面和剖面图
（a）外观图；（b）平面和剖面图

艳的色彩，追求大的色彩对比效果，气度大方而又不失活泼之感；内部的家具与陈设也突出其本身的造型美和材质美，强化了建筑的整体感，使之成为一个完美的艺术品。该住宅同格罗皮乌斯设计的包豪斯校舍、密斯设计的巴塞罗那德国馆一起成为 20 世纪最重要的建筑之一，展示了现代建筑的发展方向。

④ 弗兰克·劳埃德·赖特

赖特是 20 世纪的另一位大师，是美国最重要的建筑师，在世界上享有盛誉。赖特一生设计了许多建筑，他的一些设计手法打破了传统建筑的模式，注重建筑与环境的结合，提出了"有机建筑"的观点。

赖特的代表作当推流水别墅（Fallingwater House），这是 1936 年为考夫曼（Edgar J. Kaufmann）家庭建造的私人住宅。建筑高架在溪流之上，与自然环境融为一体，是现代建筑中最浪漫的实例之一。流水别墅共三层，采用非常单纯的长方形钢筋混凝土结构，层层出挑，设有宽大的阳台，底层直接通到溪流水面。未装饰的挑台和有薄金属框的带形窗暗示了设计者对欧洲现代主义的认识。流水别墅的室内空间采用自然石块和原木家具，非常强调与户外景观的联系，达到内外一体的效果（图 2-42）。

（2）现代主义的发展与高潮

第二次世界大战期间，原材料的匮乏对现代主义风格提出了挑战，但同时又创造了机会。早期的现代主义作品往往依赖于高质量的材料来表达其自然的肌理，材料的高贵弥补了形式的单调。战争期间只能提供最普通、最粗糙的原料，但这却反而促成了现代主义风格的大众化、更能体现出它最基本的特征。

第二次世界大战前夕，现代主义大师们从

图 2-42　流水别墅室内空间效果

欧洲迁徙美国，他们不仅把现代主义运动的中心移到了美国，更重要的是在美国兴建学院，培养了一代新人。1937 年，格罗皮乌斯出任哈佛大学设计研究生院院长，传播包豪斯思想。1938 年，密斯被聘为伊利诺理工学院建筑系主任。同时，布劳埃尔（Marcel Breuer）也执教于哈佛大学，这些包豪斯主要人物在美国的教学活动，无疑促进了现代主义运动在美国生根开花。

第二次世界大战结束后，西方国家进入经济恢复时期，建筑业迅猛发展，造型简洁、讲究功能、结构合理，并能大量工业化生产的现代主义建筑纷纷出现，现代主义的观念开始被普遍地接受。

在美国，统领室内设计迈上正统的现代主义道路的学派有三个：格罗皮乌斯指导下的哈佛，密斯引导的国际式风格以及匡溪学派。

格罗皮乌斯的教学纲领依然强调功能主义，强调空间的简单和明晰，强调视觉上的趣味性和质感。1937 年，他在马萨诸塞州（Massachusetts）修建的住宅，以及他和布劳埃尔合作设计的一些小住宅，是功能性原则和简单性原则结合的典型。这些住宅都是简单的方盒子，但尺度宜人，墙面装修使用竖向的条形护墙板，火炉和基座用当地的块石拼合，既现代、又乡土，在以后的几十年中这一类做法长盛不衰。格罗皮乌斯的哈佛学派造就了一批第二代大师，包括约翰逊（Philip Johnson）、贝聿铭（I. M. Pei）、考柏（Henry N. Cobb）、鲁道夫（Paul Rudolph）等，他们的室内设计和建筑设计一样独具风采。

匡溪学派的核心是在 20 世纪 30 年代在匡溪艺术学院执教或就学的依姆斯（Charles Eames）、小沙里宁（Eero Sarrinen）、诺尔（Florence Schust Knoll）、伯托亚（Harry Bertoia）、魏斯（Harry Weese）等人。这一学派崭露头角于 1938 至 1941 年间，在纽约现代艺术博物馆举办的"家庭陈设中的有机设计"竞赛中，依姆斯和沙里宁双双获得头奖，他们设计了曲面的合成板椅子、组合家具等。

汉斯·诺尔（Hans Knoll）夫妇于 1946 年成立了设计公司，设计生产了许多经典作品，成为现代家具第二代的代表，即"诺尔样式"（Knoll look）。

小沙里宁为诺尔公司设计了不少家具。他把椅子的靠背、扶手、座位用统一的材料使其成为整体，充分发挥了材料的可塑性；椅子腿则用纤细的钢管。这种整体的造型和他日后的建筑设计风格非常接近。1948 年以后，诺尔公司开始用玻璃钢工艺批量生产沙里宁式的椅子，这是现代技术把高艺术价值产品低价推向市场的早期先例。

1948 年至 1951 年间，芝加哥湖滨路高层公寓（Lake Shore Drive Apartments, Chicago）的设计与建立，圆了密斯早期的设计摩天楼之梦。1954 年至 1958 年间，他又完成了著名的纽约西格拉姆大厦（Seagram Building, New York）。密斯的成功标志着国际式风格在美国开始被广泛接受。美国最著名的设计事务所 SOM 于 1952 年设计了纽约的利华大厦（Lever House），这是对密斯风格的一个积极响应。密斯风格已经成为从小到大、从简到繁的各类建筑都能适用的风格，而且它古典的比例、庄重的性格、高技术的外表也成为大公司显示雄厚实力的媒介，使战后的现代主义建筑不仅能有效地解决劳苦大众的居住问题，还能表达上流社会的身份与地位，甚至表达国家的新形象。

与此同时，美国的设计文明随着电影、书刊等大众传播媒介遍及到欧洲。战后欧洲各国的政府也在努力创造新的国家形象，体现自由、民主的精神，现代主义的风格与内涵无疑吻合了这一时代潮流。

现代主义能够盛行的另一个主要原因是因为它提出了全新的空间概念。20 世纪，人类对世界认识的最大飞跃莫过于提出了时间——空间概念。在以往的概念中，时间和空间是分离的。但爱因斯坦（Albert Einstein）的相对论指出，空间和时间是结合在一起的，人们进入了时间——空间相结合的"有机空间"时代。

把"有机空间"的设计原则和"功能原则"结合在一起，就构成了现代主义最基本的建筑语言。在大师们的晚期作品中，常常能欣赏到这些原则淋漓尽致的发挥：赖特的古根海姆美术馆（Guggenheim Museum, New York）的室内空间（图 2-43）使用了坡道作为主要的行进路线，达到了时间—空间的连续；密斯

图 2-43 古根海姆博物馆室内空间效果

的玻璃住宅打破了内外空间的界限，把自然景观引入室内；柯布西耶的朗香教堂（Notre-Dame-du-Haut at Ronchamp）最全面地解释了有机建筑的原则，变幻莫测的室内光影，把时间和空间有效地融于一体。

正因为现代空间有如此丰富的表现手段，才使人们认识到单纯装饰的局限性，才使室内设计从单纯装饰的束缚中解脱出来。与此同时，建筑物功能的日趋复杂、经济发展后的大量改造工程，进一步推动了室内设计的发展，促成了室内设计学科及行业的相对独立。

1957年美国成立了国家室内设计师学会（National Society for Interior Designers，简称NSID），1961年全美装饰师学会（American Institute of Decorators，简称AID）改名为全美室内设计师学会（American Institute of Interior Designers，仍简称AID），1974年开始筹划NCIDQ资格认证考试（相关介绍见1.4）。1975年NSID与AID合并，成立了美国室内设计师学会（ASID，相关介绍见1.4）。1982年美国阿拉巴马州（Alabama）成为第一个对室内设计行业执行注册资格制度的州。[7]

2）20世纪晚期的室内设计

进入后工业社会和信息社会以来，人类面临新的挑战，人们逐渐认识到：设计既给人们创造了新的环境，但又往往破坏了既有的环境；设计既给人们带来了精神上的愉悦，但又经常成为过分的奢侈品；设计既有经常性的创新与突破，但又往往造成新的问题……于是，人们已经不能用一两种标准来衡量设计。对不同矛盾的不同理解和反应，构成了设计文化中的多元主义基础。自由与严谨、热情与冷静、

严肃与放纵、进步与沉沦……这些相对立的体验，在多元主义时代的设计中都能找到它们的对应物。

（1）晚期现代主义

20世纪五六十年代以后，现代建筑从形式的单一化逐渐变成形式的多样化，虽然现代建筑简洁、抽象、重技术等特点得以保存和延续，但是这些特点却得到最大限度的夸张：结构和构造被夸张为新的装饰；贫乏的方盒子被夸张为各种复杂的几何组合体；小空间被夸张成大空间……夸张的对象不仅仅是建筑的元素，一些设计原则也走向了极端。这种夸张，虽然深化、拓展了现代主义的形式语言，但也使现代主义变成了一种手法和风格。

早在19世纪80年代，沙利文（Louis Sullivan）就提出了"形式追随功能"的口号，后来"功能主义"的思想逐渐发展为形式不仅追随功能，还要用形式把功能表现出来。这种思想在晚期现代主义时期进一步激化，美国建筑师路易斯·康（Louis I. Kahn）的"服务空间—被服务空间"（servant space-served space）理论就是典型代表。

在路易斯·康所处的时代，人们坚信世界统一性原则和简单性原则，即可以用最简单化的原理、定理和形式来表现统一的宇宙图像，爱因斯坦在他晚年孜孜追求统一理论便是明证。路易斯·康颇受这种思想的影响，他认为"秩序"是最根本的设计原则，世界万象的秩序是统一的。建筑应当用管道给实用空间提供气、电、水等并同时带走废物。因而，一幢建筑应当由两部分构成——"服务空间"和"被服务空间"，并且应当用明晰的形式表现它们，这样

才能显现其理性和秩序。

这种用专门的空间来放置管道的思想在路易斯·康的早期作品中就已形成。他非常钟爱厚重的实墙，但认为现代技术已经能够把古代的厚墙挖空，从而给管道留下空间，这就是"呼吸的墙"（breathing wall）的思想。20世纪50年代初，他为耶鲁大学设计的耶鲁美术馆（Yale University Art Gallery）中，又发展了"呼吸的天花"（breathing ceiling）的概念。这个博物馆是个大空间结构，顶部使用三角形锥体组合的井字梁，这样屋盖中就有通长的、可以贯通管道的空间，集中了所有的电气设备，使展览空间非常纯净。在以后的几个设计中，路易斯·康又逐渐认识到"服务空间"不应当仅仅放在墙体和天花的空隙中，而要作为专门的房间。这种思想指导了宾夕法尼亚大学理查兹医学实验楼（Richards Medical Research Laboratories at University of Pennsylvania）的设计：三个有实用功能的研究单元（"被服务空间"）围绕着核心的"服务空间"——有电梯、楼梯、贮藏间、动物室等。每个"被服务空间"都是纯净的方形平面，又附有独立的消防楼梯和通风管道（"服务空间"），同时使用了空腹梁，可以隐藏顶部的管道。

"服务空间"和"被服务空间"虽然有其理性的基础，但这种思想最终被形式化，"服务空间"变成了被刻意雕琢的对象，不惜花费大量的财力来表现它们，使之成为塑造建筑形象的元素。这种手法主义的做法实际上已经偏离了"形式追随功能"的初衷，走向了用形式来夸张功能之路，构成了晚期现代主义设计风格的一大特点。

这种形式主义还表现为把结构和构造转变为一种装饰。现代主义建筑没有了装饰元素，但它们的楼梯、门窗洞、栏杆、阳台等建筑元素以及一些节点替代了传统的装饰构件而成为一种新的装饰品。现代主义设计师擅长于抽象的形体构成，往往用有雕塑感的几何构成来塑造室内空间；现代主义的设计师还擅长于设计平整、没有装饰的表面，突出材料本身的肌理和质感。因此，晚期现代主义风格把现代主义推向装饰化时，产生了两个趋势——雕塑化趋势和光亮化趋势。

如果说抽象主义可以分为冷抽象和热抽象的话，雕塑化趋势也可以分为冷静的和激进的两个方向，即可以用极少主义和表现主义来加以概括。

极少主义和密斯"少即是多"的口号相一致，它完全建立在高精度的现代技术条件下，使产品的精密度变成欣赏的对象，而无需用多余的装饰来表现。20世纪60年代初，一批前卫的设计师在密斯口号的基础上提出了"无就是有"的新口号，并形成了新的艺术风格。他们把室内所有的元素（梁、板、柱、窗、门、框等）简化到不能再简化的地步，甚至连密斯的空间都达不到这么单纯。

20世纪六七十年代许多建筑师的作品都表现出极少主义的倾向，贝聿铭就是其中的代表。贝聿铭的设计风格在于能精确地处理可塑性形体，他的设计简洁明快，颇有极少主义的倾向。代表这种倾向的例子是肯尼迪图书馆（John F. Kennedy Library）和国家美术馆东馆（The East Building of National Gallery of Art）。

在东馆设计中，美术馆的主体——展厅部

分非常小，而且形状并不利于展览，最突出的反而是中庭的共享空间。在开始设计时，中庭的顶部是呈三角形肋的井字梁屋盖，这样显得庄严、肃穆。后来改用25个四边形玻璃顶组成的采光顶，使空间气氛比较活跃。中庭的另一个特点是它的交通组织，参观者的行进路线不断变化，似乎更像是从不同的角度欣赏建筑，而不是陈列品。

中庭的产生使室内设计的语言更加丰富，并且提供了充足的空间，使室外空间的处理手法能运用于室内设计，更好地实现了现代主义内外一致的整体设计原则（total design）。小沙里宁设计的纽约肯尼迪机场TWA候机楼（The TWA Flight Center at New York's JFK International Airport）就是整体设计的代表作。候机楼的曲面外型有一个非常简明的

寓意——一只飞翔的大鸟，它的室内空间除了一些标识自成系统之外，其余的座椅、桌子、柜台以及空调、暖气、灯具等都与建筑物浑然一体。为了和双曲面的薄壳结构相呼应，这些构件也用曲线和曲面表现出有机的动态，使建筑具有统一的性格（图2-44）。

用结构来塑造感人的空间的最好例子就是勒·柯布西耶的晚期作品朗香教堂（图2-45）。在设计中，结构已不仅是解决受力问题的途径，更是表现空间的有力手段。

与雕塑化趋势并行的是光亮化趋势，现代技术所提供的各种性能的玻璃、金属等材料，使最平庸的方盒子都能熠熠生辉、令人叫绝。光亮派（Slick—Tech）亦随之成为一种潮流。

（2）后现代主义

由于现代主义设计排除装饰，大面积玻璃

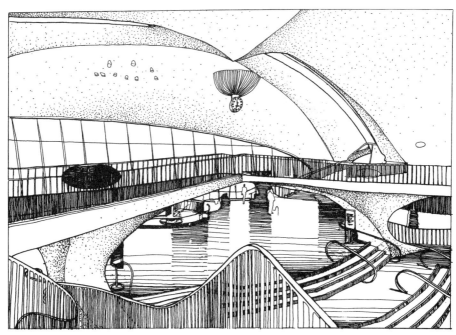

图2-44 TWA候机楼内景

图 2-45 朗香教堂内景

幕墙、室内外光洁的四壁，这些理性的简洁造型使"国际式"建筑及其室内空间千篇一律。久而久之，人们对此感到枯燥和厌烦。于是，20 世纪 60 年代以后，后现代主义应运而生，并受到欢迎。

20 世纪后期，世界进入了后工业社会和信息社会。工业化在造福人类的同时，也产生了环境污染、生态危机、人情冷漠等矛盾与冲突。人们对这些矛盾的不同理解和反应，构成了设计文化中多元发展的基础。人们认识到建筑是一种复杂的现象，是不能用一两种标准，或者一两种形式来概括，文明程度越高，这种复杂性越强，建筑所要传递的信息就越多。1966 年，美国建筑师文丘里（Robert Venturi）的《建筑的复杂性与矛盾性》（Complexity and Contradiction in Architecture）一书就阐述了这种观点。文丘里指出：现代主义运动所热

衷的简单与逻辑是现代运动的基石，但同时也是一种限制，它将导致最后的乏味与令人厌倦。文丘里从建筑历史中列举了很多例子，暗示这些复杂和矛盾的形式能使设计更接近充满复杂性和矛盾性的人性特点。

文丘里 1964 年为其母亲在费城郊区设计的母亲住宅（Vanna Venturi House）是第一幢具有后现代主义特征构想的建筑物。其基本的对称布局被突然的不对称所改变；室内空间有着出人意料的夹角形，打乱了常规方形的转角形式；家具令人耳目一新，而非意料中的现代派经典（图 2-46a、b）。文丘里在费城老人住宅基尔德公寓（Guild House）等项目中也体现了类似的复杂性。1978 年，汉斯·霍莱因（Hans Hollein）设计的维也纳奥地利旅游局营业厅（Office of Austrian Tourist Bureau, Vienna）室内空间，是对文丘里理

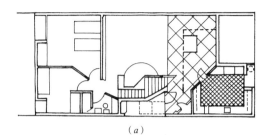

（a）

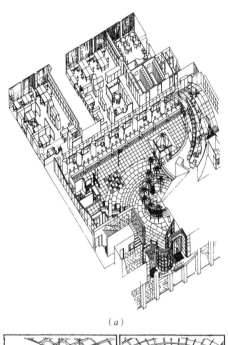

（a）

（b）

图 2-46　文丘里母亲住宅
（a）平面图；（b）内景图

（b）

图 2-47　奥地利旅游局营业厅内景
（a）室内轴测图；（b）内景系列图

论更好的直观阐释（图 2-47a、b）。

　　从 20 世纪 70 年代末，迈克尔·格雷夫斯（Michael Graves）开始为家具公司设计系列展厅。这期间，格雷夫斯趋向于把古典元素简化为积木式的具象形式。在 1979 年休斯顿（Houston）一家家具公司展厅的室内设计中，他把假的壁画和真实的构架糅合在一起，造成了透视上的幻觉。这种做法是文艺复兴后期手法主义的复苏。

作为新的设计趋向的代表，霍莱因和格雷夫斯有着共识。一方面他们延续了消费文化中波普艺术的传统，他们的作品都很通俗易懂，意义虽然复杂，但至少有能让人一目了然的一面，即文丘里所谓的"含混"；另一方面，这些作品中又包含着高艺术的信息，显示了设计师深厚的历史知识和职业修养，因而又有所脱俗。这种通俗与高雅、美与丑、传统与非传统的并立，也是信息时代的艺术特点。

（3）高技派

现代主义风格在多元主义时代继续发展。技术既是现代主义的依托，又是现代主义的表现对象。20世纪晚期，"高技派"作为后现代时期与"后现代主义"并行的一股潮流，与后现代主义一样，强调设计作为信息的媒介，强调设计的交际功能。

在后工业社会，"高度技术、高度感人"（high tech and high touch）变成一句口号。高技派设计师指出：所有现代工程50%以上的费用都是由供应电、电话、管道和空气质量服务的系统产生的，若加上基本结构和机械运输（电梯、自动扶梯和活动人行道），技术可以被看作所有建筑和室内的支配部分。使这些系统在视觉上明显和最大限度地扩大它们的影响，形成了高技派设计的特殊风格。

巴黎的蓬皮杜国家艺术与文化中心（Le Centre Nationale d'art et de Culture Georges Pompidou，简称蓬皮杜中心）是高技派设计风格的代表，由意大利人伦佐·皮亚诺（Renzo Piano）和英国人理查德·罗杰斯（Richard Rogers）合作设计。这座巨大的多层建筑在外部暴露并展示了其结构、机械系统

和垂直交通，西边暗示了正在施工的建筑脚手架，东边则暗示了各类管道。内部空间同样坦率地显示了顶部的设备管道、照明设施和通风管道系统，而这些设备管道过去都是习惯于隐藏在结构中的。这座建筑受到公众的强烈欢迎，成为游人的必去之处。

英国设计师福斯特（Norman Foster）设计的香港汇丰银行新楼（New Headquarters for the Hong Kong Bank），其室内亦应用了高技派常用的手法，但同时也充满了人文主义的因素。入口大厅通向上层营业厅的自动扶梯，呈斜向布置。这种方向的调整据说是顺从了风水师的要求，却反而使室内空间更加丰富。在这个纯机械的室内，设计师努力不使职员感到生活在一个异化的环境之中。福斯特把办公区分成五个在垂直方向上叠加的单元，职员先乘垂直电梯达到他所在单元的某一层后，再换乘自动扶梯去他的办公室所在的那一层。这种交通设计既解决了摩天楼中电梯滞留次数过频的老问题，又能使不同层、不同部门的职员之间能相互了解、相互交流（图2-48）。

高技派注重反映工业成就，其表现手法多种多样，强调对人有悦目效果的、反映当代最新工业技术的"机械美"，宣传未来主义。但是，高技派往往只是用技术的形象来表现技术，它的许多结构和构造并不一定很科学，有时由于过分的表现反而使人们感到矫揉造作。

高技派是随着科技的不断发展而发展的，强调运用新技术手段反映室内空间的工业化风格，创造出一种富于时代情感和个性的美学效果。随着科学技术的发展，高技派还会有新的发展，还会不断出现新的形式和新的设计手法。

（4）解构主义

解构主义一词被用来界定设计实践的一种倾向，解构主义出现于20世纪80年代和90年代的作品之中。解构主义的一个突出表现就是颠倒、重构各种既有词汇之间的关系，使之产生出新的意义。运用现代主义的词汇，却从逻辑上否定以往的基本设计原则，由此构成了新的派别。

解构主义用分解的观念，强调打碎、叠加、重组，把经典的功能与形式的对立统一关系转向两者叠加、交叉与并列，用分解和组合的形式表现时间的非延续性。解构主义一词既指俄国构成主义者，他们常关注将打碎的部分组合起来，也指解构主义这一法国哲学和文学批评的重要主题，它旨在将任何文本打碎成部分以提示叙述中表面上不明显的意义。

巴黎的拉维莱特公园（Parc de La Villette）是解构主义的代表作，其设计者为伯纳德·屈米（Bernard Tschumi）。屈米在公园中布置了许多小亭子，均由基本的立方体解构成复杂的几何体，涂上鲜红色并按公园里的一个几何网格布置在开敞的公园中。这些亭子有各种功能——一个咖啡馆、一个儿童活动空间、一个观景平台……因此，多数亭子人们可以进入，从而可以从内部看到它们切割的形式。几个大一些的建筑单体则包含了似乎是偶然形成的错综复杂关系的成分。

作为"纽约五人"之一而为人所知的彼得·埃森曼（Peter Eisenman）根据复杂的解构主义几何学发展了他的设计作品。他设计的一系列住宅，使用了格子形布局法，有些格子是重叠的，室内外则都保持白色。康涅狄克州莱克维尔的米勒住宅（Miller House, Lakeville, Connecticut），由两个互成45°角的冲突交叉和叠合的立方体形成。结果，室内空间成为全白色的直线形雕塑的抽象空间，一些简单的家具则可适应居住者的生活现实（图2-49）。

图2-48 香港汇丰银行新楼内景

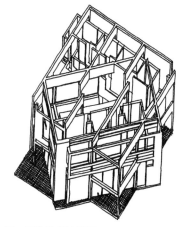

图2-49 米勒住宅轴测图

尽管弗兰克·盖里（Frank Gehry）不承认自己是解构主义者，但他已经成为解构主义最著名的实践者之一。他最早引起人们注意的作品是他自己在洛杉矶（Los Angeles）郊外的住宅，他将各种构件分裂，然后再附加到住宅外部的组合方法暗示了偶然的冲突。在这个住宅以及洛杉矶地区的其他设计中，盖里采用了将一般材料和内部色彩进行表面上随意而杂乱地相互穿插的处理方式。

盖里在西班牙毕尔巴鄂的古根海姆博物馆（Guggenheim Museum, Bilbao）是另一个有趣的作品，其建筑整体是一个复杂的形式，外部包以闪光的钛合金表皮，内部空间则反映了外部形式的错综复杂和变化多端。复杂和曲线空间的设计，过去一直受到绘图和工程计算等实际问题的限制，同时也受到实际建筑材料切割与组装的制约，为此盖里开发了计算机辅助设计程序，探讨了做出自由形体的潜能。图2-50（a、b）是盖里设计的维特拉家具设计博物馆（Vitra Furniture Design Museum）的外观和内景，充满着不断变幻的视觉效果。

总之，解构主义也像其他后现代主义流派一样反映了20世纪设计者内心的矛盾，他们的探索是大胆的，设计作品与众不同，往往给人以意外的刺激和感受。

当然除了以上一些主要倾向之外，还有大量设计师进行了各种各样的尝试与探索，产生了诸多优秀作品与理论，室内设计界展现出生气勃勃的景象，相信室内设计将一如既往地为人们创造美好的环境。

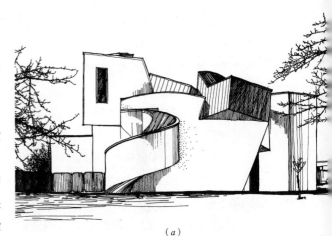

（a）

（b）

图2-50
（a）维特拉家具设计博物馆外观；（b）维特拉家具设计博物馆内景

本章主要注释：

（1）霍维国，霍光编著．中国室内设计史 [M]．第 2 版．北京：中国建筑工业出版社，2007：1-4．

（2）霍维国，霍光编著．中国室内设计史 [M]．第 2 版．北京：中国建筑工业出版社，2007：10．

（3）霍维国，霍光编著．中国室内设计史 [M]．第 2 版．北京：中国建筑工业出版社，2007：141．

（4）霍维国，霍光编著．中国室内设计史 [M]．第 2 版．北京：中国建筑工业出版社，2007：162-166．

（5）矫苏平，井渌，张伟编著．国外建筑与室内设计艺术 [M]．徐州：中国矿业大学出版社，1998：4．

（6）（美）约翰·派尔著．世界室内设计史 [M]．第 2 版．刘先觉、陈宇琳等译．北京：中国建筑工业出版社，2007：48．

（7）A Brief History of Interior Design [EB/OL]．[2019-08-18]．https://www.idlny.org/history-of-interior-design/．

本节插图来源：

图 2-1 至图 2-3 霍维国，霍光编著．中国室内设计史 [M]．第 2 版．北京：中国建筑工业出版社，2007：17，49．

图 2-4 张绮曼，郑曙旸主编．室内设计资料集 [M]．北京：中国建筑工业出版社，1991：309．

图 2-5 刘敦桢．刘敦桢全集·第九卷 [M]．北京：中国建筑工业出版社，2007：101．

图 2-6 陈易．

图 2-7 梁思成．梁思成全集·第四卷 [M]．北京：中国建筑工业出版社，2001：382．

图 2-8 李旭佳．

图 2-9 至图 2-10 张绮曼，郑曙旸主编．室内设计资料集 [M]．北京：中国建筑工业出版社，1991：310-311．

图 2-11 陈易．

图 2-12 张绮曼主编，郑曙旸副主编．室内设计经典集 [M]．北京：中国建筑工业出版社，1994：303．

图 2-13 至图 2-14 张绮曼，郑曙旸主编．室内设计资料集 [M]．北京：中国建筑工业出版社，1991：177，164．

图 2-15 张绮曼主编，郑曙旸副主编．室内设计经典集 [M]．北京：中国建筑工业出版社，1994：309．

图 2-16 霍维国，霍光．中国室内设计史 [M]．第 2 版．北京：中国建筑工业出版社，2007：8．

图 2-17 张绮曼主编，郑曙旸副主编．室内设计经典集 [M]．北京：中国建筑工业出版社，1994：305．

图 2-18 张绮曼，郑曙旸主编．室内设计资料集 [M]．北京：中国建筑工业出版社，1991：180．

图 2-19 至图 2-20 霍维国，霍光．中国室内设计史 [M]．第 2 版．北京：中国建筑工业出版社，2007：10，177．

图 2-21 至图 2-24 符宗荣．

图 2-25 至图 2-26（美）约翰·派尔著．世界室内设计史 [M]．第 2 版．刘先觉、陈宇琳等译．北京：中国建筑工业出版社，2007：39，47．

图 2-27 学生作业．

图 2-28（美）约翰·派尔著．世界室内设计史 [M]．第 2 版．刘先觉、陈宇琳等译．北京：中国建筑工业出版社，2007：97．

图 2-29 符宗荣．

图 2-30 学生作业．

图 2-31 至图 2-35 符宗荣．

图 2-36 至图 2-37 学生作业．

图 2-38 符宗荣．

图 2-39 罗小未主编 . 外国近现代建筑史 [M]. 第 2 版 . 北京：中国建筑工业出版社，2004：69；李延龄编著 . 建筑初步 [M]. 北京：中国建筑工业出版社，2013：36.

图 2-40 张绮曼，郑曙旸主编 . 室内设计资料集，北京：中国建筑工业出版社，1991：155.

图 2-41 罗小未主编 . 外国近现代建筑史 [M]. 第 2 版 . 北京：中国建筑工业出版社，2004：77；李延龄编著 . 建筑初步 [M]. 北京：中国建筑工业出版社，2013：36.

图 2-42 至图 2-43 张绮曼，郑曙旸主编 . 室内设计资料集，北京：中国建筑工业出版社，1991：156，187.

图 2-44 张绮曼主编，郑曙旸副主编 . 室内设计经典集 [M]. 北京：中国建筑工业出版社，1994：110.

图 2-45 张绮曼，郑曙旸主编 . 室内设计资料集 [M]. 北京：中国建筑工业出版社，1991：154.

图 2-46 张绮曼主编，郑曙旸副主编 . 室内设计经典集 [M]. 北京：中国建筑工业出版社，1994：168.

图 2-47 张绮曼，郑曙旸主编 . 室内设计资料集 [M]. 北京：中国建筑工业出版社，1991：158.

图 2-48 至图 2-50 张绮曼主编，郑曙旸副主编 . 室内设计经典集 [M]. 北京：中国建筑工业出版社，1994：200，24，261-262.

室内设计原则及美学标准
The Principles and Aesthetics
Standard of Interior Design

■ 室内设计原则
The Principles of Interior Design
■ 室内设计美学标准
The Aesthetic Standard of Interior Design

近年来，国家提出了"适用、经济、绿色、美观"的建筑方针，对建筑设计和室内设计都产生了很大的影响。本章主要从安全舒适原则、经济高效原则、绿色环保原则、美观愉悦原则、继承创新原则等方面展开分析，并重点介绍设计师比较关注的美学标准。

3.1　室内设计原则

了解室内设计的基本原则，有助于完成良好的室内设计作品。对于室内设计的从业人员而言，有必要熟悉和掌握这些基本原则，并运用于实践。

3.1.1　安全舒适原则

确保内部空间的安全、舒适，是室内设计的首要原则，也是人们创建内部空间的初衷。表 3-1 简要梳理了室内设计中涉及的有关安全、舒适的主要内容，可供参考。

3.1.2　经济高效原则

节约投资、提高空间使用效率是室内设计的重要原则，也是设计师需要时刻关注的内容。

1）坚持节约为本的理念

室内设计中，经济原则是一条非常重要、有时甚至是决定性的原则。离开了一定的经济

室内设计中安全舒适原则的细化内容　　　　　　　　　　　　表 3-1

	主要要求	相关内容
安全	满足安全性要求	（1）结构设计和构造设计必须确保稳固、耐用； （2）需要防范各种意外灾害，火灾是最容易遇到的灾害，必须高度重视。常涉及：防火防烟分区、疏散距离和通道、材料选择、消防设施布置等； （3）需注意防震、防洪、防疫等要求； （4）必要时需考虑采取应对恐怖袭击、生化袭击的措施
	满足无障碍要求	无障碍措施对于特殊人群十分重要，必须在室内设计中高度重视
舒适	满足物理环境质量的要求	涉及：空气质量、热环境、光环境、声环境，以及现代电磁场等，只有在满足上述物理环境质量要求的条件下，才能获得舒适、安全的内部环境
	符合人体尺寸和人体活动规律的要求	包括静态的人体尺寸、动态的肢体活动范围等，同时需要考虑男性、女性、成人、儿童等的差别
		包含：动态活动和静态活动的交替、个人活动与多人活动的交叉，应根据人体活动规律限定空间、布置家具、确定相关尺寸等

续表

	主要要求	相关内容
舒适	符合空间使用功能的要求	在一个单一空间里,有可能有多种功能要求,但首先需要满足最主要的使用功能要求,然后考虑多种功能交叉重叠的可能性。只有充分满足使用功能要求,才能使人感到使用方便、舒适
	符合细部设计的要求	完美的细部设计既表现出对人的关注,也反映出设计师的水准。完美的细部设计有助于使人觉得舒适愉快
	符合场所精神的要求	文化和地域内涵赋予空间以意义,形成场所精神。具备场所精神的空间具有可识别性,从而让使用者产生认同感和归属感,获得精神愉悦

表格来源:陈易制作.

能力,一切都成为空中楼阁。

在设计开始阶段,就应该根据工程投资额度进行构思,偏离了业主经济能力的设计只能成为一纸空文,徒劳无益;在设计进行阶段,应该坚持节约为本的理念,做到高材精用、中材高用、低材巧用,坚决摒弃奢侈浪费的做法;在施工阶段,应该尽量减少不必要的设计变更,减少经济损失。

2)坚持适宜技术优先的原则

一般情况下,技术可以分为低技术、高技术和适宜技术三类。低技术往往指使用于民间的传统技术,虽然有不少优点,但总体而言难以为人们提供舒适、高效的内部环境;高技术依赖于现代科技,能够为人们提供舒适的内部环境,但往往造价高昂,难以推广,使用范围有限;适宜技术则介于二者之间,性价比往往比较高。

三类技术各有其适用范围,在绝大部分情况下,应该尽量优先使用适宜的技术。

3)坚持提高使用效率的原则

提高空间使用效率是提高经济性的重要途径。在大型工程项目中,可以先对室内空间进行功能归类,把功能接近、联系较为紧密的空间以最便捷的方式组合在一起,然后再把这些组合好的功能区进行再次组织,经过多次调整,最后使各功能空间形成统一的整体,它们之间既有联系、又有区分,使用方便、高效。

在布置家具和塑造内部空间氛围方面,既要考虑便于使用,又要通过适当的色彩、照明等方式,激发人们的工作热情,实现提高工作效率的目标;同时,还需要考虑空间的适应性,使室内空间能满足适度功能变化和更改的可能性,减少浪费,提高效率。

3.1.3 绿色环保原则

近年来,人们对绿色设计高度重视,绿色设计理念在建筑设计中已经相当普遍,关于绿色建筑的各类评估标准日趋成熟,如常见的有:中国的《绿色建筑评价标准》GB/T 50378-2019、美国的 LEED、英国的 BREEAM、日本的 CASBEE 等,这些都为广大设计师提供了很好的参考依据。

1)室内设计中的绿色设计

与建筑设计相比,在室内设计中运用绿色设计的原则仍处在探索阶段,有些内容与绿色建筑设计结合在一起,完全可以参照绿色建筑的相关条文；有些内容则基本属于室内设计的范畴。表 3-2 简要总结了在室内设计中可能涉及到的绿色设计的内容，供设计师参考。

2）室内设计中的环保议题

绿色设计在某种程度上，也包含了环保设计的理念。这里的环保，主要指在室内设计中采用对人体健康无害的、对自然环境无害的材料。目前这一点已经越来越受到业主和使用者的高度重视。在室内设计中，设计师应谨慎选择材料，确保甲醛、苯、挥发性有机物等的含量符合国家标准。表 3-3 是《民用建筑工程室内环境污染控制规范》GB 50325-2010 关于

室内环境污染物的浓度限量值，是室内设计中必须达到的标准。表 3-4 则罗列了室内设计中经常涉及的相关材料中有害物质限量标准的规范，可供在设计实践中参考。

3.1.4 美观愉悦原则

美，是在满足基本的物质需求之后对生活更高意义的追求。室内空间环境是人们赖以生存、生活和工作的基本物质环境，在这一环境中，能否体验到美的精神享受，能否在其中表达和寄托自己的审美理想，是人们对于室内设计的基本要求之一。

室内设计中常见的绿色设计内容　　　　　　　　　　　　　表 3-2

设计领域	具体内容	备注
设计策略	室内空间布局不影响自然通风、天然采光	涉及建筑设计
	室内空间布局需要考虑适应性、变化性	
	尽量采用简洁的造型，尽量不用纯粹装饰性构件	
	尽量采用优质材料、部品，减少维修成本和材料消耗	
	尽量采用标准化部件和部品，实现产业化要求	
	对于住宅而言，尽量避免二次装修，尽量做到一体化设计	涉及建筑设计
	……	
材料选择	使用内含能量（embodied energy）低的装饰材料	
	使用本地装饰材料（一般离开施工场地 500km 之内）	
	使用可再利用的装饰材料	
	使用可循环利用的装饰材料	
	……	
可再生能源	可以考虑使用风力发电、太阳能光伏发电、太阳能热水器等设施	涉及建筑设计
	……	
资源回收利用	注意一切材料、物品的再利用和循环利用	
	可以考虑雨水再利用、中水再利用	涉及建筑设计
	……	
植物吸碳方面	尽可能布置绿色植物，吸收 CO_2	
	……	

表格来源：陈易制作．

民用建筑工程室内环境污染物浓度限量　　　　　　　　　表 3-3

污染物	Ⅰ 类民用建筑工程	Ⅱ 类民用建筑工程
氡（Bq/m³）	≤ 200	≤ 400
甲醛（mg/m³）	≤ 0.08	≤ 0.1
苯（mg/m³）	≤ 0.09	≤ 0.09
氨（mg/m³）	≤ 0.2	≤ 0.2
TVOC（mg/m³）	≤ 0.5	≤ 0.6

注：（1）表中污染物浓度测量值，除氡外均指室内测量值扣除同步测定的室外上风向空气测量值（本底值）后的测量值。
　　（2）表中污染物浓度测量值的极限值判定，采用全数值比较法。
　　（3）Ⅰ类民用建筑工程—住宅、医院、老年建筑、幼儿园、学校教室等民用建筑工程；Ⅱ类民用建筑工程—办公楼、商店、旅馆、文化娱乐场所、书店、图书馆、展览馆、体育馆、公共交通等候室、餐厅、理发店等民用建筑工程。
表格来源：GB 50325–2010 民用建筑工程室内环境污染控制规范 [S].

限制建筑材料和装修材料中有害物质含量的一些主要规范　　　　　表 3-4

	规范的名称	规范的编号
1	室内装饰装修材料　人造板及其制品中甲醛释放限量	GB 18580–2017
2	室内装饰装修材料　溶剂木器涂料中有害物质限量	GB 18581–2009
3	室内装饰装修材料　内墙涂料中有害物质限量	GB 18582–2008
4	室内装饰装修材料　胶粘剂中有害物质限量	GB 18583–2008
5	室内装饰装修材料　木家具中有害物质限量	GB 18584–2001
6	室内装饰装修材料　壁纸中有害物质限量	GB 18585–2001
7	室内装饰装修材料　聚氯乙烯卷材地板中有害物质限量	GB 18586–2001
8	室内装饰装修材料　地毯、地毯衬垫及地毯胶粘剂有害物质限量	GB 18587–2001
9	混凝土外加剂中释放氨的限量	GB 18588–2001
10	建筑材料放射性核素限量	GB 6566–2010

表格来源：陈易整理.

1）满足形式美的要求

从某种意义上来讲，室内设计是一种以视觉为主的造型艺术，为了使人们在室内空间中获得精神上的满足，室内空间应该满足形式美的要求。

（1）现代主义运动及之前的美学标准

"多样而统一"被认为是现代主义运动及其之前的形式美的标准，是至今仍被绝大部分人所认可、具有很大影响力的美学标准，其核心思想是：在统一中求变化，在变化中求统一。这一原则认为：任何造型艺术都由若干部分组成，这些部分之间应该既有变化，又有秩序。如果缺乏多样性和变化，则会显得单调；如果缺乏和谐与秩序，则必然显得杂乱，因此，平衡变化和秩序之后就有可能达到多样而统一的要求。

（2）现代主义运动之后的美学标准

20世纪60年代起，人们开始反思现代主义建筑思潮的不足，批评其冷漠呆板的设计模式，兴起了形形色色的建筑改革浪潮，各种理论与作品层出不穷，令人目不暇接，设计界进入了现代主义之后的时代。尽管"多样而统一"的经典美学标准仍然具有很大的影响，但与此同时也形成了新的美学标准，推崇残破、断裂、扭曲、畸变、解构等一系列为经典美学所不推崇的美学标准。

2）满足艺术美的要求

在室内设计创作中，凡是具有艺术美的作品都应该符合形式美的法则，而符合形式美规律的室内空间却不一定具有艺术美。形式美为设计师提供了基本的原则，了解并遵循这些原则，可以使设计师的作品少犯或不犯错误，塑造良好的室内视觉环境。

然而，一项真正优秀的室内设计作品还离不开设计者的构思与创意。如果设计之前没有明确的设计意图，那么即便有了良好的形式，也难以感染大众。只有设计师具备了高尚的立意，同时具有熟练的技巧，才能达到"寓情于物"，才能通过艺术形象而唤起人们的思想共鸣，进入情景交融的艺术境界，创造出真正具有艺术感染力的作品，实现艺术美的目标。

3.1.5　继承创新原则

继承与创新，长期以来一直是中国建筑界、室内设计界关注的热点议题。中国历史久远，有很多值得今天学习的内容。当今中国室内设计需要继承传统的精髓，同时更要着眼于创新，走出一条反映中国文化特色的室内设计之路。

1）继承与创新的关系

继承是创新之本，创新则是继承的根本目标，是继承之魂，是继承之所求。只有在发展中继承，才能在继承中发展，这样的传统才会有鲜活的生命，这样的继承才是真正有价值的继承。

对于传统不能简单地采用"拿来主义"，而是需要立足现在，放眼未来，用一定的"距离"去观察，用科学的方法去分析，提炼出至今仍有生命力的因素。中国以其久远的文化传统和独特的文化内涵，体现着东方民族的魅力。中国当前的室内设计一方面要以悠久的文化为土壤，另一方面更要在兼收并蓄中求得创造性的发展。当今世界已从大工业时代向生态化时代、智能化时代、数字化时代迈进，室内设计也必须适应时代需要，推陈出新。

室内设计应当立足于人、自然和社会的需要，立足于现代科学技术和文化观念的变化，探讨民族性与时代性的结合，探索新的道路。如果一味钻进传统而不能自拔，必然会拘泥于传统的强大束缚而被迅猛发展的世界所淘汰。任何墨守成规的传统观念都不符合事物发展变化的规律，也与新的时代格格不入。所以，创新是时代的要求，是设计的生命力，是整个行业得以持续发展的根本所在。

2）继承与创新的方式

在室内设计实践中，应该把握以下几方面的内容：

第一，应该体现时代精神，顺应智能化、数字化、生态化时代的要求，致力于为当下的使用者创造安全、健康、舒适、优美、生态的内部空间环境。

第二，应该勇于学习和善于学习国外的新概念、新理论、新技术、新材料。既要有魄力，勇于拿来为我所用；又要防止一切照搬，做到有分析、有鉴别、有选择地使用。

第三，应该正确对待文化传统和地域特色。在设计中不应该割断历史，抛弃民族的传统文化；而应该深入分析，恰当地继承和借鉴传统文化和地域文化，研究文化传统和地域特色的恰当表达。

3.2　室内设计美学标准

不论是建筑设计、还是室内设计，设计师都会致力于创造优美的、令人愉悦的环境。在此把前面室内设计原则中的"美观愉悦原则"进行细化，解读其中关于形式美的内容。

3.2.1　经典的形式美标准

"多样而统一"被认为是现代主义运动及其之前的形式美的标准，这也是至今影响力很大、仍然被绝大部分人所认可的美学标准。多样而统一的核心思想就是：在统一中求变化，在变化中求统一。具体说来，又可以分解成以下几个方面，即：均衡与稳定，韵律与节奏，对比与微差，重点与一般。

1）均衡与稳定

稳定一般涉及室内空间中上、下之间的轻重关系处理。在大部分人的概念里，上轻下重、上小下大的布置形式是达到稳定效果的常用方法。在室内空间中，顶部一般采用较浅的色彩，

且往往仅布置一些照明设施，而底面上则有各式桌椅、橱柜、绿化等物品，因此，从整体上看，比较容易达到上轻下重的稳定效果。

均衡一般指的是室内空间构图中各要素左与右、前与后之间的联系。均衡常常可以通过完全对称、基本对称以及动态均衡的方法来取得。

对称是极易达到均衡的一种方式，而且往往同时还能取得端庄严肃的空间效果，图3-1是沈阳故宫崇政殿内景，采用了完全对称的处理手法，塑造出一种庄严肃穆的气氛，符合皇家建筑的要求。然而对称的方法亦有其自身的不足，特别是在功能日趋复杂的情况下，很难实现沿中轴线完全对称的关系，因此，不少设计师采用了基本对称的方法，即：既使人们感到轴线的存在，轴线两侧的处理手法又不完全相同，这种方法往往显得比较灵活，如图3-2所示。

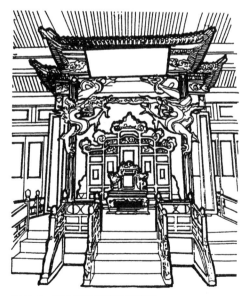

图3-1　对称布置的崇政殿内景

当然，在室内设计中大量出现的是不对称的动态均衡手法，即通过左右、前后等方面的综合处理以求达到均衡的方法。这种方法容易取得活泼自由的效果，图3-3就是一例，空间效果活泼、轻松，体现了动态均衡的特点。

2）韵律与节奏

在室内环境中，韵律的表现形式很多，比较常见的有连续韵律、交错韵律、渐变韵律和起伏韵律，它们分别能产生不同的节奏感。

连续韵律一般以一种要素连续重复排列，给人以规整、整齐的强烈印象。图3-4是金属楼梯，所有踏步上都整齐地排列着圆点，形成强烈的连续韵律。

当人们把连续重复的要素相互交织、穿插，就可能产生忽隐忽现的交错韵律。图3-5是位于巴黎的联合国教科文组织（UNESCO）总部会议厅屋盖，折板结构形成了顶部的交错韵律，既体现出结构美，又感觉简洁大气。

图 3-2　基本对称布置的室内空间

图 3-3　活泼自由的室内空间

图 3-4　具有连续韵律的踏步设计

如果把连续重复的要素按照一定的秩序或规律逐渐变化，如逐渐加长或缩短、变宽或变窄、增大或减小，就能产生出一种渐变的韵律，渐变韵律往往能给人一种循序渐进的感觉或进

而产生一定的视觉导向，图 3-6 中的顶部处理就是一例。

如果渐变韵律按一定的规律时而增加，时而减小，有如波浪起伏或者具有不规则的节奏感时，就形成起伏韵律，这种韵律常常比较活泼而富有运动感，如图 3-7 的顶部晶体吊灯，波浪状的曲线形成强烈的起伏韵律。

韵律在室内设计中的运用十分广泛，可以在空间、界面、陈设等诸多方面都感受到韵律的存在。由于韵律本身所具有的秩序感和节奏感，可以使室内环境产生既有变化又有秩序的效果，达到多样而统一的境界，从而体现出形式美的原则。

3）对比与微差

对比指的是要素之间的差异比较显著；微差则指要素之间的差异比较微小。当然，这两者之间的界限也很难确定，不能用简单的公式加以说明。就如数轴上的一列数，当它们从小到大排列时，相邻者之间由于变化甚微，表现出一种微差的关系，这列数亦具有连续性。如果从中间抽去几个数字，就会使连续性中断，

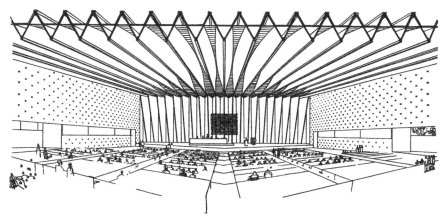

图 3-5　具有交错韵律的顶部设计

图 3-6　具有渐变韵律的顶部处理

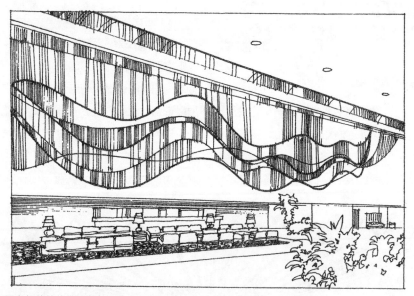

图 3-7　具有起伏韵律的顶部处理

凡是连续性中断的地方，就会产生引人注目的突变，这种突变就会表现为一种对比关系，而且突变越大，对比越强烈。

由于室内空间的功能多种多样，加之结构形式、设备配套方式、业主爱好等的不同，必然会使室内空间在形式上呈现出各式各样的差异。这些差异有的是对比，有的则是微差，如果能够巧妙运用对比与微差，就可以创造富有美感的内部空间。

在设计中，对比可以借助彼此之间的烘托

而突出各自的特点，以求得变化；微差则可以借助相互之间的共同性而求得和谐。没有对比，会使人感到单调；但过分强调对比，也可能因失去协调而造成混乱，只有把两者巧妙地结合起来，才能达到既有变化又有和谐。

在室内环境中，对比与微差体现在各种场合，可以表现为：大与小、直与曲、虚与实以及不同形状、不同色调、不同质地……巧妙利用对比与微差，具有重要的意义。图 3-8 所示的中庭内的织物软雕塑，就发挥了质感对比的效果。设计师采用由织物制成的软雕塑与硬质界面材料形成强烈对比，柔化了中庭空间。

利用同一几何母题也能归于对比与微差的范畴。相同的母题，非常容易取得有机统一的效果。例如，加拿大多伦多的汤姆逊音乐厅（Roy Thomson Hall，Toronto）室内设计中就运用了大量的圆形反射板，虽然这些反射板的大小不同，但相同的圆形母题（观众厅的平面也是圆形），使整个室内空间保持了统一（图 3-9）。

4）重点与一般

在艺术创作中，重点与一般的关系往往表现为主题与副题、主角与配角、主体与背景等的关系。在室内设计中，重点与一般的关系也经常遇到，经常运用轴线、体量、对称等手法而达到主次分明、突出重点的效果。图 3-10 的教堂通过对称方法突出重点，形成庄重、严肃的宗教气氛。图 3-11 的酒店中庭内布置了一个体量巨大的雕塑，使之成该中庭空间的重点所在。

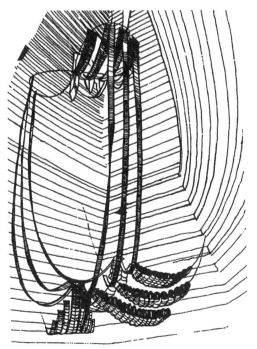

图 3-8　巨大中庭内的织物软雕塑

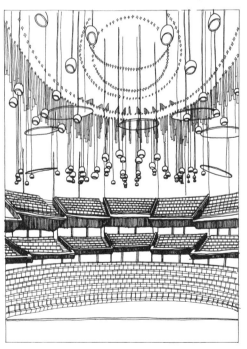

图 3-9　多伦多汤姆逊音乐厅内景

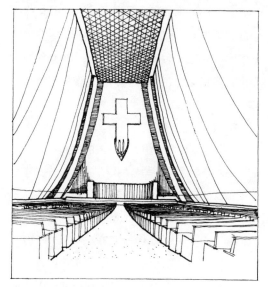

图 3-10 运用对称手法突出重点

在室内设计中，还可以运用"趣味中心"的方法突出重点。趣味中心有时也称视觉焦点，一般作为室内环境中的重点，有时其体量并不一定很大，但位置往往十分重要，可以起到点明主题、统帅全局的作用。能够成为"趣味中心"的物体一般都具有新奇刺激、形象突出、具有动感和恰当含义的特征；同时，"趣味中心"也应该可以与背景明显地区分开来，使人们易于发现。图 3-12 以投影灯在顶界面上投射出飞鸟的画面，成为室内空间的趣味点。图 3-13 故意采用倒置的建筑构件营造与众不同的场景，吸引人们的注意力，使人留下强烈的印象。

5）比例与尺度

比例与尺度是形式美中很重要的内容。把握良好的比例与尺度关系，在很大程度上取决于设计师的素养，当然也可以进行一些理论分析。

图 3-11 巨大的雕塑成为空间的重点

图 3-12 投射在顶界面上的飞鸟画面，活跃了空间

（1）比例

比例涉及局部与局部、局部与整体之间的关系。在室内设计中，比例一般是指空间、界面、家具或陈设品本身的各部分之间的尺寸关系，或者指家具与陈设等与其所处空间之间的关系。

人类历史上，曾经产生了利用数学和几何原理来确定物体的最佳比例的方法，这种对完美比例的追求已经超越了功能和技术的因素，致力于从视觉角度寻求符合美感的基本尺寸关系，其中人们最熟悉的比例系统就是黄金分割比（图3-14）。黄金分割比（又称黄金分割率、黄金律）是古希腊人建立起来的，它定义了一个整体的两个不等部分的特定关系，即：大、小两部分的比率等于整体与大的部分之比，其比值为1：0.618或1.618：1。黄金分割比试图在一个构图的各个部分之间建立起一种连贯的视觉关系，是改善构图统一性和协调性的有效工具。

"比例"是设计的一个重要问题，当感到组成对象再增一分太多，减一分又太少时，常常意味着是恰当的比例。在室内设计中，往往需要在单个设计部件的各部分之间、几个设计部件之间、以及在众多部件与空间形态或围合物之间反复推敲比例关系，只有这几个方面都出现了协调的比例关系，才能取得最佳的效果。

不同的比例关系，常常给人不同的心理感受。表3-5就显示了不同空间的高宽比及其相应的心理感受。

（2）尺度

尺度是一个与比例密切相关，但又不完全相同的概念。谈到"尺度"时，往往与人体有关，

图3-13　倒置的建筑构件吸引人们的视线

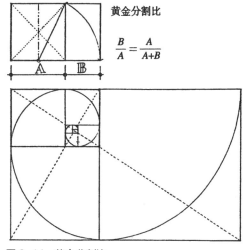

黄金分割比

$$\frac{B}{A} = \frac{A}{A+B}$$

图3-14　黄金分割比

往往指物体或者空间相对于人的身体大小的感觉。如果室内空间或空间中各部件的尺寸使人感到自己很渺小（或者很高大），那么就可以说它们缺乏人体尺度感；反之，如果空间不使人感觉矮小，或者其中各部件使人们在室内活动时符合人类工效学的要求，那么就可以说它们

空间高宽比及其心理感受 　　　　　表 3-5

空间高宽比	心理感受	典型空间	空间示意图
高而窄的空间 （高宽比大）	可以产生崇高、雄伟的艺术感染力， 具有向上的升腾感	哥特教堂内部空间	
低而宽的空间 （高宽比小）	产生侧向广延的感觉，利用这种感觉， 可以形成一种开阔博大的气氛	不少建筑的门厅、大堂	
细而长的空间 （高宽比一般）	产生向前行进的感觉，利用这种感觉， 可以形成深远的空间气氛	园林中的长廊	

表格来源：陈易制作.

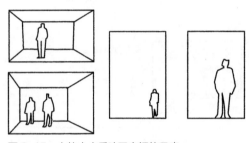

图 3-15　人的大小反映了空间的尺度

合乎人体尺度要求（图 3-15）。大多数情况下，人们通过接触一些常用的、已经熟悉其尺寸的物体，如：门洞、台阶、桌子、柜台、座椅等来判断空间是否符合人体尺度。

尺度对于形成特定的环境气氛有很大影响。面积较小的空间，容易形成亲切宁静的气氛，一家人围坐在不大的空间内休憩、交谈，可以感到温馨的居家气氛；面积大的空间，则会给人一种宏伟博大的感觉。即使是陈设品，其尺寸对于人的心理感受亦很有关系，例如在室内布置尺寸较大的植物时，容易形成树林感，布置尺寸较小的植物时，则会产生开敞感；如果在儿童卧室内布置太大的盆栽植物，容易对儿童的心理造成不良影响，在夜间甚至还会使他们受到惊吓。

一般情况下，室内空间各部件之间、各部件与整个空间之间、各部件与使用者之间应该有正常的、合乎规律的尺度关系；当然在特殊情况下，可以对某些元素采用夸大的尺度，以吸引人们的注意力，形成视觉焦点，如图 3-16 的巨大乌贼造型既构成了空间的趣味中心，也预示了餐厅经营海味的特点。

3.2.2　现代主义之后的形式美

20 世纪 60 年代之后，进入现代主义之后的时代，建筑界和艺术界出现了一股反抗经典形式美标准的美学思潮。这股思潮与当时哲学、科学、技术、经济等发展紧密相关，从追求和谐、追求统一的经典形式美转向提倡复杂性、矛盾性、偶然性、随机性；主张亦此亦彼；宣扬隐喻、多义、含混；表现残破、断裂、扭曲、畸变、解构。尽管这种思潮并没有完全颠覆经典的形式美标准，但已经产生了很大的影响，出现了一批很有影响力的作品，而且伴随着数字化技术的进步，这一思潮得到了更大的推广和更快的发展。

图3-17和图3-18是维也纳的一个屋顶加建项目（Rooftop Remodling），由蓝天组（Coop Himmelblau）设计，设计师采用大胆的解构设计手法，营造出奇特的建筑外观和室内空间效果。图3-19是盖里设计的德国DZ银行大楼（DZ Bank Building）中庭会议室，他采用了马头造型，使中庭空间充满趣味，以至于经常有人排队前来参观。

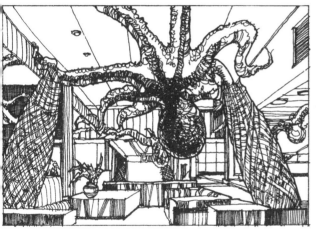

图3-16　巨大的乌贼造型构成趣味中心

图3-17　维也纳某屋顶加建项目外观

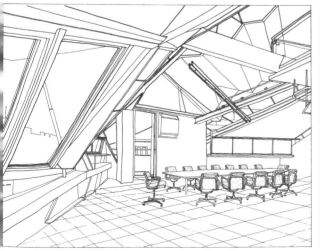

图3-18　维也纳某屋顶加建项目内景

图3-19　DZ银行中庭内景

图 3-20 ～图 3-23 是里伯斯金（Daniel Libeskind）设计的柏林犹太人博物馆（Jewish Museum，Berlin），该建筑平面曲折多变，设计师通过营造压抑、扭曲、残破的空间气氛，使人体会到当时犹太人遭受到纳粹迫害时候的痛苦和无助。图 3-24 ～图 3-32 是扎哈·哈迪德（Zaha Hadid）设计的罗马 21 世纪艺术博物馆（Museum of Arts of the XXI century，简称 MAXXI），图 3-24 ～图 3-26 是建筑模型和建筑外观，可以看到扭曲、穿插、悬挑的建筑体型；图 3-27 ～图 3-32 是其内部空间，室内设计与建筑设计互相呼应，空间效果充满着复杂性、矛盾性、随机性，与传统经典的展览空间完全不同。图 3-33 ～图 3-35 是大连国际会议中心的室内空间，同样充满了复杂、随机的特点。

图 3-20　柏林犹太人博物馆鸟瞰图

图 3-21　柏林犹太人博物馆外观

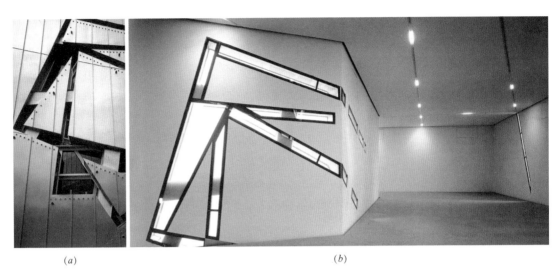

（a）　　　　　　　　　　　　　　　　　　（b）

图 3-22　碎片式的外窗处理，增添了内部空间的诡异之感
（a）窗的外观；（b）外窗在室内的情景

图 3-23　压抑、残破的室内空间
气氛（左）

图 3-24　MAXXI 的模型图（右）

图 3-25　穿插的建筑形体

图 3-26 悬挑的建筑体块

图 3-27 与既有建筑交接的门厅空间

图 3-28 充满动感的楼梯空间

图 3-29 复杂多变的底层公共空间

图 3-30 曲折的楼层展览空间

图 3-31 MAXXI 博物馆的展览空间

图 3-32 楼上的主要展览空间

图 3-33　大连国际会议中心室
内效果一

图 3-34　大连国际会议中心室
内效果二

图 3-35　大连国际会议中心室
内效果三

本章插图来源：

图 3-1 陈易.

图 3-2 至图 3-4 张绮曼，郑曙旸主编.室内设计资料集 [M].北京：中国建筑工业出版社，1991：190，358，218.

图 3-5 罗小未主编.外国近现代建筑史 [M].2.北京：中国建筑工业出版社，2003：204.

图 3-6 李雄飞，巢元凯主编.快速建筑设计图集（中）[M].北京：中国建筑工业出版社，1994：441.

图 3-7 张绮曼，郑曙旸主编.室内设计资料集 [M].北京：中国建筑工业出版社，1991：214.

图 3-8 陈易.

图 3-9 张绮曼主编，郑曙旸副主编.室内设计经典集 [M].北京：中国建筑工业出版社，1994：214.

图 3-10 至图 3-13 张绮曼，郑曙旸主编.室内设计资料集 [M].北京：中国建筑工业出版社，1991：216，161，201，197.

图 3-14 程大锦，科基·宾格利著.图解室内设计 [M].2.侯熠，冯希译.天津：天津大学出版社，2010：122.

图 3-15 陈易.

图 3-16 张绮曼，郑曙旸主编.室内设计资料集 [M].北京：中国建筑工业出版社，1991：197.

图 3-17 至图 3-18 张绮曼主编，郑曙旸副主编.室内设计经典集 [M].北京：中国建筑工业出版社，1994：237-238.

图 3-19 方兴.

图 3-20 至图 3-23　Daniel Libeskind. Daniel Libeskind: the Space of Enco-unter[M]. New York: Universe Publishing, 2000: 27, 40, 41, 43, 44.

图 3-24 至图 3-32 陈易.

图 3-33 至图 3-35 刘溪、高懿.

第4章

室内空间限定和造型元素
Interior Space Planning and Design Elements

室内设计涉及许多内容，空间限定、空间组合、空间造型是设计中的核心内容，本章从设计的角度出发，介绍它们的相关原则和方法。

4.1 室内空间限定与组合

大自然中，空间是无限的，但就室内设计涉及的范围而言，空间往往是有限的。空间几乎总是和实体同时存在，被实体元素限定的虚体才是空间。离开了实体的限定，室内空间常常就不存在了。正像两千多年前老子所说："埏埴以为器，当其无，有器之用。凿户牖以为室，当其无，有室之用。故有之以为利，无之以为用。"[1]这段话十分清晰地论述了"实体"和"虚体"的辩证关系。

4.1.1 空间的限定

在设计领域，人们常常把被限定前的空间称之为原空间，把用于限定空间的构件等物质手段称之为限定元素。在原空间中限定出另一个空间，是室内设计常用的方法，非常重要。经常使用的空间限定方法有以下几种：设立、围合、覆盖、凸起、下沉、悬架和造型元素变化（表4-1～表4-3），这些方法可以灵活运用，创作出丰富多彩的空间效果。其中，设立和围合偏向于在水平方向进行空间限定；覆盖、凸起、下沉和悬架偏向于在垂直方向进行空间限定；造型元素变化则通过形状、色彩、质感、光线等的变化来限定空间。

值得指出的是：在使用这些方法时，一定要充分考虑现场条件，不能盲目使用，如：在使用凸起和下沉这二种空间限定方法时，就必须考虑结构的可行性，必须考虑是否会产生安全隐患、是否会不利于无障碍设计等。

4.1.2 空间的限定度

通过设立、围合、覆盖、凸起、下沉、悬架、造型元素变化等方法可以在原空间中限定出新的空间，然而由于限定元素本身的不同特点和不同的组合方式，其形成的空间限定的感觉也不尽相同，这时，可以用"限定度"来判别限定程度的强弱。有些空间具有较强的限定度，有些则限定度比较弱。

1）限定元素的特性与限定度

由于限定元素本身在质地、形式、大小、色彩等方面的差异，其所形成的空间限定度亦会有所不同。表4-4即为在通常情况下，限定元素的特性与限定度的关系，设计人员可以根据不同的要求进行参考选择。

常见的空间限定方法（设立、围合）　　　表 4-1

设立	把限定元素设置于原空间中，在该元素周围就能限定出一个新的空间。在该限定元素的周围常能形成一个环形空间，限定元素本身则可以成为吸引视线的焦点。在室内空间中，家具、雕塑品或陈设品等都能成为这种限定元素	
围合	最典型的空间限定方法，在室内设计中用于围合的限定元素很多，如：隔断、隔墙、布帘、家具、绿化等。由于这些限定元素在质感、透明度、高低、疏密等方面的不同，其所形成的限定度也各有差异	

表格来源：陈易制作，图片源自：张绮曼、郑曙旸主编.室内设计资料集 [M].北京：中国建筑工业出版社，1991：197.

常见的空间限定方法（覆盖、凸起、下沉、悬架）　　　表 4-2

覆盖	通过顶面的限定元素来限定空间，常用于比较高大的室内空间中。由于限定元素的透明度、质感以及离地距离等的不同，其所形成的限定效果也有所不同	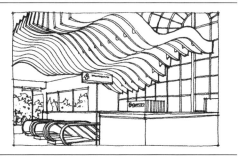

续表

凸起	凸起所形成的空间高出周围的地面，在室内设计中，这种空间有强调、突出和展示等功能，当然有时亦具有限制人们活动的意味	
下沉	使某区域低于周围的空间，常常能起到意想不到的效果。它既能为周围空间提供一处居高临下的视觉条件，而且易于营造一种静谧的气氛，同时亦有一定的限制人们活动的功能	
悬架	在原空间中，局部增设一层或多层空间的限定手法。上层空间的底面一般由吊杆悬吊、构件悬挑或由梁柱架起，这种方法有助于丰富空间效果，室内空间中的夹层、连廊就是典例	

表格来源：陈易制作，图片源自：张绮曼、郑曙旸主编. 室内设计资料集 [M]. 北京：中国建筑工业出版社，1991：193，191，186.

常见的空间限定方法（造型元素变化） 表4-3

造型元素变化	通过界面质感、色彩、形状及照明等的变化，也能限定空间。这些限定元素主要通过人的意识而发挥作用，一般而言，其限定度较低，属于一种抽象限定。但是当这种限定方式与某些规则或习俗等结合时，其限定度就会提高	

表格来源：陈易制作，图片源自：张绮曼、郑曙旸主编，室内设计资料集 [M]. 北京：中国建筑工业出版社，1991：192.

限定元素特性与限定度强弱的关系一览表　　　　　　　表4-4

限定度强	限定度弱	限定度强	限定度弱
限定元素高度较高	限定元素高度较低	限定元素明度较低	限定元素明度较高
限定元素宽度较宽	限定元素宽度较窄	限定元素色彩鲜艳	限定元素色彩淡雅
限定元素为向心形状	限定元素为离心形状	限定元素移动困难	限定元素易于移动
限定元素本身封闭	限定元素本身开放	限定元素与人距离较近	限定元素与人距离较远
限定元素凹凸较少	限定元素凹凸较多	视线无法通过限定元素	视线可以通过限定元素
限定元素质地较硬较粗	限定元素质地较软较细	限定元素的视线通过度低	限定元素的视线通过度高

表格来源：陈易制作.

2）限定元素的组合方式与限定度

除了限定元素本身的特性之外，限定元素之间的组合方式与限定度亦存在着很大的关系。在现实生活中，不同限定元素具有不同的特征，加之其组合方式的不同，因而形成了一系列限定度各不相同的空间，创造了丰富多彩的空间感觉。由于室内空间一般都由上下、左右、前后六个界面构成，所以为了分析问题的方便，可以假设各界面均为面状实体，以便于分析限定元素的组合方式与限定度的关系。

（1）垂直面与底面的相互组合

室内空间的最大特点在于它具备顶面，因此严格来说，仅有底面与垂直面组合的情况在室内设计中是较难找到实例的。这里之所以加以讨论，一方面是为了能较全面地分析问题；一方面这种情况也会存在于在室内原空间中限定某一空间的时候（表4-5）。

垂直面与底面的相互结合　　　　　　　表4-5

A 底面加一个垂直面	B 底面加两个相交的垂直面	C 底面加两个相向的垂直面	D 底面加三个垂直面	E 底面加四个垂直面
人在面向垂直限定元素时，行动和视线受到较强的限定作用；当人们背朝垂直限定元素时，有一定的依靠感觉	有一定的限定度与围合感	在面朝垂直限定元素时，有一定的限定感。若垂直限定元素具有较长的连续性时，则能提高限定度，空间亦易产生流动感，街道空间就是实例	常常形成一种袋形空间，限定度比较高。当人们面向无限定元素的方向，则会产生"居中感"和"安心感"	限定度很大，能给人以强烈的封闭感，人的行动和视线均受到限定

表格来源：陈易制作.

（2）顶面、垂直面与底面的组合

这一方法不但运用于建筑设计之中，而且在室内原空间的再限定中也经常使用（表4-6）。

4.1.3 空间的组合

规模较大的室内设计项目中，常常需要根据功能而对原有的建筑空间进行再划分与再限定，这时便会涉及不同空间之间的组织。一般情况下，可以简要地从两个空间的组织、多个空间的组织出发，来进行研究。

1）两个空间的组合

两个空间的组织方式一般包含：相邻、连接、插入、包含四种情况，其形成的空间感觉亦不相同，图4-1就是上述四种情况的示意简图。

相邻：两个空间直接连接，不设置过渡空间；

连接：两个空间之间设置一个连接空间，增加了空间变化，也有助于在连接体中安排一些辅助功能；

插入：一个空间部分直接进入另一个空间，两个空间交融在一起。在实际工程中，应注意结构的处理；

包含：一个空间完全包含在另一空间之内，形成母空间和子空间的关系。

2）多个空间的组合

主要有：以廊为主的组合方式、以厅为主的组合方式、套间形式的组合方式和以某一大型空间为主体的组合方式，这几种方式既各有特色，且又经常同时出现、综合使用，形成了丰富多彩的空间效果，见表4-7。

顶面、垂直面与底面的相互组合　　　　　　　　表4-6

A 底面加顶面	B 底面加顶面加一个垂直面	C 底面加顶面加两个相交垂直面	D 底面加顶面加两个相向垂直面	E 底面加顶面加三个垂直面	F 底面加顶面加四个垂直面
限定度弱，但有一定的隐蔽感与覆盖感，可通过局部悬吊格栅或吊顶来达到这种效果	空间由开放走向封闭，但限定度仍然较低	如果面向垂直限定元素，则有限定度与封闭感；如果背向角落，则有一定的居中感	产生一种管状空间，空间有流动感。若垂直限定元素长而连续时，则封闭性强，隧道即为一例	如果面向没有垂直限定元素的方向时，会有较强的安定感；反之，有较强的封闭感	这种方式给人以限定度高、空间封闭的感觉

表格来源：陈易制作.

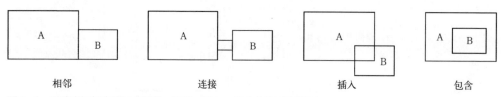

图4-1 四种空间组合情况（相邻、连接、插入、包含）的示意简图

多个空间的组合方式 表 4-7

	主要特点	设计要点	简要图示
以廊为主的组合方式	最大特点在于各使用空间之间可以没有直接的连通关系，而是借助走廊来取得联系。此时使用空间和交通联系空间各自分离，既保证了各使用空间的安静和不受干扰，又可以连成一体	具体设计中，走廊可长可短、可曲可直、可宽可狭、可虚可实、可封闭可开敞，以此取得丰富而颇有趣味的空间变化	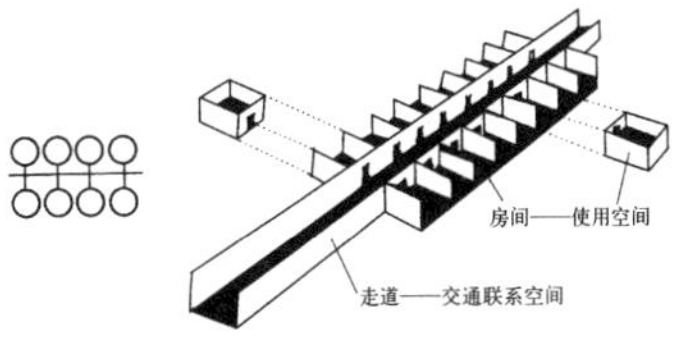
以厅为主的组合方式	以厅为中心，其他各使用空间呈辐射状与厅直接连通。通过厅既可以把人流分散到各使用空间，也可以把各使用空间的人流汇集至厅，"厅"负担起人流分配和交通联系的作用，使用和管理都很灵活	具体设计中，厅的尺寸可大可小，形状亦可方可圆，高度可高可低，甚至厅的数量亦可视建筑的规模大小而不同	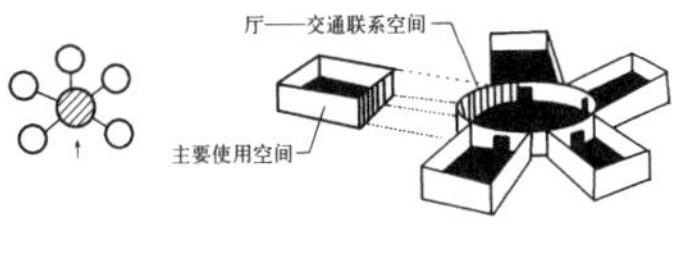
套间形式的组合方式	取消了交通空间与使用空间之间的差别，把各使用空间直接衔接在一起而形成整体，不存在专供交通联系用的空间	在以展示功能为主的空间布局中经常使用这一组合方式	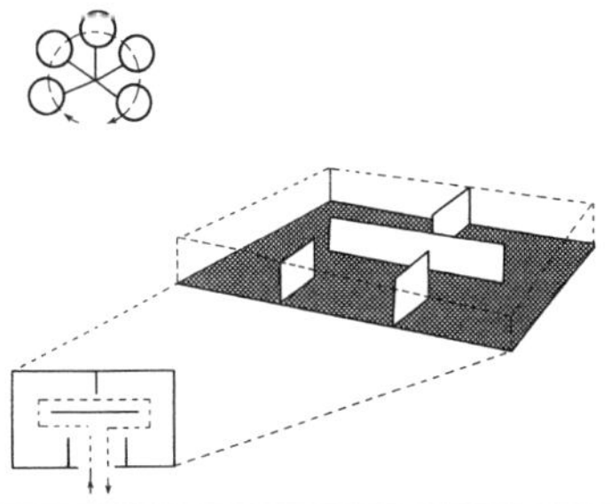
以某一大空间为主体的组合方式	有时可以采用以某一体量巨大的空间作为主体、其他空间环绕其四周布置的方式。这时，主体空间在功能上往往较为重要，在体量上亦比较大，主从关系十分明确	在体育类和观演类建筑中，观众厅就是这样的主体空间	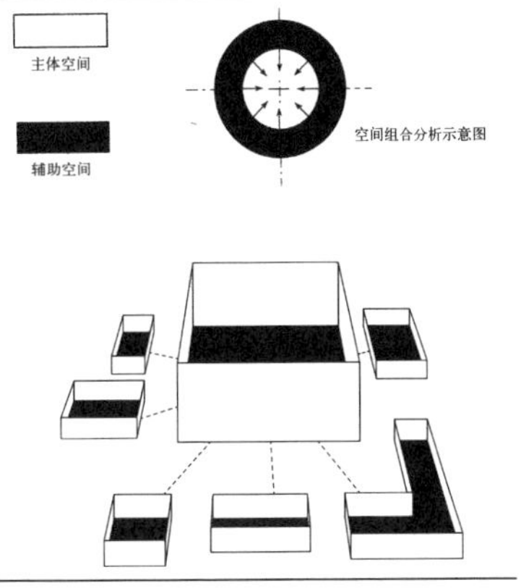

表格来源：陈易制作，黄曼妹插图.

4.1.4 空间的序列

空间序列一般属于建筑设计的内容，但在规模较大的室内设计项目中，在室内空间的再创造、再组合中也会涉及空间序列的问题。空间序列涉及空间群体的组合方式，它的内容较为独特而且综合性强，为此专门进行介绍。

在室内，人们不能一眼就看到室内环境的

全部，只有在从一个空间到另一个空间的运动中，才能逐一体验到它的各个部分，最后形成综合的印象。所以，设计师在进行群体空间组织时，应该充分考虑到让人们在运动过程中获得良好的观赏效果，使人感到既协调一致，又充满变化、具有时起时伏的节奏感，从而留下完整、深刻的空间印象。

组织空间序列，首先要考虑主要人流方向的空间处理，当然同时还要兼顾次要人流方向的空间处理。前者应该是空间序列的主旋律，后者虽然处于从属地位，但却可以起到烘托前者的作用，亦不可忽视。

完整地经过艺术构思的空间序列一般应该包括：序言、高潮、结尾三部分。在主要人流方向上的主要空间序列一般可以概括为：入口空间→一个或一系列次要空间→高潮空间→一个或一系列次要空间→出口空间。其中，入口空间主要解决内外空间的过渡问题，希望通过空间的妥善处理吸引人流进入室内；人流进入室内之后，一般需要经过一个或一系列相对次要的空间才能进入主体空间（高潮空间），在设计中对这一系列次要空间也应进行认真处理，使之成为高潮空间的铺垫，使人们怀着期望的心情期待高潮空间的到来；高潮空间是整个空间序列的重点，一般来说它的空间体量比较高大、装饰比较丰富、用材比较考究，能给人留下深刻的印象；在高潮空间后面，一般还需要设置一些次要空间，以使人的情绪能逐渐回落；最后则是建筑物的出口空间，出口空间虽然是空间序列的终结，但也不能草率对待，否则会使人感到虎头蛇尾、有始无终。

上面介绍的是比较理想化的空间序列，在实际设计中，需要根据建筑物的具体情况，结合功能要求对原空间进行调整。总之，应该根据空间限定原则和美学原则，综合运用空间对比、空间重复、空间过渡、空间引导等一系列手法，使整个空间群体成为有次序、有重点、有变化的统一整体。

广州白天鹅宾馆是在空间序列处理方面颇为成功的实例。人流从门廊进入室内，然后通过门厅、商场、休息厅等一系列次要空间，来到宾馆的中庭。中庭是典型的高潮空间，高三层，占地2000m²以上，阳光从顶部倾泻而下，周边是回马廊，设有各式餐厅和商店。中庭内布置了以"故乡水"为主题的室内园林，气势蓬勃，寓意深刻。从中庭离开后，可以进入周边的功能性空间，或购物或就餐，也可以移步至室外，或乘坐电梯回到客房……整个空间序列有起伏，有高潮，处理得非常巧妙（图4-2~图4-6）。

4.2 室内空间的造型元素

室内空间的造型元素主要包括形、色、质、光等。在室内空间中，这些元素作为统一整体的组成部分，相互影响、相互制约，彼此存在着紧密的关系。然而尽管如此，每一种造型元素仍有其相对独立的特征和设计手法，可以对其进行分析。

4.2.1 形

形是创造良好的视觉效果和空间形象的重要媒介。人们通常将形分解为点、线、面、体这四种基本形态（图4-7）。在现实空间中，

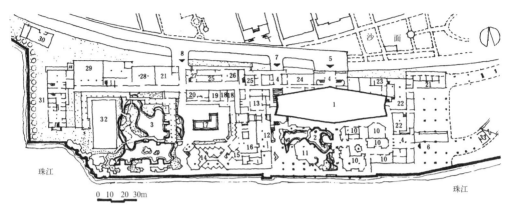

1—主楼；2—中庭；3—后花园；4—门厅；5—北门；6—商场入口；7—职工入口；8—供应入口；9—停车场；10—商场；
11—咖啡餐厅；12—西餐厅；13—西餐厨房；14—机房；15—厨房；16—午餐；17—游泳池；18—更衣室；19—健身房；
20—桑拿浴室；21—变电房；22—空调机房；23—办公室；24—女更衣；25—仓库；26—冷库；27—垃圾间；
28—水泵房；29—锅炉房；30—油库；31—综合楼；32—草坪（网球场）；33—粪便污水消毒间

图4-2　广州白天鹅宾馆平面图

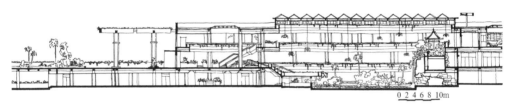

图4-3　广州白天鹅宾馆裙房剖面图一

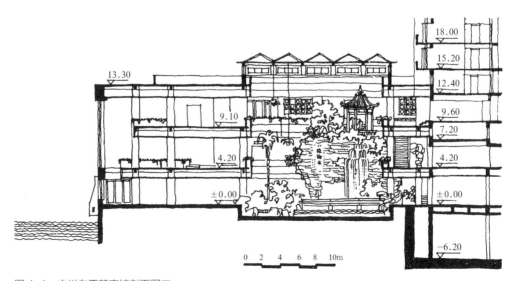

图4-4　广州白天鹅宾馆剖面图二

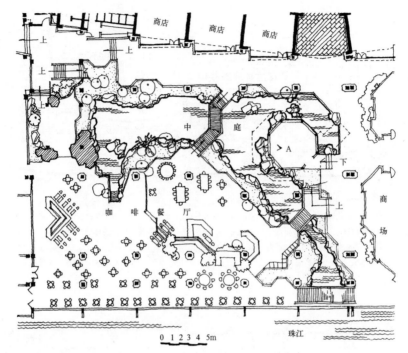

图 4-5　广州白天鹅宾馆中庭平面图

图 4-6　广州白天鹅宾馆中庭内景效果

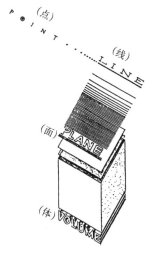

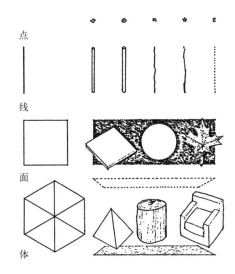

图4-7　点、线、面、体的示意图

几乎一切可见的物体都是三维的，因此，这四种基本形态的区分是相对的，取决于一定的视野、一定的观察点、它们自身的长宽高的尺寸与比例，以及与周围其他物体的相对关系等因素。了解这四种基本形态的特征和美学规律，有助于帮助设计师有序地组织各种造型元素，创造良好的室内空间形象。

1）点

"点"在数学概念上仅表示一个位置，没有长、宽、高，因此它是静态的，无方向性的。点可以标明一条线的起止，标明两条线的交点，标明角的顶端。

在室内空间中，较小的形就可以视为点。例如，一幅小画在一块大墙面上或一个柜子在一个大房间中都可以视为点。尽管点的面积或体积很小，但它在空间中的作用却不可小视。点在室内环境中最主要的作用是：标明位置或使人的视线集中，特别是形、色、质、大小与背景不同或带有动感的点，更容易引人注目。

在不少场合，还会遇到点的组合。有规律排列的点的组合，能给人以秩序；反之则给人活泼的感受（图4-8）；点的巧妙组合有时还能产生一定的导向作用。

2）线

在数学概念上，点的延伸就成为一条线，

图4-8　墙面上活泼的小洞，可以看成"点"的组合

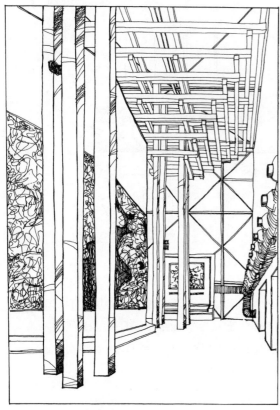

图 4-9 "线"作为造型元素的设计

线只有长度，没有宽度。在室内空间中，凡长度方向比宽度方向大得多的构件都可以视为线，如：室内的梁、柱子、走廊栏板等；同时，线也可以视作面的交界。图 4-9 是安藤忠雄（Tadao Ando）的设计作品，利用"线"作为主要的造型手段，再现了日本传统木构建筑的魅力与建造方法。

线具有表达运动、方向和生长的潜力。线的长宽比、外轮廓形状、连续程度、平滑程度等都可以使人获得不同的感受。常见的线的种类及其心理感受见表 4-8。

3）面

在数学上，一条线在自身方向之外平移时，就界定出一个面，"面"在概念上面是两维的，有长度和宽度，但无厚度。在室内空间中，常见的面的种类见表 4-9。

面在室内空间造型中具有十分重要的作用。在内部空间中，主要有顶界面、侧界面与底界面三大类，它们的视觉特性和在空间中的

线的常见分类及其带给人的心理感受　　　　表 4-8

种类		心理感受	
直线	水平线	表达稳定与平衡，给人以稳定、舒缓、安静与平和的心理感觉	给人以刚强、挺拔、肯定的感觉
	垂直线	表现一种与重力相均衡的状态，给人以向上、崇高、坚韧和理想的感觉	
	斜线	表现正在升起或下滑，暗示着一种运动，给人以动势和不安定感	
	……		
曲线	圆弧线	规整稳定，有向心的力量感	富有变化，可打破因大量直线而造成的呆板感，可表现柔和的运动感，使空间富有人情味与亲切感
	抛物线	流畅悦目，有速度感	
	螺旋线	有升腾感和生长感	
	自由曲线	给人以奔放、自由之感	
	……		

表格来源：陈永昌、孙雁、陈易制作.

面的常见分类及其带给人的心理感受 表4-9

种类		心理感受	
平面	水平面	显得平和宁静，有安定感	平面比较单纯，具有直截了当的性格
	垂直面	显得高洁挺拔，有紧张感	
	斜面	有动感，效果比较强烈	
	……		
曲线	几何曲面	温和轻柔，且较有理性	曲面具有动感和亲切感；曲面的内侧，区域感较明确，给人以安定感；曲面的外侧，则更多反映出对空间和视线的导向性
	自由曲面	温和轻柔，且显得奔放与浪漫	
	……		

表格来源：陈易制作.

相互关系决定了所限定的空间的形式与性质。

顶界面一般指：屋顶、楼板，以及吊顶面，顶界面的不同形状和色彩可以形成不同的心理感受，顶界面的升降也能形成丰富的空间感觉。

底界面一般指：地面或楼面，底界面往往作为空间环境的背景，发挥烘托其他形体的作用。底界面大部分情况下是水平面，在某些场合下，也可以处理成局部升降或倾斜，以造成特殊的空间效果，但此时应特别注意无障碍设计的要求。

侧界面主要指：墙面、柱廊、隔断等，侧界面垂直于人的视线，对视觉和心理感受的影响很大；侧界面的开敞与封闭能形成不同的空间流通效果与视觉变化；侧界面的相交、穿插、转折、弯曲等可以形成丰富多彩的室内空间效果。

在室内空间中，面的形态和组合丰富多彩，有大小之分、宽窄之分、高低之分、虚实之分、硬软之分……同时还有颜色、质地、图案、花纹等变化，可以形成引人入胜的空间效果。图4-10是由活动隔断组成的侧界面，使用方便灵活；图4-11由植物构成的侧界面别具一格，

图4-10 活动隔断组成的侧界面

具有天然趣味；图4-12把由女士头部侧面剪影构成的面作为隔断，形态独特，体现了美容室的特点；图4-13是突出图案装饰作用的顶界面和侧界面，空间装饰感较强；图4-14由照明灯具构成的顶界面和侧界面连成一体，体现出很强的整体感。

4）体

数学上，一个面沿着非自身表面的方向扩展时，即可形成体，"体"是一个立体的概念，"体"可以用来描绘一个体量的外貌和总体结构，由"面"围合而成。

在室内空间中，"体"既可以是实体（即

图4-11　由植物构成的侧界面别具一格

图4-12　由女士头部侧面剪影构成的面作为隔断，体现了美容室的特点

图4-13　凸显图案装饰作用的顶界面和侧界面处理，空间的装饰性较强

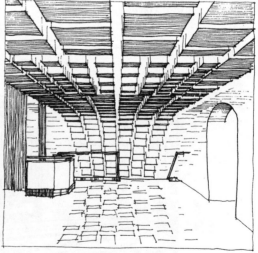

图4-14　由照明灯具构成的顶界面和侧界面连成一体，体现出很强的整体感

实心体量，如：空间的外形、空间内的物体等），也可以是虚体（即由点、线、面所围合而成的空间）。体的这种双重性代表着室内空间中对立物（围合界面、空间）的统一："体"能限定出空间的尺寸大小、尺度关系、颜色和质地；同时，空间也预示着体形。这种体与空间之间的共生关系是室内设计的特点之一。

室内空间（虚体）的形状多种多样，较为典型的可归纳为正向空间、斜向空间、曲面空间及自由空间这几类（表4-10）。它们各自能给人以相应的心理感受，室内设计师可以根据特定的要求进行选择。在设计实践中，可以通过体形的穿插和界面的限定，形成丰富多彩的空间形状。图4-15是穿插变化的正向空间，图4-16是具有动感的斜向空间，图4-17采用了活泼自由的曲面顶界面。

4.2.2 色

色彩的视觉效果非常直接，室内环境离不开色彩，色彩设计在室内设计中占有非常重要的地位。色彩有色相（一般指色彩的名称）、明度（一般指色彩的深浅明暗程度）、彩度（一般指色彩纯净、鲜艳、饱和的程度）三个基本指标，国际上关于色彩的表示体系很多，常用

室内空间形状及其心理感受　　　　　　　　　　　　　　　　　　　表4-10

	正向空间				斜向空间		曲面及自由空间	
室内空间形状								
心理感受	稳定规整	稳定有方向感	高耸神秘	低矮亲切	超稳定庄重	动态变化	和谐完整	活泼自由
	略呆板	略呆板	不够亲切	略感压抑	拘谨	不规整	无方向感	不够完整

表格来源：来增祥，陆震纬编著.室内设计原理（上册）[M].北京：中国建筑工业出版社，1996：198.

图4-15　穿插变化的正向空间

图4-16　具有动感的斜向空间

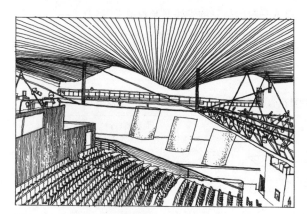

图4-17　活泼自由的曲面顶界面

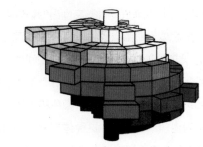

图4-18　孟塞尔色立体

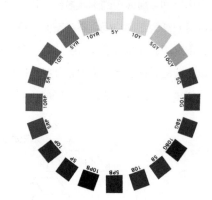

图4-19　孟塞尔色相环

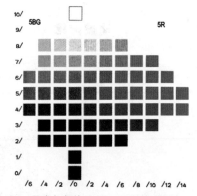

图4-20　孟塞尔色体系5R-5BG色调图

的有：孟塞尔标色体系（Munsell）、奥斯特瓦尔德标色体系（Ostwald）、日本色彩研究所色彩体系（PCCS）、国际照明委员会色彩系统（CIE1931-XYZ）。图4-18表示的是孟塞尔色立体，图4-19是孟塞尔色相环，图4-20是孟塞尔色体系5R-5BG色调图。色彩学是一门专门的学问，限于篇幅仅简要介绍与室内设计密切相关的内容。

1）色彩的心理感受

不同的色彩可以给人以不同的心理感受，使人产生相应的联想。表4-11概况了不同色彩可能引起的心理感受。除了色相之外，不同明度、不同彩度的色彩也可以引起不同的心理感受，见表4-12。

2）色彩的空间效果

颜色的色相、明度、彩度具有调节空间视觉效果的作用，如果室内空间存在过大或过小、不同色彩的心理感受   表 4-11

色彩		心理感受
红色	热情、积极、刚强、响亮的色彩	火热、艳丽而又都市化；充满激情的、具有动感的色彩；有时又与暴力有关
橙色	兴奋、喜悦、心直口快、充满活力	代表了焦急、温暖和真挚的感情；也可以代表平和，一视同仁
黄色	最明亮、最光辉的颜色	给人十分温暖、舒服的感觉，亦代表希望、摩登、年轻、欢乐和清爽
绿色	生命的颜色	有着健康的意义；也具有理想、田园、青春的气质
蓝色	让人幻想的色彩	让人觉得广阔、无穷无尽，同时冷静沉着，给人以科学、理想、理智的感觉
紫色	最有魅力、最神秘的颜色	高贵、幽雅、潇洒，是红色和蓝色的混合，某种程度上是火焰的热烈和冰水的寒冷的混合
白色	光明的色彩	洁净、纯真、浪漫、神圣、清新、漂亮；同时还有解脱和逃避的本质
灰色	黑白之间，中立的色彩	无聊、雅致、孤独、时髦
黑色	美丽的颜色	具有严肃、厚重、性感的特色。黑色在某种环境中给人以距离感，具有超脱、特殊的特征。任何一种颜色在黑色的陪衬下都会表现得更加强烈，黑色提高了有彩颜色的色度，使周围的世界变得更加引人注目

表格来源：邓宏、陈易制作.

色相、明度、彩度与人的心理感受   表 4-12

色彩的属性		人的心理感受
色相	暖色系	温暖、活力、喜悦、甜热、热情、积极、活泼、华美
	中性色系	温和、安静、平凡、可爱
	冷色系	寒冷、消极、沉着、深远、理智、休息、幽情、素静
明度	高明度	轻快、明朗、清爽、单薄、软弱、优美、女性化
	中明度	无个性、随和、附属性、保守
	低明度	厚重、阴暗、压抑、硬、退钝、安定、个性、男性化
彩度	高彩度	鲜艳、刺激、新鲜、活泼、积极、热闹、有力量
	中彩度	日常、中庸、稳健、文雅
	低彩度	无刺激、陈旧、寂寞、老成、消极、无力量、朴素

表格来源：陈易制作.

过高或过矮这样一些给人不太舒服的感觉时，都可以运用色彩给予一定的调节（表 4-13）。

3）色彩对室内光线的影响

没有光，色彩就不能被感知。在自然光线下，随着天气、时间的变化，物体的色彩也会相应地发生变化。然而，在人工光线下情况就更加复杂，在不同光源下，如在白炽灯、荧光灯、水银灯下，物体的色彩都会有所不同。

室内色彩在某种程度上可以对室内光线的强弱进行调节。因为各种颜色都有不同的反射

色彩调整室内空间视觉效果的作用　　　　　　　　　　表 4-13

	色彩属性		调节空间视觉效果的作用
当空间较小，希望通过色彩处理使之显得较大的时候	色相	暖色	—
		冷色	冷色有后退、收缩的感觉，具有扩大空间的视觉效果的作用
	明度	高	明度高的色彩视觉上显得比较轻，具有扩大空间视觉效果的作用
		低	—
当空间较小，希望通过色彩处理使之显得较大的时候	彩度	高	—
		低	彩度低的色彩具有后退、收缩的感觉，具有扩大空间视觉效果的作用
当空间较大，希望通过色彩处理使之显得较小的时候	色相	暖色	暖色有前进、扩张的感觉，具有缩小空间视觉效果的作用
		冷色	—
	明度	高	—
		低	明度低的色彩视觉上显得比较重，具有缩小空间视觉效果的作用
	彩度	高	彩度高的色彩具有前进、扩张的感觉，具有缩小空间视觉效果的作用
		低	—
希望感觉轻一些、软一些的室内空间	明度	高	明度高的色彩会显得轻快、爽朗
		低	—
	彩度	高	—
		低	纯度低的颜色会感觉比较轻
希望感觉重一些、硬一些的室内空间	明度	高	—
		低	明度低的色彩会显得沉重一些
	彩度	高	彩度高的色彩会显得沉重一些
		低	—
希望显得温暖一些的空间	色相	暖色	可以使用暖色，尤其对长年很难照射到阳光的房间，选用暖色系的色彩会使人感觉温暖一些
		冷色	—
希望显得凉爽一些的空间	色相	暖色	—
		冷色	可以使用冷色，尤其对夏季西晒严重的房间，选用冷色系的色彩会使人感觉凉爽一些

表格来源：邓宏、陈易制作．

率，如：实验显示，色彩的反射率主要取决于明度。在理论上，白的反射率为 100%、黑的反射率为 0。但在实际上，白的反射率在 92.3% ~ 64%，灰的反射率在 64% ~ 10% 之间，黑的反射率在 10% 以下。[2] 表 4-14 和表 4-15 可供设计时参考。

　　一般情况下，可以根据不同室内空间的采光要求，选用不同反光率的色彩对室内亮度进

孟赛尔所定的无彩色反射率表　　　　　　　　　　　表 4-14

符号	白	N9	N8	N7	N6	N5	N4	N3	N2	N1	黑
明度	10	9	8	7	6	5	4	3	2	1	0
反射率	100	72.8	53.6	38.9	27.3	18.0	11.05	5.9	2.9	1.12	0

表格来源：王建柱 . 室内设计学 [M]. 台北：艺风堂出版社，1986：82.

一般室内合理反射率表　　　　　　　　　　表 4-15

部位	明度	反射率
天花板	N9	78.7%
墙壁	N8	59.1%
壁腰	N6	30.0%
地板	N6	30.0%

表格来源：王建柱 . 室内设计学 [M]. 台北：艺风堂出版社，1986：82.

行调节。室内光线强的，可以选用反射率较低的色彩，以平衡强烈光线对视觉和心理上造成的刺激；相反的，室内光线太暗时，则可采用反射率较高的色彩，使室内光线效果获得适当的改善。

4）室内空间色彩设计

巧妙用色不仅可以创造视觉效果、调整气氛和表达心情，而且具有表现性格、调节光线、调整空间、配合活动以及适应气候等诸多功能。

（1）室内色彩的分类

一般情况下，室内色彩可以分为三类：背景色彩、主体色彩、强调色彩。三类色彩各有不同的使用原则，设计师可以通过合理搭配，使各类色彩达到协调统一的效果。

背景色彩，常常指室内固定的顶面、墙壁、门窗、地板等大面积的色彩，这部分色彩适于采用彩度较低的沉静的颜色，使其充分发挥背景色彩的烘托作用；

主体色彩，指那些可以移动的家具和陈设部分的中等面积的色彩，它们是表现主要色彩效果的载体，这部分色彩在整个室内色彩设计中极为重要；

强调色彩，是最易发生变化的陈设部分的小面积色彩，这部分色彩可根据使用者的性格爱好和环境需要进行设计，以起到画龙点睛的作用。

（2）室内色彩设计的配色方法

色彩设计需要积累丰富的经验才能得心应手，室内色彩设计的配色方法大体上可分为两大类：关系色类和对比色类，无论采用哪一类型的色彩计划，都必须根据室内空间的气氛要求综合考虑。

① 关系色类和对比色类

从色相方面看，关系色类、对比色类是常见的二种配色方法。其中，关系色类又包括了单色相和类似色相；对比色类又包含了分裂补色、双重补色、三角色、四角色等多种配色方法，见表 4-16。

室内空间的常见配色方法 表 4-16

关系色类	单色相	选择一种色相，使室内空间整体上有一种明确的、统一的色彩效果，同时，充分发挥明度与彩度的变化作用，以及白、灰和黑色等无彩色系列颜色的配合，创造出有特点的室内色彩氛围，在医院、博物馆、展览馆等室内空间中使用较多
	类似色相	选择色相接近的几种色彩，形成在统一中有变化的视觉效果，也可以适当加入无彩色系列的颜色予以配合。这种方法在室内色彩设计中运用得非常广泛，如酒店、商场、写字楼、餐馆等
对比色类	补色	在色相环上处于直线相对位置的两个色彩，对比效果强烈
	分裂补色	一个色相与其补色的类似色进行对比，即：一个色相与一组类似色（该色相的补色的类似色）作对比，容易形成比较强烈、比较丰富的色彩效果
	双重补色	两组互为补色的类似色的共同对比，有助于形成既对比，又较为和谐的效果
	三角色	指在色相环上近似正三角形尖端上的三个色相，在组合上比较富有弹性。三角色的组合往往有华丽、活泼、富有朝气的效果，在儿童活动的公共空间中使用较多
	四角色	选择一组在色相环上位置成正方形关系的四个色相，类似于双重补色的配色方法，既对比又统一，效果丰富多彩

表格来源：邓宏、陈易制作.

②明度和彩度的调和方法

其实，除了色相之外，色彩的明度和彩度也可以发挥色彩调和方面的作用，图 4-21 就显示了明度和彩度对色彩近似、对比等效果的影响。

色彩是对空间效果具有很大影响的造型元素，需要设计师不断学习、不断积累经验，把内部空间设计得更加美好。"4.2.5 造型元素的综合运用"中有不少案例都在色彩运用方面有成功之处，值得学习借鉴。

4.2.3 质

这里的"质"是指质感，而且主要涉及的是感觉领域。质感是人对材料的一种基本感觉，是在视觉、触觉和感知心理的共同作用下，人对材料所产生的一种主观感受。质感包括两个方面的内容：一是材料本身的结构表现和加工纹理；二是人对材料的感知。

要真正理解材料的质感，必须不断训练，仔细观察、触摸和感受各种材料的特性，积累对材料感知的直接经验，并且要还原、追溯到材料早期或原始时代的状态，寻找材料的原始性格，发现具有个性的审美表现方式。图 4-22 和图 4-23 分别是石材的不同质感示意图和织物的不同质感示意图，可见材料质感变化之多，需要设计师仔细辨别。

1）质感的特性

质感是材料的重要性能之一，如何表现

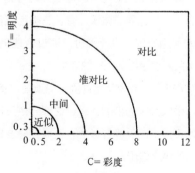

图 4-21 明度、彩度对色彩调和效果的影响示意图

图 4-22 石材的不同质感示意

图 4-23 织物的不同质感示意

质感又与如何选择材料、如何选择材料的加工工艺等因素联系在一起，因此，室内设计师必须学会运用正确的方法处理材料，尊重材料的本质，掌握各种材料的质感特征，了解各种加工工艺的效果，并结合具体环境巧妙运用。

常见的室内装饰材料的质感大约有以下特征（表 4-17）。

2）质感与心理

选择材料是室内设计中的一项重要工作。选择材料有很多需要思考的因素，如材料的强

常见的室内装饰材料的质感描述   表 4-17

一般分类		主要质感特点	常见材料
粗糙和光滑	粗糙的材料	往往有比较粗犷、大气、原始的感觉	石材、未加工的原木、粗砖、磨砂玻璃、长毛织物等
	光滑的材料	往往有比较精致、现代的感觉	玻璃、抛光金属、釉面陶瓷、丝绸、有机玻璃等
软与硬	软的材料	有柔软的触感	纤维织物、棉麻等
	硬的材料	耐用耐磨，不变形，线条挺拔。硬质材料往往有较好的光洁度与光泽	砖石、金属、玻璃
冷与暖	温暖的感觉	柔软和温暖的感觉，经常用于与人的皮肤接触之处	软的材料一般有温暖的感觉，暖色材料也有温暖的感觉
	凉爽的感觉	比较适合运用于公共场合或夏季	硬的材料一般有凉爽的感觉，冷色材料也有凉爽的感觉
光泽与透明度	光泽	通过加工可使材料具有很好的光泽，可扩大室内空间感，同时映射出周围的环境色彩。有光泽的表面还易于清洁	抛光金属、玻璃、磨光花岗石、釉面砖等
	透明度	利用透明材料可以增加空间的广度和深度，透明材料还具有轻盈感	玻璃、有机玻璃、织物等

续表

一般分类		主要质感特点	常见材料
弹性与硬质	弹性	行走、依靠在弹性材料上比较舒服、省力，而且声学效果往往较好	泡沫塑料、泡沫橡胶、竹、藤、软木等
	硬质	坚固、耐磨，容易给人以力量感	花岗岩、地砖、金属等
肌理	天然纹理	材料表面的组织构造所产生的视觉效果就是肌理。肌理可以丰富装饰效果，但室内表面肌理纹样过多或过分突出时，就会造成视觉上的混乱，这时应辅以均质材料作为背景。一般来讲，天然纹理比较自然、真实，但人工纹理现在已经能达到逼真的效果
	人工纹理		

表格来源：陈永昌、孙雁、陈易制作.

度、耐久性、再利用、安全性、质感、观赏距离等，但是如何根据人的心理感受选择材料亦是其中的重要内容。

国外有些学者曾进行过有关材料和人类密切程度的专题研究。在大量调查统计的基础上，得出了材料与人类密切程度的次序：棉、木、竹—土、陶器、瓷器—石材—铁、玻璃、水泥—塑料制品、石油产品……

专家们认为：棉、木、竹本身就是生物材料，它们与人体有着相似的生物特征，因而与人的关系最贴近、最密切。人与土亦存在着很大的关系，人的食物来源于土，人的最后归宿亦离不开土，因此，土包括土经火烧之后制成的陶器、瓷器，与人的关系亦很密切。石材也具有奇异的魔力，可以被认为是由地球这个巨大的窑所烧成的瓷器，与人的关系也较密切。而铁、玻璃、水泥等与人肌肤密切相关的东西并不多，至于塑料制品和石油产品则与人肌肤的关系更为疏远，具有一定的生疏感。[3]这种材料对人的心理影响的研究，对于选择材料具有重要的参考意义。

材料的心理作用还表现在它的美学价值上。一般而言，人工材料会给人以冷峻感、理性感和现代感，而天然材料则易于给人以多种多样的心理感受。例如木材，天然形成的花纹如烟云流水，美妙无比，柔和的色彩典雅悦目，细腻的质感又倍感亲切。当人们面对这些奇特的木纹时，能体会到万物生长的旺盛生命力，能联想到年复一年，光阴如箭，也能联想到人生的经历和奋斗……。又如当面对花纹奇特的大理石时，浮现在眼前的也许是风平浪静、水面如镜的湖面，也许是朔风怒号、惊涛骇浪的沧海，也许是绵延不断、万壑争流的群山，也许是鱼儿嬉戏、闲然悠静的田园风光……，总之，这里没有文字、没有讲解，也没有说教，只有材料留给人们意味无穷的领悟和想像，真所谓："象外之象、景外之景""不着一字，尽得风流"。

3）质感与距离

质感不但与人的心理活动有关，而且与人的观看距离具有很大的关系。细腻的质感往往只有在近距离时才能感受到，比较粗旷的质感则可以在较远的距离感受到。为此，日本著名建筑师芦原义信提出了"第一次质感"和"第二次质感"的概念。

按照芦原义信的观点，设计师在设计时，应该充分考虑质感与距离的关系，"第一次质感"是考虑人们近距离感受的质感，"第二次质感"则是考虑人们在较远距离感受的质感。以花岗石墙面为例，花岗石的质感只有在近距离观看时才能体会到，因而是第一次质感；而花岗石墙面上大的分格线条，则在远距离就可以观看到，属于第二次质感。所以，设计师在设计时，必须充分考虑材料与观看距离的关系，否则很难达到预想的效果。图 4-24 即为第一次质感和第二次质感的示意图。

4）常用硬质材料

常用的硬质装修材料有木、竹、金属、石材、玻璃、陶瓷、塑料等。这些材料各有特色，共同构成了丰富多彩的室内空间效果。

（1）木材

木材用于建筑工程和室内工程已有悠久的历史。它材质轻、强度高、有较好的弹性和韧性、耐冲击和振动；易于加工和表面涂饰；对电、热和声音有高度的绝缘性；特别是木材美

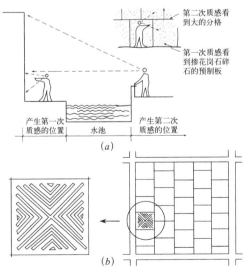

图 4-24 质感与距离
（a）第一次质感与第二次质感图解示意；
（b）不同距离质感举例

丽的自然纹理、柔和温暖的视觉和触觉效果是其他材料无法替代的。

室内设计中所用的木材主要可分为天然木材、人造板材二大类。天然木材由于生长条件和加工过程等方面的原因，不可避免地存在一些缺陷，同时木材加工也会产生大量的边角废料。为了提高木材的利用率和提高产品质量，人造板材的使用更为广泛（表 4-18）。

（2）竹材

竹的生长比树木快得多，仅 3～5 年时间便可加工应用，故很早就广泛运用于制作家具及民间装修中。竹为有机物质，故也可能存在一些缺陷，如：虫蛀、腐朽、吸水、开裂、易燃和弯曲等，因此应经过防霉防蛀、防裂以及表面处理后才能作为装饰材料使用。

竹的可用部分是竹杆，竹杆外观为圆柱形，中空有节，两节之间的部分称为节间。节间的长度一般在竹杆中部比较长，靠近地面的基部或近梢端的比较短。竹杆有很高的力学强度，抗拉、抗压能力比木材好，且富有韧性和弹性，抗弯能力也很强，不易断折，但缺乏刚性。

（3）金属

金属材料在室内设计中分结构承重材与饰面材两大类。钢、不锈钢及铝材具有现代感，而铜材较华丽、优雅，铁则古拙厚重。

普通钢材：是建筑装修中强度、硬度与韧性最优良的一种材料，主要用作结构材料。

不锈钢材：不锈钢为不易生锈的钢材，其耐腐蚀性强，表面光洁度高，为现代装修材料中的重要材料之一，但不锈钢并非绝对不生锈，故保养工作十分重要。不锈钢饰面处理有光面板（或称不锈钢镜面板）、丝面板、腐蚀雕刻板、

室内空间中常用的木材　　　　　　　　　　　　　　　表 4-18

天然木材		可以加工成板材、条材、线材以及其他各种型材
人造板材	胶合板	将原木经蒸煮软化，沿年轮切成大张薄片，通过干燥、整理、涂胶、组坯、热压、锯边而成。木片层数应为奇数，一般为 3 ~ 13 层，胶合时应使相邻木片的纤维互相垂直，使其在变形上相互制约
	刨花板	将木材加工剩余物、小径木、木屑等切削成碎片，经过干燥，拌以胶料、硬化剂，在一定的温度下压制而成的一种人造板
	细木工板	由上下两层夹板，中间为小块木条压挤连接的蕊材。具有较大的硬度和强度、轻质、耐久、易加工，适用于制作家具饰面板，亦是装修木作工艺的主要用材
	纤维板	将树皮、刨花、树枝干、果实等废材，经破碎浸泡，研磨成木浆，使其植物纤维重新交织，再经湿压成形、干燥处理而成。因成型时温度和压力的不同，纤维板分硬质、中硬质和软质三种
	防火板	将多层纸材浸渍于碳酸树脂溶液中经烘干，再以高温高压压制而成。表面的保护膜处理使其具有防火功能，且防尘、耐磨、耐酸碱、防水、易保养，同时表面还可以加工出各种花色及质感
	微薄木贴皮	以精密设备将珍贵树种经水煮软化后，旋切成 0.1 ~ 1mm 左右的微薄木片，再用高强胶粘剂与坚韧的薄纸胶合而成，多作成卷材，具有真实的木纹，质感强

表格来源：陈永昌、孙雁、陈易制作.

凹凸板、半珠形板或弧形板等多种。

铝材：属于轻金属，铝的化学性质活泼，耐腐蚀性强，便于铸造加工，可染色。在铝中加入镁、铜、锰、锌、硅等元素组成铝合金后，机械性能明显提高。铝合金可制成平板、波形板或压型板，也可压延成各种断面的型材。

铜材：在建筑装修中有悠久的历史，应用广泛。铜材表面光滑，光泽中等，经磨光处理后表面可制成亮度很高的镜面铜。常被用于制作铜装饰件、铜浮雕、门框、铜条、铜栏杆及五金配件等。随着岁月的变化，铜构件易产生绿锈，故应注意保养。

（4）石材

石材分为天然石材与人造石材两种。前者指从天然岩体中开采出来，经加工成块状、板状或条状的材料，后者是以前者石渣为骨料而人工制成的板材。饰面石材的装饰性能主要通过色彩、花纹、光泽以及质地肌理等反映出来，同时还要考虑其可加工性。

天然大理石：是指变质或沉积的碳酸盐类的岩石。其组织细密、坚实、可磨光，颜色品种繁多，有美丽的天然纹理，在装修中多用于室内饰面材。由于不耐腐蚀和风化，故较少用于室外。

天然花岗石：属岩浆岩，主要矿物成分为长石、石英、云母等。其特点是构造致密、硬度大、耐磨、耐压、耐火及耐大气中的化学侵蚀。其花纹一般为均粒状斑纹及发光云母微粒。可用于内、外墙与地面装饰。

水磨石：是用水泥（或其他胶结材料）和石渣为原料，经过搅拌、成型、养护、研磨等主要工序，制成的人造石材。水磨石可以预制，也可以现场施工制作。

人造大理石、人造花岗石：是以石粉与粒径 3mm 左右的石渣为主要骨料，以树脂为胶结剂，经浇铸成型、锯开磨光、切割成材。其色泽及纹理可模仿天然石材，但抗污力、耐久性及可加工性均优于天然石材。

（5）玻璃

玻璃作为建筑装修材料已由过去仅作为采光材料，而向控制光线、调节热量、节约能源、控制噪声以及降低建筑结构自重、改善环境等方向发展，同时借助于着色、磨光、刻花等手段，大大提高了装饰效果。

玻璃的品种很多，可分为以功能性为主的玻璃和以装饰性为主的玻璃两大类。功能性玻璃主要包括：平板玻璃、夹丝玻璃、中空玻璃、吸热玻璃、热反射玻璃等；装饰性玻璃主要包括：磨砂玻璃、花纹玻璃、彩色玻璃、彩绘玻璃、玻璃空心砖等。

（6）陶瓷

陶瓷是陶器与瓷器两大类产品的总称。陶器通常有一定的吸水率，表面粗糙无光、不透明，敲之声音粗哑，有无釉与施釉两种。瓷器则坯体细密，基本上不吸水、可半透明、有釉层、比陶器烧结度高。

（7）塑料

塑料是人造或天然的高分子有机化合物，这种材料在一定的高温和高压下具有流动性，可塑制成各式制品，且在常温、常压下制品能保持其形状而不变形。塑料有质量轻、成型工艺简便，物理性能和机械性能良好，并有抗腐蚀性和电绝缘性等特征。缺点是耐热性和刚性比较低，长期暴露于大气中会出现老化现象。

5）常用软质材料

软质材料主要是指室内织物，室内织物具有不可替代的优势，已经在室内空间中得到越来越广泛的运用，成为"软装设计"的重要组成内容。

（1）室内织物的特性

室内织物主要有以下特点：

第一，实用性与装饰性：室内使用的织物绝大部分都具有很强的实用性，它们都是与人们的生活密切相关的日用品；但另一方面，由于织物本身的色彩、材质、图案、纹理等因素，又使它们具有观赏性和装饰性。

第二，多样性与灵活性：织物的花色品种多，选择范围大。艳者有大红大绿；素者有晶白墨黑；厚重者纹理挺拔，外观凝重；轻薄者如烟如云，轻盈活泼。至于图案花纹、加工形式等，更是丰富多彩，不胜枚举。室内织物易于更换，具有很大的灵活性。

第三，柔软性与变形性：与家具、灯具等相比，织物最大的特点就是具有柔软与变形的特性。织物所特有的柔软质感和触感是其他材料所不能比拟的，它使人产生温暖感和与它接触的愿望，这种良好触感和温暖亲切的感觉，能满足人的生理和心理需求。织物的柔软性也同时导致了它的可变形性。

第四，方便性与经济性：织物本身的加工性很强，成形方便；亦比家具、灯具等其他物品轻便得多，价格也相对较低，且可换性大。

第五，地方性与民族性：不同地区、不同民族，由于地理、气候和文化背景的不同，加上生活习惯、传统技艺和材料来源的差异，导致了室内织物具有不同的地域特色和民族特点。

（2）室内织物的种类、功能及特点

常用的室内织物按功能不同可以分为实用性织物和装饰性织物两大类。实用性织物主要包括：窗帘、床罩、枕巾、帷幔、靠垫、地毯、沙发罩、台布……。装饰性织物主要包括：挂毯、壁挂、软雕塑、旗帜、吊伞、织物玩具……。各种室内常用织物的内容、功能及特点见表4-19。图4-25是用于住宅内的室内织物。

总之，室内设计离不开室内装修装饰材料。材料美化室内环境的作用主要取决于材料本身固有的表情和产生的对人的心理影响。材料的另一个作用是改善室内物理环境，即：通过对材料本身的特性，延长围护构件的使用年限，改善室内环境的各种使用要求，使室内环境清洁卫生、光线均匀、温湿度宜人、具备吸声、隔声、防火等功能。在室内空间中，大多数部位的装饰材料都具有精神和物质的双重作用，有些虽然不具有明显的功能特征，但从装饰角度看，能丰富人的视觉感受、美化环境，使人在精神上得到一定的享受。

随着科学技术的发展，新型材料越来越多，它们在性能、质感、装饰效果等方面比以往有了明显改进，表现出从单功能到多功能、从现场制作到成品安装、从低级到高级的发展趋势。材料的这种发展趋势为室内设计提供了更好的条件，为室内环境的个性化、多样化，为满足人们日益增长的物质和精神需求提供了保证。作为一名设计师，只有熟悉不同种类材料的特性，深入挖掘各种材料的质感特性和表情特征，处理好材质与室内环境其他要素的关系，才能使室内环境达到更加完美的境地。

图4-25　用于住宅室内的织物

<table>
<tr><td colspan="2" align="center">室内常用织物的种类、内容、功能及特点　　　　　　　　　　　　　表4-19</td></tr>
</table>

类别	内容、功能、特点
地毯	地毯给人们提供了一个富有弹性、防潮、减少噪声的地面，并有限定空间的作用
窗帘	窗帘分为：纱帘、绸帘、呢帘三种。又分为：平拉式、垂幔式、挽结式、波浪式、半悬式等多种。它的功能是调节光线、温度、声音和视线，同时具有很强的装饰性
家具蒙面织物	包括：布、灯芯绒、织锦、针织物和呢料等。功能特点是厚实、有弹性、坚韧、耐拉、耐磨、触感好、肌理变化多等
陈设覆盖织物	包括：台布、床罩、沙发套（巾）、茶垫等室内陈设品的覆盖织物。其主要功能是发挥防磨损、防油污、防灰尘的作用，同时也起到空间点缀的作用
靠垫	包括：坐具（沙发、椅、凳等）、卧具（床等）上的附设品。可以用来调节人体的坐卧姿势，使人体与家具的接触更为贴切，同时其艺术效果也十分重要
壁挂	包括：壁毯、挂毯等。可根据空间的需要设置，有助于活跃空间气氛，有很好的装饰效果
其他织物	包括：顶棚织物、挂壁织物、织物屏风、织物灯罩、布玩具；织物插花、工具袋及信插等。在室内环境中除了实用价值外，都有很好的装饰效果

表格来源：陈永昌、孙雁制作．

4.2.4 光

光是人类生活中不可缺少的元素，它能满足视觉、健康、安全等方面的需要，对人的生理和心理具有重要影响。室内光环境设计既有科学性，又有艺术性，这里主要从光线的空间艺术效果方面予以介绍，光线的科学性方面的内容在第8章中予以简述。

1）室内光线的组成

室内光线包括天然光和人工光，它们各有特点，需要恰当运用。

（1）天然光与天然采光

天然光有很多优点，首先，天然采光减少了照明能耗，减少了因人工照明带来的多余热量而产生的空调制冷费用；

其次，天然光可以形成比人工照明系统更健康和更积极的工作环境，缓解工作压力。同时，天然光比任何人工光源都能更真实地反映出物体的固有色彩，且有更高的视觉功效；

此外，天然光丰富的变化有利于艺术创作。直射阳光能够为建筑空间创造出丰富的光影变化，柔和的天空漫射光能细腻地表现出物体各部分的细节和质感变化。不同地区、不同季节、不同时段，光线的色温、强度、入射角度、漫射光与直射光的比例都在变化着，光线—空气—色彩的组合变幻使被照射的物体呈现出鲜明的时空感。

天然光的使用方式一般分为被动式采光法和主动式采光法；从光线引入的位置则可以分为侧面采光和顶面采光，表4-20和表4-21对此做了简要的介绍。天然光的使用方式与建筑设计紧密相关，很多措施往往在建筑设计阶段已经定型，在室内设计阶段一般仅限于在室内加设反射、遮阳等措施，或改变内隔墙的透光性能来调控光线。

当然，天然光也有明显的缺点，如：天然光的多变带来光照的不稳定性、非连续性、以及直射阳光对视觉工作的不利影响，同时在某些需要恒定照度和眩光控制要求高的工作场所，仅仅依靠天然光亦难以满足严格的视觉工作条件要求，加之天然光只存在于白天，因此，所有空间都必须同时设置人工照明。

（2）人工光与灯具

任何空间都离不开人工照明。人工光在满足不同光环境要求，以及在光源和灯具品种的多种性、场景设计的多变性、布光的灵活性、投光的精确性等方面有着不可替代的优势。特别是在文物、艺术品照明方面，由于必须严格

天然光的利用方式 表4-20

	特点	常见方式	优缺点
被动式采光法	利用不同类型的窗户进行采光的方法	侧窗采光、天窗采光	最经济有效的方式，与建筑设计紧密相连
主动式采光法	利用集光、传光、散光等设备以及配套的控制系统，将天然光传送到需要的照明部位	镜面反射采光法，利用导光管采光法，光纤导光采光法，棱镜组传光采光法，利用卫星发射镜的采光法，光电效应间接采光法	一般造价比较昂贵，与建筑设计紧密相连

表格来源：严永红制作．

常见的天然采光方式一览表　　　　　　　　　　表 4-21

	特点	优缺点
侧窗	最常用的采光方式，同时具有较好的景观效果	（1）经济、实用、常见； （2）近窗处照度很高，往里则照度迅速下降；可以通过加设反射板等方法将光线引入内部； （3）可以通过内遮阳、窗帘等措施，适当调节进光量
高侧窗	常用于展览馆、商场等场所，几乎没有景观效果	（1）近窗处照度很低，房间内部照度较高； （2）可以通过加设内遮阳等措施，适当调节进光量
玻璃幕墙	常用于公共建筑，有很好的景观效果	（1）近窗处、房间内部均有较好的照度； （2）可以通过加设内遮阳等措施，适当调节进光量
平天窗	公共建筑中最常见的天窗方式	（1）采光效果好，但有局限性，仅能用于顶层或中庭等空间； （2）可以通过加设内遮阳等措施，适当调节进光量，减少空调能耗

表格来源：陈易制作.

限制光线中的红外线和紫外线含量，全光谱的天然光在通常情况下很难满足这一要求，尽管在博展建筑的展示照明中已开始采用经过滤有害波长后的天然光，但人工照明仍然是不可缺少的。

人工照明离不开灯具，灯具的分类方式很多，表 4-22 按照灯具的安置方式进行了简单的分类，图 4-26 则是简单的示意。

常见室内灯具一览表　　　　　　　　　　表 4-22

	固定方式	用途	常用场所	备注
悬挂式灯具	灯具通过吊杆固定在顶界面	提供一般照明或者局部照明	可用于住宅、商店、超市、工业厂房等场所	灯具的外观尺寸、材质、适配光源、悬挂高度等差异很大
吸顶式灯具	紧贴顶界面安装	提供一般照明和局部照明	常用于住宅、走道、楼梯间等场所；适合于高度较低的空间	吸顶灯分开敞式和封闭式两大类；应注意顶界面的平整
嵌入式灯具	灯具发光面与吊顶面齐平或稍突出于吊顶	提供一般照明、泛光照明和强调照明	可用于各类空间	用于一般照明的灯具的配光情况与高度、照明要求等有关
导轨式灯具	导轨固定在顶界面，灯具固定在导轨上	主要用于强调照明和墙体泛光照明，一般不用作室内一般照明	常用于有展示、展览功能的场所	灯具可在导轨全长的任意位置安装，可水平、垂直转动，非常灵活；灯具可带遮光片，形成特殊光影效果
壁灯	按照在垂直界面上的灯具	主要发挥装饰作用	可用于各类空间，但侧界面有较多家具的空间（如：商场等）使用不多	一般安装在人体高度以上；如作为夜灯使用，则安装高度在踢脚线以上
地灯	安装在地面的灯具	主要用于装饰、引导等	可用于各类空间，但需注意与建筑设计的结合	尤其需要注意安全性；用于水下时，需要注意防护等级
台灯（含落地灯）	一般指放置在桌面或地面上的灯具	主要用于局部照明和从事精细视觉工作的场所	可用于住宅、办公、酒店等各类空间	形式多样，台灯灯罩有开口型和封闭型两种，开口型较为普遍，封闭型以学生用的"护眼灯"最为常见

表格来源：严永红、陈易制作.

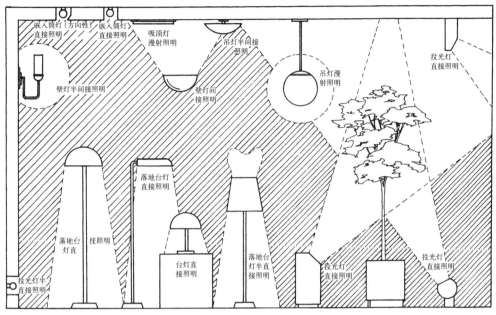

图 4-26　常见室内灯具示例

除了独立的成品灯具之外，设计师还常常使灯具与建筑构件（或装饰构件）相结合，使光源或灯具成为建筑界面、建筑构件的一部分，表现出更强的整体性。

（3）天然光与人工光的结合

充分利用天然光、注重天然光与人工光的结合是当前照明设计的原则，有助于创造高效、舒适、健康、安全、经济、节能的环境，有助于改善人们的工作、学习和生活条件，充分体现生态文明的要求。在选择人工光源时，应注意人工光源的光色与天然光的协调。一般多选用色温较高、显色性良好、长寿命的灯具；同时，也可以通过智能控制系统，实现天然采光和人工照明的配合，达到较满意的照明效果。

2）室内照明的艺术运用原则

光的运用既有技术方面的要求，又有艺术方面的要求。前者涉及不少相关标准与指标，在"建筑物理"课程中已有详细介绍，不再重复。考虑到天然光线的艺术运用主要取决于建筑设计，因此，这里主要探讨室内照明的艺术运用。

针对特定的室内空间和照明对象，可以利用各种照明手段对空间的各部分进行不同的照明处理，以达到所需的艺术效果。这一过程涉及诸多内容，下面仅选取其中三个最重要的原则进行阐述，即：合理安排各空间的亮度分布、利用光线形成的阴影来强化或淡化被照对象的立体感、正确运用光色来渲染光环境气氛。

（1）照明与亮度分布

在对任何室内空间进行照明设计时，首先都应对其进行照明区域划分，然后按其使用要求确定各区域的相对亮度，最后再决定各区域的具体照明方案。一般来说，室内空间可划分为如下照明区域，见表4-23。

（2）照明与立体感

正确运用光线，使之在物体上形成适当的阴影，是表现物体立体感和表面材质的重要手段。其中，光线的强度、灯具的数量和配光方式、光线的投射方向具有关键作用。

首先，光线应达到一定的数量和强度，才可能满足基本的照明要求。过暗的光线，不利于表现物体表面的细节和质感，不利于表现物体的立体感；过强的光线，如果从物体的正面进行投射，就会淡化物体的阴影，削弱物体的立体感。同时，过强的光线会形成浓重的阴影，使物体表面显得粗糙，不利于表现物体表面的质感。

其次，灯具的数量和配光方式对物体立体感的影响很大。处在天然光环境中的物体，直射阳光在物体上形成浓重的阴影，塑造出物体的立体感；而分布均匀的天空漫射光可适当削弱阴影的浓度，细腻地反映出物体表面的质感和微小的起伏，使物体更加丰满和细致。因此，天然阳光照耀下的物体立体感强，表面的质感和细节清晰。

在人工照明环境中，仍需要这两种不同特点的光线。也就是说，灯具的数量至少应在两个以上——窄配光的投光灯作为主光源，起着类似天然光中直射阳光的作用；宽配光的泛光灯具作为辅助照明，起着类似天然光中天空漫射光的作用。

光线投射方向的变化可以使物体呈现出不同的照明效果；同时，对于一个三维物体来说，它的各个面都需要一定的照度，但切忌平均分配，应分清主次，主要受光面的照度应略高于其他几个面。图4-27是只有单一光源的效果，

室内空间不同区域的亮度分布要求　　　　　　　　　　　　　　　　　表4-23

分区	亮度处理原则
视觉中心	是一个空间中最突出的区域，其照明主体通常是设计师欲引人注目的部分，如：一些富有特色的室内装饰品、艺术品等。由于人们习惯于将目光投向明亮的表面，因此，提高这些照明主体表面的亮度，可以吸引人们的目光。一般来说，该区域与周边区域的亮度对比越大，重点照明主体越突出。根据经验，其亮度对比可控制在 5：1 ~ 10：1
活动区	是人们工作、学习的区域，也是进行视觉工作的重点区域。该区域的照明设计首先应满足照明设计规范中的照度标准和眩光限制的要求；其次，为了避免过亮而产生的视觉疲劳，该区域与周边区域的亮度对比不宜过大。具体比例应根据室内空间的性质、活动区的视觉工作特点来确定
顶棚区	顶棚区是安装灯具的主要区域，是灯具的主要载体，一般情况下其亮度不应突出，以免喧宾夺主。宴会厅、酒吧、夜总会等餐饮娱乐空间的顶棚处理可能会复杂一些，此时可以考虑一点局部的亮度变化和闪烁，以满足功能要求。其余大部分建筑，如办公、住宅、商场、学校等建筑的室内顶棚区的照明方式则应简洁、统一，灯具的排列应与室内陈设、地面铺装等相呼应
周围区域	是整个室内光环境中亮度相对最低的区域。一般情况下，它的亮度不应超过顶棚区。首先要避免使用过多和过于复杂的灯具，以免对重点区域的照明形成干扰；其次是应避免采用单一和亮度过于均匀的照明方式，特别是对于大尺度房间周边区域的照明，应在照明方式上进行适当的变化，以打破单一的照明方式所带来的单调感，消除过于均匀的亮度所带来的视觉疲劳

表格来源：严永红制作.

图 4-27　主光源（单一　　图 4-28　同一雕像加入辅助　图 4-29　剪影效果的照明设计
光源）从侧面投射　　　　光源后的效果

而图 4-28 是加入两个辅助光源后的效果，可见雕像的效果更加柔和、生动。

应该提醒的是，照明设计没有固定的模式，不能将上述基本原则视作死板的模式。在针对具体物体进行照明时，应注意抓准其特点进行表现，哪怕有时与熟悉的表现方式相悖，但只要照明强化了室内设计的整体风格，真正突出了物体本身的特点，就可以认为是一个成功的照明设计。如图 4-29 是一株陈旧的塑料植物，色彩暗淡、质感较差。在对其进行照明时，有意避开了对植物本身质感的表现，将重点放在了它的阴影上，利用植物婆娑的姿态，扬长避短，形成了图中的剪影效果。

（3）照明与色彩

室内光环境设计时，正确选择光源的色温和光色非常重要，不同色温的光源与光环境气氛的效果见表 4-24。

如果在同一空间中使用两种以上不同的光源，那么，应该对光源光色的匹配性进行认真的考虑，既可选用色温相近的光色，也可选用色温相异的光色。如果不同色温的光源数量接近，则反差不宜过大，以免产生混乱感，破坏整体气氛。

在商店橱窗、表演台等处，可根据需要适当运用彩色光源，通过人工智能系统，进行场景变幻。在利用色光对物体进行投射时，必须注意色光的颜色应与被照物体表面色彩匹配，避免物体固有色与色光叠加后变得灰暗。

图 4-30 中（a）、（b）、（c）图是一组彩色布匹分别在红、绿、蓝（光的三原色）光照射下的色彩效果；图 d 是红、绿、蓝光同时开启形成白光后，照射得到的色彩效果。从中可以看出，在单色光照射下，相同颜色的布匹色彩得以加强，而其他颜色的布匹经与色光叠加后，因固有色彩被削弱而变得暗淡。而当三原色经过混光后，所有布匹的色彩都较在自然光下更鲜艳。

图 4-31 是光色与阴影补色关系的实例，其中图（a）是花束在天然光照射下的真实效果，图（b）则是在彩色光照射下的特殊效果。在图（b）中，同时开启了红、绿、蓝、黄四种颜色的投光灯，花束的颜色总体呈现出黄色（红＋绿＋

色温与光环境气氛效果一览表　　　　　　　　　　　　表 4-24

色温（K）		光环境气氛	常用空间
低色温	< 3300	浪漫温馨	宾馆大堂、客房、住宅、病房、酒吧等空间，易于产生热烈的迎宾气氛或温馨的家居气氛
中色温	3300～5300	明朗开阔	办公室、教室、阅览室、诊室、实验室、车间等的照明，有利于提高工作效率
高色温	> 5300	凉爽活泼	热加工车间、高照度场所

表格来源：严永红制作.

蓝＝白色，相互抵消），而其阴影则分别为红、绿、蓝、黄光所对应的补色：绿、红、黄、蓝色。通过这个实例，可以清楚地了解光色之间的补色关系，在进行一些特殊场景设计时，可以巧妙地利用这一原理，达到良好的设计效果。

3）光与空间表现

光不但需要充分考虑功能需求、对象的特点和艺术效果，而且需要充分考虑光对空间设计的表现，尤其需要注意光在空间构图、限定空间、突出重点、表现气氛等方面的作用。

第一，空间构图的作用。光可以发挥空间构图的作用，巧妙设计或巧妙布局的灯具、与建筑构件相结合的发光体往往可以形成点、线、面的构图效果，成为空间设计中的重要造型元素。图 4-32 将发光带与界面设计相结合，形成沟通四个界面的"发光的线的构成"，空间效果奇特。

第二，限定空间的作用。光的亮度变化、灯具的布置方式都可以发挥限定空间的作用。图 4-33 内的灯柱就强化了空间限定的效果。

第三，突出重点的作用。具有装饰效果的灯具、突出的亮度变化等都可以发挥强调重点的装饰作用，如：图 4-34 中的大型灯具成为空间的重点装饰，图 4-35 中照明与装饰构件结合在一起，成为空间的装饰重点。

第四，表现气氛的作用。光线和灯具的巧妙运用，可以表现不同的空间气氛。图 4-36

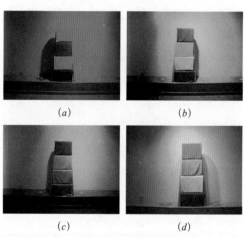

(a)　　　　　　　　(b)

(c)　　　　　　　　(d)

图 4-30　光色与物体固有色的叠加关系

(a)　　　　　　　　(b)

图 4-31　光色与阴影的补色关系
（a）天然光环境；（b）人工光环境（彩色光）

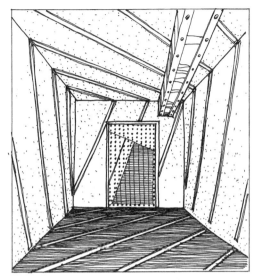

图 4-32　发光带与界面设计巧妙结合

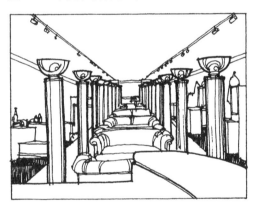

图 4-33　灯柱对室内空间的限定作用

图 4-34　大型灯具成为空间的重点装饰

图 4-35　照明与装饰构件结合在一起，成为空间的装饰重点

中的灯具采用当地竹编工艺制成，强化了餐厅的自然韵味和地方特色。

4.2.5　造型元素的综合运用

在室内设计中，各造型元素几乎总是同时使用，综合发挥作用的。设计人员应该根据内部空间所处的环境、功能要求和经济能力，巧妙构思，充分发挥形态、色彩、质感、光线等造型元素的综合效应，塑造舒适、愉悦的室内环境。

图 4-37～图 4-64 就是一些值得借鉴的实例。

室内空间组合原理不但适用于陆地建筑物内部，也同样适用于车船内部空间。豪华邮轮可以视作水上移动的高档酒店和娱乐场所，其空间组成非常复杂，仅公共空间就有各类餐厅、各类酒吧、俱乐部、舞厅、剧场、影院、演播厅、博彩空间、健身中心、水疗中心、浴场、泳池、休闲广场、接待大厅等，因此，需要进行巧妙的空间组织，以形成丰富的空间效果，图 4-37

图 4-36　采用当地竹编的灯具突显地方特色

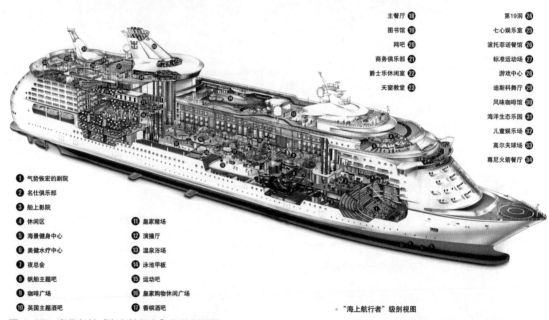

主餐厅 ⑱	第19洞 ㉔
图书馆 ⑲	七心娱乐室 ㉕
网吧 ⑳	波托菲诺餐馆 ㉖
商务俱乐部 ㉑	标准运动场 ㉗
爵士乐休闲室 ㉒	游戏中心 ㉘
天窗教堂 ㉓	迪斯科舞厅 ㉙
	风味咖啡馆 ㉚
	海洋生态乐园 ㉛
	儿童娱乐场 ㉜
	高尔夫球场 ㉝
	尊尼火箭餐厅 ㉞

❶ 气势恢宏的剧院
❷ 名仕俱乐部
❸ 船上影院
❹ 休闲区　　　　⓫ 皇家赌场
❺ 海景健身中心　⓬ 演播厅
❻ 美健水疗中心　⓭ 温泉浴场
❼ 夜总会　　　　⓮ 泳池甲板
❽ 帆船主题吧　　⓯ 运动吧
❾ 咖啡广场　　　⓰ 皇家购物休闲广场
❿ 英国主题酒吧　⓱ 香槟酒吧

· "海上航行者"级剖视图

图 4-37　豪华邮轮"海上航行者"级的剖视图

是豪华邮轮"海上航行者"级的剖视图。

　　即使是私人游艇，其空间组织也往往很丰富，不亚于陆地上的高级住宅。图 4-38 是名为"Lady Power"的私人游艇的空间组织。底层甲板布置了 6 间卧室（其中二间大型卧室，四间小型卧室），每间卧室都配有卫生间；主甲

板布置了厨房、就餐区等，上甲板则有交流区、娱乐区、吧台、驾驶室等空间。整个布局活泼多变，具有很强的动感。

　　图 4-39 是深圳宝安国际机场 T3 航站楼室内空间，顶部密集的"点"式造型和接近单色的色彩处理，形成了鲜明的空间特色；

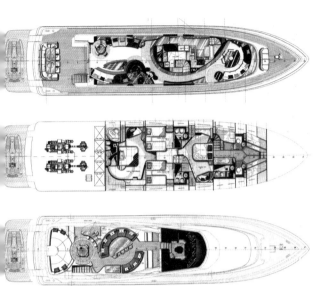

图 4-38　某私人游艇的空间组织

图 4-40 是某儿童餐厅洗手间室内设计，设计师采用蓝色作为空间的主色调，几乎形成单色空间的效果，空间性格突出。在墙上则采用"点"的造型处理方式，很自由地布置了蛤蜊壳，配上鱼形吊灯，趣味十足，深受儿童喜爱。

图 4-41 是扎哈·哈迪德设计的游泳池，顶部采用了点式采光口、条式采光带，"点"与"线"的方式相结合，丰富了顶部的造型变化。

图 4-42 是秀美美术馆（Miho Museum）

主入口区域，屋顶的结构构件构成了完美的"线"的构图，挺拔的直线使人感到简洁大方、充满理性。图 4-43 则是由曲线构成的规则曲面，具有柔美之感。图 4-44 是曲面加上直线的造型处理方式，配合木色的单色处理，构成了宁静却又别具一格的空间效果。

图 4-45（a，b）是扎哈·哈迪德设计的伦敦科学博物馆温顿数学展馆（Mathematics：The Winton Gallery，Science Museum）室内空间，曲面的造型，配以蓝紫色照明，空间效果新颖奇特，寓意着数学世界的奥妙。

图 4-46 是路易斯安那泽维尔大学（Xavier University of Louisiana）内的一座教堂，高耸的集中式空间，饰以白色穿孔金属板，阳光穿过金属板洒入室内，形成圣洁、宁静、缥缈的空间效果，突出了教堂的神秘宗教气氛。

图 4-47 是苏州博物馆门厅，结合建筑造型，门厅顶部空间升起，界面采用粉墙、深灰色线条，形成"线"与"面"的结合，既有集中式空间的感受，又有苏州地域建筑的韵味。

图 4-48 是某私人游艇卧室内景，在色彩处理上突出材料的木本色，形成了淡雅、安静的空间氛围，室内的织物增添了温馨的感受。

图 4-39　深圳宝安国际机场 T3 航站楼内景

图 4-40　某儿童餐厅洗手间空间效果

图 4-41　某游泳池顶部设计

图 4-42　秀美美术馆主入口区室内空间

图 4-43　曲线构成的曲面

图 4-44　曲面加直线的构成

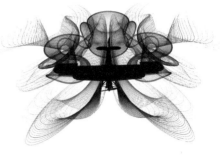

（a）

（b）

图 4-45 曲面造型的温顿数学展馆
（a）展馆内景；（b）展馆的设计示意图

图 4-46 某教堂室内空间　图 4-47 苏州博物馆门厅内景　图 4-48 某私人游艇卧室

　　图 4-49 是卢浮宫的地下空间，一个倒挂的大型玻璃金字塔和一个正置的小金字塔互相呼应、互相衬托，既形成母题的呼应，又形成大小、材质的对比。在色彩处理上，采用米色大理石、透明玻璃和金属本色，形成了和谐的类似色；在质感处理上，通过石材、玻璃、金属突出了时代感和公共空间的性质。

　　图 4-50 是奔驰（Mercedes-Benz）车的内饰，色彩淡雅明快，材质以皮革为主，辅以金属及木饰面，有高雅稳重之感；图 4-51 是奥迪（Audi）跑车内饰，黑色、红色的搭配给人以活力和青春之感。

　　图 4-52 是修缮后的上海市优秀历史保护建筑杨浦图书馆总馆内景，红色的柱子和蓝绿色的顶部彩画色彩对比强烈，具有中国传统建筑的韵味。

　　图 4-53 是浦东图书馆中庭内景，中庭侧界面采用半透明的薄钢板，加上玻璃、不锈钢、

图 4-49　卢浮宫地下空间内景

图 4-50　奔驰车内饰

图 4-51　充满活力感的奥迪车内饰

图 4-52　修缮后的杨浦图书馆总馆内景

图 4-53　浦东图书馆中庭内景

铝合金板等，突出了时代感；在色彩处理上，以接近灰白的单色为主，形成冷峻、宁静的空间气氛。

图 4-54 是非盟总部大厦（African Union Headquarters）的大会议厅，色彩以浅木色为主，辅以灰色地毯和座椅织物覆面，形成高雅、安宁的气氛，体现出会议空间的特点。

图 4-55 是有很多细部处理、很多陈设品的室内空间，通过类似色相的色彩处理，使空间统一在一个和谐的氛围中，同时超大的尺度处理，突出了空间的庄重、宏伟。

图 4-56 是私人商务机的内舱，家具布置自由活泼，整体色彩以低彩度的驼色、褐色、蓝灰色为主，既有对比，又很和谐，适合办公、会议之需。大量的软质材料使人感到温馨、放松，有助于解除长途旅行的疲劳。

图 4-57 的中餐厅内使用了地毯等软质材料，给人以温馨、舒适之感；在色彩方面，垂直界面使用灰色和黑色，座椅软包使用暗红色，地毯则使用橙和紫的对比色，整个空间在高雅中不失活泼，传统中不失现代。

图 4-54　非盟总部大厦大会议厅内景

图 4-55　梵宫内景

图 4-56　私人商务机内景

图 4-57　某中餐厅室内效果

图 4-58　某豪华邮轮气氛热烈的接待大厅

图 4-59　上海自然博物馆大厅内景

图 4-58 是豪华邮轮的接待大厅，饱和的色彩和偏暖的灯光营造出热烈、欢快的气氛，使游客充满憧憬、充满想象，期待舒适的海上之旅。

光也是室内设计中的重要元素，图 4-59 中的上海自然博物馆中庭空间，阳光从外倾泻而入，配合侧界面的幕墙处理（模仿细胞壁的设计理念），光影错综交织，时时移动，加之人流如织、空间渗透，形成充满趣味、别具一格的空间效果。

图 4-60 是空中客车 A 380 通往二层的楼梯空间，巧妙的色彩与照明设计，别具特色，使人倍感温馨，成为整个内舱的一处亮点。

图 4-61 是无锡梵宫圣坛的顶部设计，设计师采用穹顶形式，形成强烈的空间集中感；装饰造型元素既有佛教寓意，又构成了渐变韵律，配合照明设计，形成了庄严、神圣的环境气氛。

图 4-62 是一处侧界面设计，灯具、墙上陈设品及其光影效果，使本来平淡的墙面充满变化和趣味。图 4-63（a、b）则显示了在不同人工光情况下的空间效果，表现出光对空间气氛的重要影响。图 4-64 显示在私人游艇的同一空间，通过不同的光色，营造出不同的环境氛围。

图 4-60　空中客车 A380 楼梯空间

图 4-61　梵宫圣坛的顶部设计

图 4-62　无锡蜗牛坊墙面处理效果

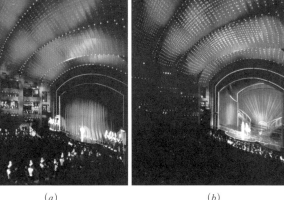

（a）　　　　　　　　　　　　　（b）

图 4-63　某剧场空间在不同照明设计下的空间效果
（a）暖色光下的内景；（b）冷色光下的内景

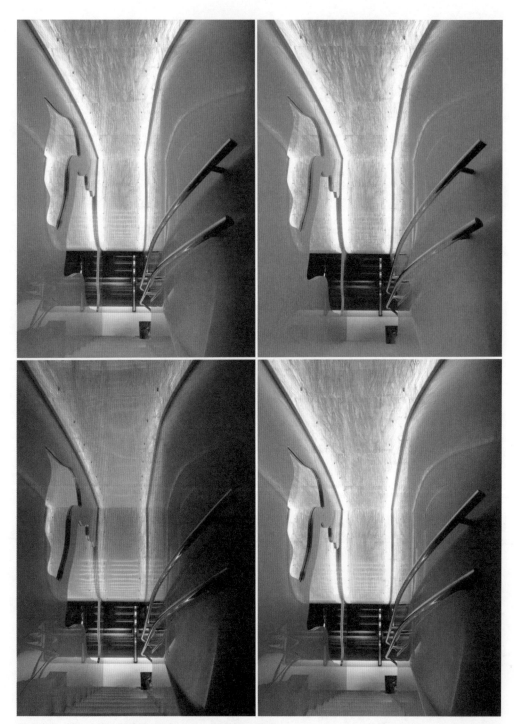

图 4-64　某私人游艇通过灯光的色彩变化营造不同的气氛

本章主要注释：

（1）道经·第十一章 [EB/OL].[2019-08-21]. https://so.gushiwen.org/guwen/bookv_3320. aspx.

（2）王建柱.室内设计学 [M]. 台北：艺风堂出版社，1986：82.

（3）（日）小原二郎著.实用人体工程学 [M]. 康明瑶，段有瑞译.上海：复旦大学出版社，1991：194-195.

本章插图来源：

图 4-1 黄曼姝.

图 4-2 至图 4-6 杜汝俭，李恩山，刘管平主编.园林建筑设计 [M]. 北京：中国建筑工业出版社，1986：406-409.

图 4-7 程大锦，科基·宾格利著.图解室内设计 [M].天津：天津大学出版社，2010：85.

图 4-8 张绮曼，郑曙旸主编.室内设计资料集 [M]. 北京：中国建筑工业出版社，1991：202.

图 4-9 张绮曼主编，郑曙阳副主编.室内设计经典集 [M]. 北京：中国建筑工业出版社，1994：256.

图 4-10 至图 4-14 张绮曼，郑曙旸主编.室内设计资料集 [M]. 北京：中国建筑工业出版社，1991：193，202，201，204，199.

图 4-15 至图 4-17 张绮曼主编，郑曙旸副主编.室内设计经典集 [M]. 北京：中国建筑工业出版社，1994：135，77，284.

图 4-18 至图 4-20 陈飞虎主编，彭鹏副主编.建筑色彩学 [M].第二版.北京：中国建筑工业出版社，2014：33-34.

图 4-21 张绮曼，郑曙旸主编.室内设计资料集 [M]. 北京：中国建筑工业出版社，1991：333.

图 4-22 至图 4-23（德）梅尔文，罗德克，曼克著.建筑空间中的色彩与交流 [M]. 第 4 版.马琴，万志斌译.北京：中国建筑工业出版社，2008：47，50.

图 4-24 陈易，参照：（日）芦原义信著.外部空间设计 [M]. 尹培桐译.北京：中国建筑工业出版社，1985：41-42.

图 4-25 至图 4-26 张绮曼，郑曙旸主编.室内设计资料集 [M]. 北京：中国建筑工业出版社，1991：353，209.

图 4-27 图 4-31 严永红.

图 4-32 至图 4-36 张绮曼，郑曙旸主编.室内设计资料集 [M]. 北京：中国建筑工业出版社，1991：218，196，256，217，253.

图 4-37 吴正廉主编.世界豪华邮船图集 [R]. 上海：中国船舶工业集团公司第七○八研究所，2008：82-83.

图 4-38 高迪国际出版有限公司编.游艇室内设计 [M]. 赵波，段佳燕，田育婧译.大连：大连理工大学出版社，2012：329.

图 4-39 [EB/OL]. [2019-08-26]. http://user.huitu.com/op/contractpreview.aspx?type=0&no=XS8%C2%AD201908261103373407995&mode=XS&picId=18784379&ddlUse=a&limit=10.

图 4-40 Wutopia Lab（主持建筑师：闵而尼，俞挺）.

图 4-41（澳大利亚）视觉出版集团著.扎哈·哈迪德和她的建筑 [M]. 付云伍译.桂林：广西师范大学出版社，2017：21.

图 4-42（美）菲利普·朱迪狄欧，珍妮特·亚当斯·斯特朗编.贝聿铭全集 [M]. 李佳洁、郑小东译.北京：电子工业出版社，2012：273.

图 4-43 上海当代艺术博物馆编著.伯纳德·屈

米：建筑：概念与记号 [M]. 杭州：中国美术学院出版社，2016：137.

图 4-44 卢志刚.

图 4-45（澳大利亚）视觉出版集团著. 扎哈·哈迪德和她的建筑 [M]. 付云伍译. 桂林：广西师范大学出版社，2017：181-182.

图 4-46（美）泰德·怀特恩编. 西萨·佩里和他的建筑 [M]. 付云伍译. 桂林：广西师范大学出版社，2018：142.

图 4-47（美）菲利普·朱迪狄欧，珍妮特·亚当斯·斯特朗编. 贝聿铭全集 [M]. 李佳洁、郑小东译. 北京：电子工业出版社，2012：321.

图 4-48 高迪国际出版有限公司编. 游艇室内设计 [M]. 赵波，段佳燕，田育婧译. 大连：大连理工大学出版社，2012：262.

图 4-49 刘洋.

图 4-50 陈易.

图 4-51 体积虽小但操控一流，试驾敞篷版奥迪 A3. [EB/OL]. [2008-02-21]. https://news.58che.com/reviews/ 10072_all.html#all_3.

图 4-52 李品，张冬卿.

图 4-53 华建集团建筑装饰环境设计研究院.

图 4-54 同济大学建筑设计研究院（集团）有限公司.

图 4-55 上海禾易建筑设计有限公司 / 上海禾易室内设计有限公司（原：上海 HKG Group）.

图 4-56 极致奢华堪比"豪宅"的私人飞机内饰. [EB/OL]. [2017-06-23]. http://www.xcar.com.cn/bbs/viewthread.php?tid= 29958975.

图 4-57 上海禾易建筑设计有限公司 / 上海禾易室内设计有限公司（原：上海 HKG Group）.

图 4-58 吴正廉主编. 世界豪华邮船图集 [R]. 上海：中国船舶工业集团公司第七〇八研究所，2008：196.

图 4-59 同济大学建筑设计研究院（集团）有限公司.

图 4-60 阿联酋航空 A380 的极致体验（组图）. [EB/OL]. [2012-01-06]. https://m.baidu.com/tc?from=bd_graph_mm_tc&srd=1&dict=20&src=http%3A%2F%2Fwww.360doc.com%2Fcontent%2F12%2F0106%2F18%2F3247914_177725563.shtml&sec=1569284884&di=8642a0de8c94ed0f.

图 4-61 至图 4-62 上海禾易建筑设计有限公司 / 上海禾易室内设计有限公司（原：上海 HKG Group）.

图 4-63（美）泰德·怀特恩编. 西萨·佩里和他的建筑 [M]. 付云伍译. 桂林：广西师范大学出版社，2018：268-269.

图 4-64 高迪国际出版有限公司编. 游艇室内设计 [M]. 赵波，段佳燕，田育婧译. 大连：大连理工大学出版社，2012：42.

第5章

室内界面及部件的装饰设计
The Decorative Design for Interior
Surface and Components

■ 室内界面的装饰设计
The Decorative Design of Interior Surfaces
■ 常见结构构件的装饰设计
The Decorative Design for Structural Components in Interiors
■ 常用部件的装饰设计
The Decorative Design for Building Elements in Interiors

内部空间是由界面围合而成的，位于空间顶部的平顶和吊顶等称为顶界面，位于空间下部的楼地面等称为底界面，位于空间四周的墙、隔断与柱廊等称为侧界面。建筑中的楼梯、围栏等是一些相对独立的部分，常常称为部件，本章阐述这些界面和部件的装饰设计原则与方法。

界面与部件的装饰设计，可以概括为两大内容，即：造型设计和构造设计。前者涉及形状、尺度、色彩、图案与质地，基本要求是符合空间的功能与性质，体现室内设计的总体思路。后者涉及材料、连接方式和施工工艺，要安全、坚固、经济合理，符合技术经济方面的要求。具体而言，应遵循以下几条原则：

原则一：安全可靠，坚固适用

尽管处于室内，但界面与部件仍然会或多或少地受到物理、化学、机械等因素的影响，有可能因此而降低自身的坚固性与耐久性，如钢铁会因氧化而锈蚀，竹、木会因受潮而腐烂，砖、石会因碰撞而缺棱掉角等，为此在装饰过程中常采用涂刷、裱糊、覆盖等方法加以保护。

界面与部件是空间的"壳体"，需要具有较高的防水、防潮、防火、防震、防酸、防碱以及吸声、隔声、隔热等功能要求。其质量好坏，不仅直接关系到空间的使用效果，甚至关系到人们的财产与生命，因此设计中一定要认真解决安全可靠、坚固适用的问题。

原则二：造型美观，具有特色

要充分利用界面与部件的设计强化空间氛围。通过其形状、色彩、图案、质地和尺度，让空间显得光洁或粗糙、凉爽或温暖、华丽或朴实、空透或闭塞，从而使空间环境能体现应有的功能与性质。

要利用界面与部件的设计反映环境的民族性、地域性和时代性，如：用砖、卵石、毛石等使空间具有乡土气息；用竹、藤、麻、皮革等使空间具有田园趣味；用不锈钢、镜面玻璃、磨光石材等使空间具有时代感。

要利用界面和部件的设计改善空间感。建筑物的既有空间可能有缺陷，通过界面和部件的装饰设计可以在一定程度上弥补这些缺陷。如：强化界面的水平划分可以使空间更舒展；强化界面的垂直划分可以减弱空间的压抑感；使用粗糙的材料和大花图案，可以减少空间的空旷感；使用光洁材料和小花图案，可以使空间显得开敞，从而减少空间的狭窄感；用镜面玻璃或镜面不锈钢装饰粗壮的梁柱，可以在视觉上使梁柱"消肿"，使空间不显得拥塞；用冷暖不同的颜色可以使空间分别显得宽敞和紧凑等。

在界面和部件上往往有很多附属设施，如：通风口、烟感器、自动喷淋、扬声器、投影机、银幕和白板等，这些设施具有很强的功能性，但同时也与空间的美学效果直接相关。这些设施一般都由其他专业设计师设计或设备商布置，为此，室内设计师一定要与他们密切配合，使各种设施相互协调，保证整体上的和谐与美观。

原则三：**选材合理，造价适宜**

材料的选择不但关系功能、造型和造价，而且关系到人们的生活与健康。既要符合环境的功能要求，又要体现材料的自身表现力。要充分了解材料的物理特性和化学特性，选用无毒、无害、无污染的材料；要摒弃"只有使用名贵材料才能取得良好效果"的陈腐观点，努力做到优材精用、普材巧用，各种材料合理搭配；要注意选用本地材料，达到降低造价、体现特色的目的；要处理好一次投资和日常维修费用的关系，综合考虑经济技术上的合理性。

原则四：**优化方案，方便施工**

针对同一界面和部件，可以进行多方案比较。从功能、美观、经济、技术等方面进行综合比较，从中选出最为理想的方案。要考虑工期的长短、施工的简便程度，尽可能使工程早日交付使用。

在施工中要精工细作，充分保证工艺的质量。室内界面和部件大都在人们的视线范围之内，属于近距离观看对象，一定要该平则平，该直则直，给人以美感。要特别注意拼缝和收口，做到均匀、整齐、利落，充分反映材料的特性、技术的魅力和施工的精良。

5.1　室内界面的装饰设计

界面的装饰设计是影响空间造型和风格特点的重要因素，一定要结合空间特点，从环境的整体要求出发，创造美观耐看、气氛宜人、富有特色的内部环境。

5.1.1　顶界面的装饰设计

顶界面即空间的顶部。在楼板下面直接用喷、涂等方法进行装饰的称平顶；在楼板之下另作吊顶的称吊顶或顶棚。

顶界面是三类界面中面积较大的界面，且几乎毫无遮挡地暴露在人们的视线之内，能极大地影响环境的使用功能与视觉效果，因此，必须从环境性质出发，综合各种要求，强化空间特色。

首先，要考虑空间功能的要求，特别是照明和声学方面的要求，这在剧场、电影院、音乐厅、美术馆、博物馆等建筑中尤其重要。以音乐厅等观演建筑来说，顶界面要充分满足声学方面的要求，保证所有座位都有良好的音质，正因为如此，不少音乐厅都在顶部悬挂各式可以变换角度的反射板，或同时悬挂一些可以调节高度的扬声器（图5-1）。为了满足照明要求，剧场、舞厅应有完善的专业照明，观众厅可以有豪华的顶饰和灯饰，以便让观众在开演之前及幕间休息时欣赏。

其次，要注意体现建筑技术与建筑艺术统一的原则，顶界面的结构不一定都用吊顶封起来，如果组织得好，亦同样能取得良好的艺术效果（图5-2）。

此外，顶界面上的灯具、通风口、扬声器

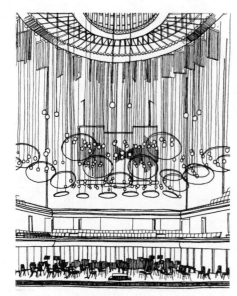

图 5-1　汤姆逊音乐厅顶部处理

图 5-2　德国某银行的顶部处理

和自动喷淋等设施也应纳入设计考虑的范围。要特别注意配置好灯具，因为它们既有功能要求，又有艺术性的要求，还可以影响空间的体量感和比例关系，使空间具有或豪华、或朴实、或平和、或活跃的气氛。

1）顶棚的造型

从建筑设计和装饰设计的角度看，顶棚的造型可分以下几大类，见表 5-1 和图 5-3。

2）顶界面的构造

顶界面的构造方法很多，下面简要介绍一些常见的做法。

（1）平顶

平顶多直接做在钢筋混凝土楼板之下，表层可以抹灰、喷涂、油漆或裱糊。完成这种平顶的基本步骤是先用碱水清洗表面油腻，再刷素水泥砂浆，然后做中间抹灰层。表面按设计要求刷涂料、刷油漆或裱壁纸，最后，做平顶与墙面相交的阴角线和挂镜线。如用板材饰面，为不占较多的高度，可用射钉或膨胀螺栓将搁栅直接固定在楼板的下表面，再将饰面板（胶

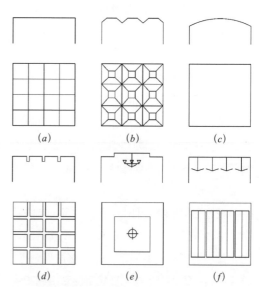

图 5-3　顶棚的各种造型示意
（a）平面式；（b）折面式；（c）曲面式；
（d）网格式；（e）分层式；（f）悬吊式

常见顶棚造型一览表　　　　　　　　　　表 5-1

平面式	表面平整，造型简洁，占用空间高度少，常用发光龛、发光顶棚等照明，适用于办公室和教室等
折面式	表面有凸凹变化，可以与槽口照明相接合，能适应特殊的声学要求，多用于电影院、剧场等场所
曲面式	包括：筒拱顶、穹窿顶，空间高敞，跨度较大，多用于车站、机场等建筑的大厅等空间
网格式	● 包括：混凝土楼板中由主次梁或井式梁形成的网格顶、用木梁构成的网格顶、用装饰方式构成的网格顶； ● 造型丰富，可在网格内绘制彩画，安装贴花玻璃、印花玻璃或磨砂玻璃，并在其上装灯；也可在网格内直接安装吸顶灯或吊灯，形成某种意境或比较华丽的气氛
分层式（叠落式）	● 整个天花有几个不同的层次，形成层层叠落的态势； ● 可以中间高，周围向下叠落；也可以周围高，中间向下叠落； ● 叠落的级数可一级、二级或更多，高差处往往设槽口，并采用槽口照明
悬吊式	在楼板或屋面板上垂吊织物、平板或其他装饰物。悬吊织物的具有飘逸潇洒之感，可有多种颜色和质地，常用于商业及娱乐建筑；悬吊平板的，可形成不同的高低和角度，多用于具有较高声学要求的厅堂；悬吊旗帜、灯笼、风筝、飞鸟、蜻蜓、蝴蝶等，可以增加空间的趣味性，多用于高敞的商业、娱乐和餐饮空间；悬吊木制或轻钢花格，体量轻容，可以大致遮蔽其上的各种管线，多用于超市；如在花格上悬挂葡萄、葫芦等植物，可以创造出田园气息，多用于茶艺馆或花店

表格来源：辛艺峰制作.

合板、金属薄板或镜面玻璃等）用螺钉、木压条或金属压条固定在搁栅上，也可将饰面板直接搁置在搁栅上。

（2）顶棚

顶棚由吊筋、龙骨和面板三部分组成。吊筋通常由圆钢制作，直径不小于6mm。龙骨可用木、钢或铝合金制作。木龙骨一般由主龙骨、次龙骨和横撑组成。主龙骨的断面常为50mm×70mm，次龙骨和横撑的断面常为50mm×50mm。

它们组成网格形平面，网格尺寸与面板尺寸相契合。为满足防火要求，木龙骨表面要涂防火漆。钢龙骨由薄壁镀锌钢带制成，有38、56、60三个系列，可分别用于不同的荷载。铝合金龙骨按轻型、中型、重型划分系列，图5-4是轻钢龙骨顶棚示意图。

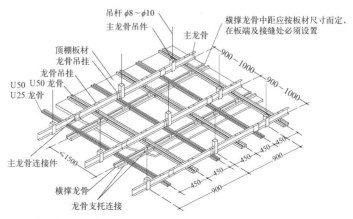

图 5-4　轻钢龙骨示意图（单位：mm）

用于顶棚的板材有纸面石膏板、矿棉板、木夹板（应涂防火涂料）、铝合金板和塑料板等多种类型，有些时候，也使用木板、竹子和各式各样的玻璃。表5-2是几种常用的顶棚，图5-5是一个折面顶棚的节点图，这类顶棚多用于声学要求和装饰要求较高的场所，图5-6是分层顶棚的节点图，图5-7是花格顶棚的常见形式。

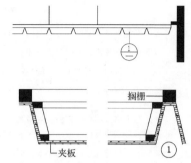

图5-5 胶合板折面顶棚的构造

常见顶棚一览表　　　　　　　　　　　　　　表5-2

轻质板顶棚	● 使用广泛，包括石膏装饰板、珍珠岩装饰板、矿棉装饰板、钙塑泡沫装饰板、塑料装饰板和纸面稻草板等； ● 形状有长、方两种，方形者边长300～600mm，厚度为5～40mm； ● 轻质装饰板表面若有凹凸的花纹或构成图案的孔眼，则往往有一定的吸声性能；基层可为木搁栅（需防火处理）或金属搁栅
玻璃顶棚	● 镜面玻璃顶棚多用于空间较小、净高较低的场所，可以增加空间的尺度感； ● 镜面玻璃的外形多为长方形，边长500～1000mm，厚度为5～6mm，玻璃可车边； ● 顶棚宜用木搁栅，底面要平整，其下还要先钉一层5～10mm厚的木夹板。镜面玻璃借螺钉（镜面玻璃四角钻孔）、铝合金压条或角钢包边固定在夹板上； ● 可用印花玻璃、贴花玻璃作顶棚，常与灯光相配合，以取得蓝天白云、霞光满天等效果
金属板顶棚	● 包括不锈钢板、钢板网、金属微孔板、铝合金型条板及铝合金压型薄板等，具有重量轻、耐腐蚀和耐火等特点，带孔者在背面可以放置吸声材料； ● 可压成各式凸凹纹，还可以处理成不同的颜色。金属板呈方形、长方形或条形，方形板多为500mm×500mm及600mm×600mm；长方形板短边400～600mm，长边一般不超过1200mm；条形板宽100mm或200mm，长度2000mm
胶合板顶棚	● 龙骨多为木龙骨（需防火处理），由于胶合板尺寸较大，容易裁割，既可做成平面式顶棚，又能做成分层式顶棚、折面式顶棚或轮廓为曲线的顶棚； ● 胶合板的表面，可用涂料、壁纸等装饰，色彩、图案根据设计师的要求而定
竹材顶棚	● 可见于传统建筑。在现代建筑中，多见于茶室、餐厅或其他强调地方特色和田园气息的场所； ● 竹材面层常用半圆竹，可以排成席纹或更加别致的图形； ● 多用木搁栅，其下要先钉一层五夹板，再将半圆竹用竹钉、铁钉或木压条固定在五夹板上。要特别注意防火处理
花格顶棚	● 花格常用木材或金属构成，形状可为方形、长方形、正六角形、长六角形、正八角形或长八角形，格长约150～500mm。空间较低时，宜用小花格，空间较高时，宜用大花格； ● 用吊筋直接吊在楼板或屋架的下方，可将通风管道等遮蔽起来，楼板的下表面和管道多涂成深色； ● 花格顶棚经济、简便，不失美观，常用于超市及展览馆
格栅顶棚	● 一般采用轻钢龙骨铝合金格栅顶棚，格栅断面有各种形式，常见的是矩形、U形断面； ● 楼板的下表面和管道多涂成深色，常用于办公空间、商场、展厅、车站等各处
玻璃顶	常用于大厅或中庭内，直接吸纳天然光线，使空间具有通透明亮的效果，需要与建筑设计结合，同时往往需要采取一定的遮阳和隔热措施

表格来源：辛艺峰制作．

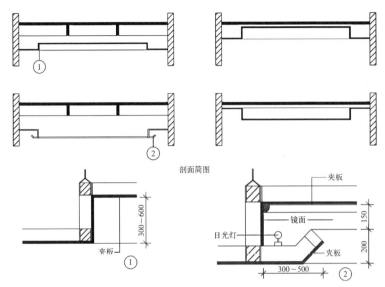

图 5-6　分层顶棚的构造示意图（单位：mm）

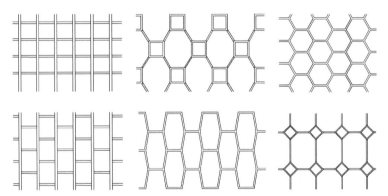

图 5-7　花格顶棚的常见形式

5.1.2　侧界面的装饰设计

侧界面也称垂直界面，有开敞的和封闭的两大类。前者指立柱、幕墙、有大量门窗洞口的墙体和各类有洞口的隔断，以此围合的空间，常形成开敞式空间。后者，主要指实墙和无洞口的隔断，以此围合的空间，常形成封闭式空间。侧界面面积较大，距人较近，又常有壁画、雕刻、挂毯、挂画等壁饰，因此侧界面装饰设计除了要遵循界面设计的一般原则外，还应充分考虑侧界面的特点。

从使用上看，侧界面可能会有防潮、防火、隔声、吸声等要求，在使用人数较多的大空间内还要使侧界面下半部坚固耐碰，便于清洗，不致被人、车、家具弄脏或撞破。

侧界面是家具、陈设和各种壁饰的背景，要注意发挥其衬托作用。如有大型壁画、浮雕或挂毯，则应注意其与侧界面的协调，保证总体格调的统一。

要注意侧界面的虚实程度。有时可能是完全封闭的，有时可能是半隔半透的，有时则可能是基本空透的。要注意空间之间的关系以及内部空间与外部空间的关系，做到该隔则隔，该透则透，尤其要注意吸纳室外的景色。

要充分利用材料的质感，通过质感营造空间氛围。图5-8表示了毛石墙餐厅的内景，给人粗犷、耐看之感；图5-9表示的是大片玻璃的侧界面，具有简洁、明快的现代感。

侧界面往往是有色彩或有图案的，其自身的分格及凹凸变化也有装饰作用。图5-10的室内织物不但装饰了空间，而且使人产生安静感与亲切感。

要尽可能通过侧界面设计展现空间的民族性、地方性与时代性，与其他要素一起综合反映空间的特色。从总体上看，侧界面的常见风格有三大类，即：中国传统风格、西方传统风格、现代风格。中国传统风格的侧界面，大多借用传统的建筑符号，并多用一些表达吉祥的图案（如：如意、龙、凤、福、寿等图案），表达祝福喜庆之意（图5-11）；西方传统风格的侧界面，大都模仿古希腊、古罗马的建筑符号，并喜用雕塑做装饰，其间常常出现一些古典柱式、拱券等形象，有些传统风格的侧界面则着力模仿巴洛克、洛可可的装饰风格（图5-12）；现代风格的侧界面大都比较简约，不刻意追求某个时代的某种样式，更多的是通过色彩、材质、虚实的搭配，表现界面的形式美（图5-13）。当然，在设计实践中，还有

图5-8　采用毛石墙的餐厅

图 5-9 采用透明玻璃的住宅

图 5-10 室内织物的装饰作用

所谓美式、日式等风格，拿日式界面来说，偏向于通过小巧的构件、精致的工艺等手法，着力反映日本建筑所蕴藏的清新、精致、严谨的特色。

1）墙面装饰

墙面的装饰方法很多，大体上可以归纳为抹灰类、喷涂类、裱糊类、板材类和贴面类，下面分别予以介绍。

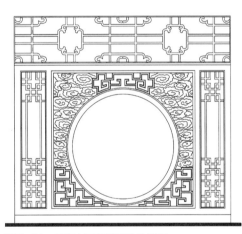

图 5-11 具有中国传统韵味的墙面

（1）抹灰类墙面

以砂浆为主要材料的墙面，统称抹灰类墙面，按所用砂浆又有普通抹灰和装饰抹灰之分。

普通抹灰由两层或三层构成。底层的作用是使砂浆与基层能够牢固地结合在一起，故要有较好的保水性，以防止砂浆中的水分被基底

图 5-12 具有西方传统韵味的墙面

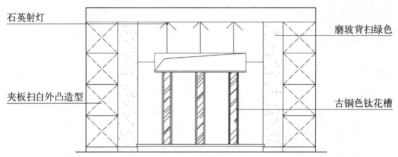

图 5-13 较为简练的现代墙面

吸掉而影响粘结力。砖墙上的底层多为石灰砂浆，其内常掺一定数量的纸筋或麻刀，目的是防止开裂，并增强粘结力；混凝土墙上的底层多用水泥、白灰混合砂浆；在容易碰撞和经常受潮的地方，如厨房、浴室等，多使用水泥砂浆底层，配合比为 1∶2.5，厚度为 5～10mm。中层的主要作用是找平，有时可省略不用，所用材料与底层相同，厚度为 5～12mm。面层的主要作用是平整美观，常用材料有纸筋砂浆、水泥砂浆、混合砂浆和聚合砂浆等。

装饰抹灰的底层和中层与普通抹灰相同，面层则由于使用特殊的胶凝材料或工艺，而具备多种颜色或纹理。装饰抹灰的胶凝材料有普通水泥、矿渣水泥、火山灰质水泥、白色水泥和彩色水泥等，有时还在其中掺入一些矿物颜料及石膏。其骨料则有大理石、花岗石碴及玻璃等。从工艺上看，常见的"拉毛"可算是装饰抹灰的一种。其基本作法是用水泥砂浆打底，用水泥石灰砂浆作面层，在面层初凝而未凝之前，用抹刀或其他工具将表面做成凸凹不平的样子。其中，用板刷拍打的，称大拉毛或小拉毛；用小竹扫洒浆扫毛的称洒毛或甩毛；用滚筒压的视套板花纹而定，表面常呈树皮状或条线状。拉毛墙面有利于声音的扩散，多用于影院、剧场等对于声学有较高要求的空间。传统的水磨石，也可视为装饰抹灰，但由于工期长，又属湿作业，现已较少使用。

如果混凝土墙在拆模后不再进行处理，就

形成清水混凝土墙面。但这里所说的混凝土并非普通混凝土，而是对骨料和模板另有技术要求的混凝土。首先，要精心设计模板的纹理和接缝。如果用木模，其木纹要清晰好看。如果要求显现特殊图案，则要用泡沫塑料或硬塑料压出图案作衬模（图5-14）；其次，要细心选用骨料，做好级配，要确保振捣密实，没有蜂窝、麻面等弊病。清水混凝土墙面，质感粗犷，质朴自然，用于较大空间时，可以形成气势恢宏的感觉，但其表面易积灰，故不宜用于卫生状况不良的环境。

（2）竹木类墙面

竹子比树木生长快，3～5年即可用于家具或建筑。用竹子装饰墙面，不仅经济实惠，往往还能使空间具有浓郁的乡土气息。

用竹装饰墙面，要对其进行必要的处理。为了防霉、防蛀，可用100份水，3.6份硼酸，2.4份硼砂配成溶液，在常温下将竹子浸泡48h。为了防止开裂，可将竹浸在回流中，经数月取出风干，也可用明矾水或石碳酸溶液蒸煮。竹子的表面可以抛光，也可涂漆或喷漆。

用于装饰墙面的竹子应该均匀、挺直，直径小的可用整圆的，直径较大的可用半圆的，直径更大的也可剖成竹片用。竹墙面的基本作法是：先用方木构成框架，在框架上钉一层胶合板，再将整竹或半竹钉在胶合板上（图5-15）。

木墙面是一种比较高级的界面。常见于客厅、会议室及声学要求较高的场所。有些时候，可以只在墙裙的范围内使用木墙面，这种墙面也称护壁板。

木墙面的基本作法是：在砖墙内预埋

图5-14　清水混凝土墙面外观示意

木砖，在木砖上面立墙筋，墙筋的断面为（20～45）mm×（40～50）mm，间距为400～600mm，横筋间距与竖筋间距相同或接近。为防止潮气使面板翘曲或腐烂，应在砖墙上做一层防潮砂浆，待其干燥后，再在其上刷一道冷底子油，铺一层油毛毡。当潮气很重时还应在面板与墙体之间组织通风，即在墙筋上钻一些通气孔。当空间环境有一定防火要求时，墙筋和面板应涂防火漆。面板厚12～25mm，常选硬木制成。断面有多种形式，拼缝也有透空、企口等许多种。图5-16显示了木墙面的构造做法。图5-17为硬木条板吸声墙面构造。当侧界面采用木墙面或木护壁板时，踢脚板一般也应用木材。

除用硬木条板外，实践中也用其他木材制品，如：胶合板、纤维板、刨花板等作墙面。胶合板有三层、五层、七层等多种，俗称三夹板、五夹板和七夹板，最厚的可达十三层。纤维板是用树皮、刨花、树枝干等废料，经过破碎、浸泡、研磨等工序制成木浆，再经湿压成型、干燥处理而成的。由于成型时的温度与压力不相同，分硬质、中质和软质三种。刨花板以木材加工中产生的刨花、木屑等为原料，经切削、干燥，拌以胶料和硬化剂而压成。普通胶合板墙面的作法与条形板墙面的作法相似，

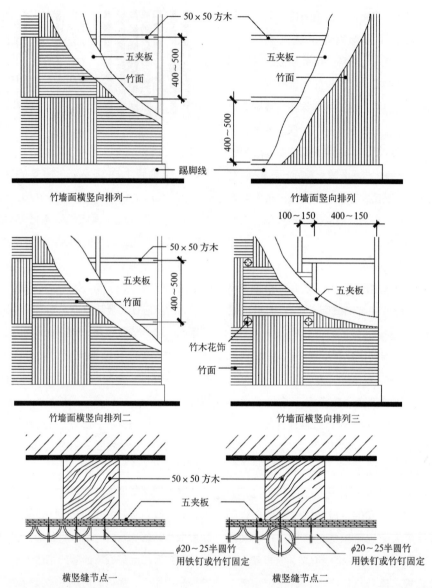

图 5-15 竹墙面构造（单位：mm）

如用于录音室、播音室等声学要求较高的场所，可将墙面做成折线形或波浪形，以增加其扩声的效果。

（3）石材类墙面

装饰墙面的石材有天然石材与人造石材两大类。前者指开采后加工成的块石与板材，后者是以天然石碴为骨料制成的块材与板材。用石材装饰墙面要精心选择色彩、花纹、质地和图案，还要注意拼缝的形式以及与其他材料的配合。

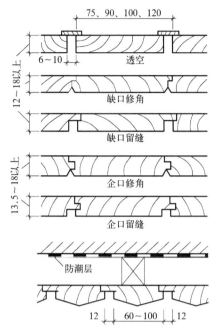

图 5-16　硬木条板墙面构造（单位：mm）

常见石材类墙面见表 5-3，主要有天然大理石墙面、天然花岗石墙面、人造石板墙面、天然毛石墙面（图 5-18）等。天然大理石墙面（天然花岗石墙面）的构造做法有以下三种。

第一种是采用类似幕墙的干挂方式，目前已经日趋普及。

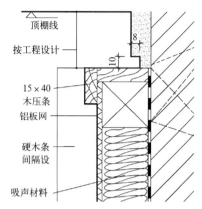

图 5-17　硬木条板吸声墙面构造（单位：mm）

第二种是钢筋绑扎的方法，即：在墙中甩出钢筋头，在墙面绑扎钢筋网，所用钢筋的直径为 6 ~ 9mm，上下间距与石板高度相同，左右间距为 500 ~ 1000mm。石板上部两端钻小孔，通过小孔用钢丝或铅丝将石板扎在钢筋网上。施工时，先用石膏将石板临时固定在设计位置，绑扎后，再往石板与墙面的空隙灌水泥砂浆（图 5-19）。

第三种是实贴的方法。用于石材墙面高度不高的情况。基层为混凝土时，刷处理剂以代替凿毛，然后抹一层 10mm 厚的 1：2.5 水泥砂浆并划出纹道，再用建筑胶粘贴石板，最

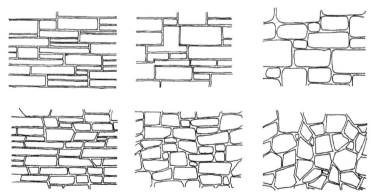

图 5-18　天然毛石墙的立面形式

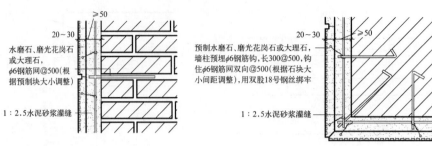

图 5-19　大理石板材墙面构造示意图（单位：mm）

常见石材墙面一览表　　　　　　　　　　表 5-3

天然大理石墙面	● 组织细密，颜色多样，纹理美观。与花岗石相比，大理石的耐风化性能、耐磨、耐腐蚀性能稍差，很少用于室外和地面； ● 天然石板的标准厚度为 20mm，如今 12～15mm 的薄板逐渐增多，最薄的只有 7mm。常见石板的厚度为 20～30mm，每块面积约为 0.25～0.5m²； ● 采用大理石墙面，必须做到墙面平整，接缝准确，并要作好阳角与阴角处理
天然花岗石墙面	● 主要矿物成分是长石、石英及云母，比大理石更硬、更耐磨、耐压、耐侵蚀，多用于外墙和地面，也用于墙面和柱面； ● 高档的装修材料，花纹呈颗粒状，并有发光的云母微粒，磨光抛光后，宛如镜面，颇具豪华富丽之感
人造石板墙面	● 主要有：人造大理石、人造花岗石、预制水磨石； ● 预制水磨石是以水泥（或其他胶结料）和石碴为原料制成的，常用厚度为 15～30mm，面积为 0.25～0.5m，最大规格一般可为 1250mm×1200mm； ● 人造大理石和人造花岗石以石粉及粒径为 3mm 的石碴为骨料，树脂为胶结剂，经搅拌、注模、真空振捣等工序一次成型，再经锯割、磨光而成材，花色和性能均可达到甚至优于天然石材
天然毛石墙面	● 常见的毛石墙面，大都是雕琢加工后的石板贴砌而成，很少用天然块石，因块石体积厚重，施工麻烦； ● 雕琢加工的石板，厚度多在 30mm 以上，可以加工出各种纹理，通常说的"文化石"即是一例； ● 毛石墙面质地粗犷、厚重，与其他细腻材料相搭配，可以显示出强烈的对比，视觉效果较好。使用毛石墙面的关键是选用合适的立面形式与接缝形式

表格来源：辛艺峰制作.

后用白水泥浆擦缝或直接留丝缝；基底为砖墙时，可直接抹 18mm 厚 1：2.5 水泥砂浆，其余作法同前。直接粘贴的石板，厚度最好薄些，常用厚度为 6～12mm（图 5-20）。

（4）瓷砖类墙面

用于内墙的瓷砖有多种规格、多种颜色、多种图案。由于它吸水率小、表面光滑、易于清洗、耐酸耐碱，故多用于厨房、浴室、实验室等多水、多酸、多碱的场所。近年来，瓷砖的种类越来越多，有些仿石瓷砖的色彩、纹理接近天然大理石和花石岗，但价格却相对较低，故使用范围很广，既能控制投资，又能取得不错的艺术效果。

在有特殊艺术要求的环境中，可用陶瓷制品作壁画。方法之一是用陶瓷锦砖拼贴；方法之二是在白色釉面砖上用颜料画上画稿，再经高温烧制；方法之三是用浮雕陶瓷板及平板组合镶嵌成壁饰（图 5-21）。

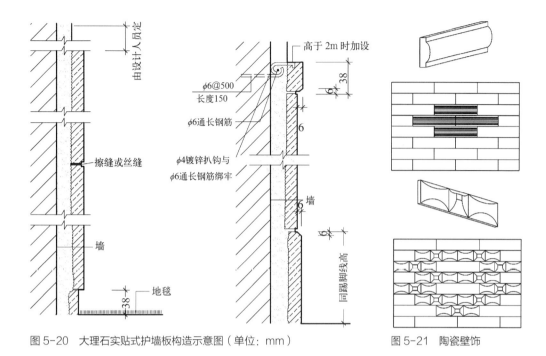

图 5-20 大理石实贴式护墙板构造示意图（单位：mm）   图 5-21 陶瓷壁饰

（5）裱糊类墙面

裱墙纸图案繁多、色泽丰富，通过印花、压花、发泡等工艺可产生多种质感。用墙纸、锦缎等裱糊墙面可以取得良好的视觉效果，同时具有施工简便等优点。

纸基塑料墙纸是一种应用较早的墙纸。它可以印花、压花，有一定的防潮性，并且比较便宜，缺点是易撕裂，不耐水，清洗也较困难。

普通墙纸用 80g/m² 的纸作基材。如改用 100g/m² 的纸，增加涂塑量，并加入发泡剂，即可制成发泡墙纸。其中，低发泡者可以印花或压花，高发泡者表面具有更加凸凹不平的花纹，装饰性和吸声性均为普通墙纸所不及。

除普通墙纸和发泡壁墙纸外，还有许多特种壁纸。主要有：仿真墙纸，可以模仿木、竹、砖、石等天然材料，给人以质朴、自然的印象；风景墙纸，将油画、摄影等印在纸上，能扩大空间感，增加空间的自然情趣；金属墙纸，在基层上涂上金属膜，可以像金属面那样发亮发光，常用于舞厅、酒吧等场所；还有荧光、防水、防火、防霉、防结露墙纸等，可根据需要加以选用。

墙布是以布或玻璃纤维布为基材制成的，外观与墙纸相似，但耐久性、阻燃性更好。

锦缎的色彩和图案十分丰富，用锦缎裱糊墙面，可以使空间环境显得典雅、豪华或古色古香。锦缎墙面的构造有两类：墙面较小时，可以满铺；墙面较大时，可以分块拼装。满铺者，先用 40mm×40mm 的木龙骨按 450mm 的间距构成方格网，在其上钉上五夹板衬板，再将锦缎用乳胶裱在衬板上。不论满铺还是拼装，都要在基底上作防潮处理，常用作法是用

1：3水泥砂浆找平，涂一道冷底子油，再铺一毡二油防潮层。

（6）软包类墙面

以织物、皮革等材料为面层，下衬海绵等软质材料的墙面称软包墙面，它们质地柔软、吸声性能良好，常被用于幼儿园活动室、会议室、歌舞厅等空间。用于软包墙面的织物面层，质地宜稍厚重，色彩、图案应与环境性质相契合。作为衬料的海绵厚 40mm 左右。

皮革面层高雅、亲切，可用于档次较高的空间，如：会议室和贵宾室等。

人造皮革是以毛毡或麻织物作底板，浸泡后加入颜色和填料，再经烘干、压花、压纹等工艺制成的。用皮革和人造皮革覆面时，可采用平贴、打折、车线、钉扣等形式。无论采用哪种覆面材料，软包墙面的基底均应做防潮处理。

（7）板材类墙面

用来装饰墙面的板材有石膏板、石棉水泥板、金属板、塑铝板、防火板、玻璃板、塑料板和有机玻璃板等，见表5-4。

2）隔断装饰

隔断与实墙都是空间中的侧界面，隔断与实墙的区别主要表现在分隔空间的程度和特征

常见板材类墙面一览表   表 5-4

石膏板墙面	● 石膏板具有可锯、可钻、可钉、防火、隔声、质轻、防虫蛀等优点，表面可以油漆、喷涂或贴墙纸。石膏板耐水性差，不用于多水潮湿的环境； ● 常用的有纸面石膏板、装饰石膏板和纤维石膏板。石膏板的尺寸规格较多，常见的一边约 300～600mm，另一边约 450～1200mm，厚度为 9.5mm 和 12mm； ● 一般钉在作为非承重墙的轻钢龙骨上，也可以直接粘贴在承重墙上。板间缝隙要填腻子，在其上粘贴纸带，纸带上再补腻子，待完全干燥后，打磨光滑，再进一步涂刷
石棉水泥板墙面	● 波形石棉水泥瓦原本用于屋面，有时也可局部用于墙面，取得特殊的声学效果和视觉效果； ● 用于墙面时多为小波，表面可涂色，可以用于多水潮湿的房间
金属板墙面	● 坚固耐用、新颖美观、质感硬冷、有时代感。大面积使用时（尤其是镜面不锈钢板）易暴露出表面不平的缺陷。金属板可用螺钉钉在墙体上，也可用特制的紧固件挂在龙骨上； ● 铝合金有平板、波型、凸凹型等多种，表面可以喷漆、烤漆、镀锌和涂塑，使用广泛； ● 不锈钢板耐腐蚀性强，可以作成镜面板、雾面板、丝面板、凸凹板、腐蚀雕刻板、穿孔板或弧形板，其中镜面板常与其他材料组合使用，以取得对比效果
塑铝板墙面	● 厚度 3～4mm，表面有多种颜色和图案，可以逼真地模仿各种木材和石材； ● 施工简便，外表美观，常常用于外观要求较高的墙面
玻璃板墙面	● 种类丰富，有平板玻璃、磨砂玻璃、夹丝玻璃、花纹玻璃（压花、喷花、刻花）、彩色玻璃、中空玻璃、彩绘玻璃、钢化玻璃、吸热玻璃及玻璃砖等，具有透光、控制光线、节能及改善环境的作用； ● 基本作法是：在墙上架龙骨，在龙骨上钉胶合板或纤维板，在板上固定玻璃。可以在玻璃上钻孔，用镀铬螺钉或铜钉把玻璃拧在龙骨上；可以用螺钉固定压条，通过压条把玻璃固定在龙骨上；可以用玻璃胶直接把玻璃粘在衬板上； ● 镜面玻璃墙面的使用场合：空间较小，可以用镜面玻璃墙面扩大空间感；构件体量大（如柱子过粗），可以通过镜面玻璃"弱化"乃至"消解"之；故意制造华丽乃至戏剧性的气氛，如用于舞厅或夜总会；着力反映室内陈设，如用于商店，借以显示商品的丰富；用于健身房、练功房，让训练者能看到自己的身姿。镜面玻璃墙可以是通高，也可以是半截。采用通高墙面时，要注意保护下半截，以防被人碰坏

表格来源：辛艺峰制作 .

上。一般说来，实墙（包括承重墙和隔墙）是到顶的，不仅能够限定空间的范围，还能在较大程度上阻隔声音和视线。与实墙相比较，隔断限定空间的程度比较小，形式也更加多样与灵活。有些隔断不到顶，只能限定空间的范围，难于阻隔声音和视线；有些隔断可能到顶，但若使用玻璃或花格，阻隔声音和视线的能力同样比较差；有些隔断是推拉、折叠或拆装的，关闭时也能在一定程度上阻隔声音或视线……诸如此类的情况表明：隔断限定空间的程度比实墙小，但形式却比实墙多。

中国古建筑多用木构架，有"墙倒屋不塌"的说法，它为灵活划分内部空间提供了可能，也使中国有了隔扇、罩、屏风、博古架、幔帐等多种极具特色的空间分隔物。这是中国古代建筑的一大特点，也是一大优点，值得发扬借鉴（图5-22）。

（1）隔扇类

主要有隔扇、拆装式隔断、折叠式隔断等类型，它们各有特点，适用于不同的场所，见表5-5、图5-23至图5-25。

（2）罩

罩起源于中国传统建筑，是一种附着于梁和墙柱的空间分隔物。两侧沿墙柱下延并且落地者，称为落地罩，具体名称往往依据中间开口的形状而定，如"圆光罩"（开口为圆形）、"八角罩"（开口为八角形）、"花瓶罩"（开口为花瓶形）、"蕉叶罩"（开口为蕉叶形）等。两侧沿墙柱下延一段而不落地者称"飞罩"，其形式更显轻巧。罩的形式颇多，它们往往用硬木精制，名贵者多作

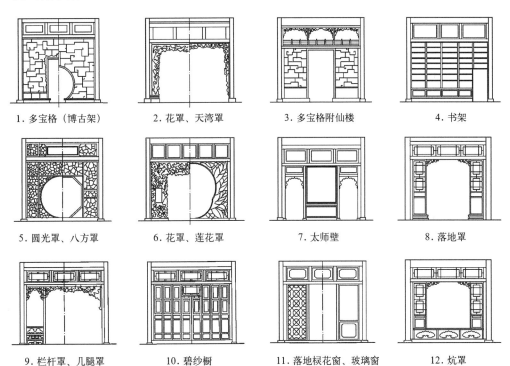

1. 多宝格（博古架）　　2. 花罩、天湾罩　　3. 多宝格附仙楼　　4. 书架

5. 圆光罩、八方罩　　6. 花罩、莲花罩　　7. 太师壁　　8. 落地罩

9. 栏杆罩、几腿罩　　10. 碧纱橱　　11. 落地棂花窗、玻璃窗　　12. 炕罩

图5-22　中国古代建筑中的罩

常见隔扇类隔断一览表　　　　　　　表 5-5

隔扇	● 传统隔扇多用硬木精工制作。上部称格芯，可做成各种花格，用来裱纸、裱纱或镶玻璃。下部称裙板，多雕刻吉祥如意的纹样，有的还镶嵌玉石或贝壳。传统隔扇开启方便，极具装饰性，运用广泛； ● 现代常借鉴传统隔扇的形式，使用一些现代材料和手法，既有传统特征，又有时代气息
拆装式隔断	● 由多扇隔扇组成，拼装在一起，可以组成一个成片的隔断，把大空间分隔成小空间；如有需要，又可一扇一扇地拆下去，把小空间打通成大空间； ● 隔扇宽约 800 ~ 1200mm，多用夹板覆面，表面平整，很少有多余的装饰； ● 拆装式隔断的隔扇不须左右移动，故上下均无轨道和滑轮，只要在上槛处留出便于拆装的空隙即可
折叠式隔断	● 大多是以木材制作的，隔扇的宽度比拆装式小，一般为 500 ~ 1000mm； ● 隔扇顶部的滑轮可以放在扇的正中，也可放在扇的一端。前者由于支承点与扇的重心重合在一条直线上，可以地面上不设轨道；后者由于支承点与扇的重心不在一条直线上，故一般在顶部和地面同时设轨道，这种方式适用于较窄的隔扇； ● 隔扇之间须用铰链连接，折叠式隔断收拢时，可收向一侧或两侧。如装修要求较高，则在一侧或两侧作"小室"，把收拢的隔断掩藏在"小室"内； ● 有硬质类折叠式隔断、软质折叠式隔断两类。前者的隔扇多用木骨架，并用夹板和防火板等作面板；后者用木材或金属做成可以伸缩的框架，用帆布或皮革作面料，可以像手风琴的琴箱那样伸缩，常用于开口不大的地方，如住宅的客厅或居室等

表格来源：辛艺峰制作.

图 5-23　传统隔扇举例

雕饰，有的还镶嵌玉石或贝壳。罩类隔断透空、灵活，可以形成似分非分、似隔不隔的空间层次，在传统建筑中运用很多，见图 5-26。

（3）博古架

博古架是一种既有实用功能，又有装饰价值的空间分隔物。实用功能表现为能够陈设书

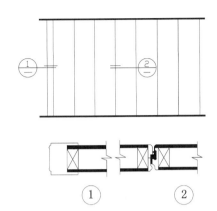

图 5-24 拆装式隔断的构造

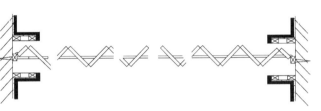

图 5-25 折叠式隔断的掩藏

籍、古玩和器皿，装饰价值表现为外形美观、工艺精致。古代的博古架常用硬木制作，多用于书房和客厅（图 5-27）。现今的博古架往往使用玻璃隔板、金属立柱或钢丝，外形更加简洁而富现代气息。

博古架可以看成家具，但也可以看成空间分隔物，具有隔断的性质。

（4）屏风

屏风有独立式、联立式和拆装式三个类别。独立的靠支架支撑而自立，经常作为人物和主要家具的背景。联立的由多扇组成，可由支座支撑，也可铰接在一起，折成锯齿形状而直立。这两种屏风在传统建筑中屡见不鲜，常用木材作骨架，在中间镶嵌木板或裱糊丝绢，并用雕刻、书法或绘画作装饰（图 5-28）。

现代建筑中使用的屏风，多数是工业化

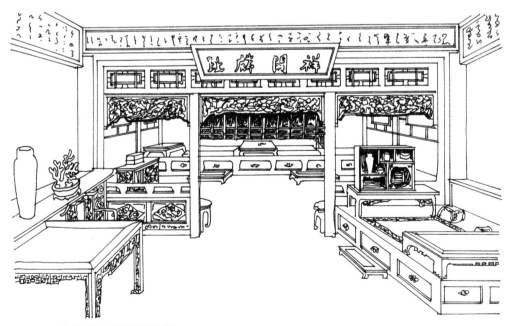

图 5-26 传统建筑中用罩分隔空间

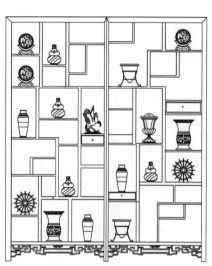

图 5-27 传统博古架的形式

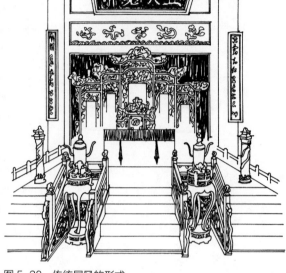

图 5-28 传统屏风的形式

生产、商品化供应的装配式屏风，它们可以分
隔空间，但高度不到顶，能解决部分视线干
扰问题，但不隔声。写字楼内每一工作人员
桌边的隔断也可以看成屏风，其最大优点是
按需组合，灵活拆装，最大限度地提高空间
的灵活性和通用性（图 5-29）。其高度一般
在 1050 ~ 1700mm 不等，这类隔断往往以
金属或木材作骨架，以夹板、防火板、塑料
板等作面板，或在夹板外另覆织物、皮革等面
料，并通过特制的连接构件按需要将若干扇
连接到一起。隔断的上部有时常常采用玻璃以
增加透明度。

（5）花格

这里所说的花格是一种以杆件、玻璃和花
饰等要素构成的空透式隔断。它们可以限定空
间范围，具有很强的装饰性，但大都不能阻隔
声音和视线。

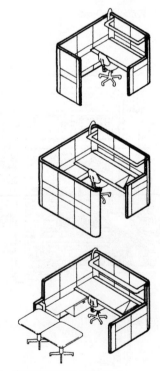

图 5-29 办公室的屏风（隔断）

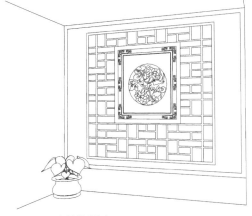

图 5-30　木花格举例

木花格是常见花格之一。它们以硬杂木做成，杆件可用榫接，或用钉接和胶接，还常用金属、有机玻璃、木块作花饰（图 5-30）。木花格中也有使用各式玻璃的，不论夹花、印花或刻花，均能给人以新颖、活泼的感受。

竹花格是用竹竿架构的，竹的直径约为 10 ~ 50mm。竹花格清新、自然，富有野趣，可用于餐厅、茶室、花店等场所（图 5-31）。

金属花格的成型方法有两种：一是浇铸成型，即借模型浇铸出铜、铁、铝等花饰；另一种是弯曲成型，即用扁钢、钢管、钢筋等弯成花饰，花饰之间、花饰与边框之间用点焊、铆钉或螺栓连接。金属花格成型方法多，图案较丰富，尤其是容易形成圆润、流畅的曲线，可使花格更显活泼和有动感。图 5-32 是金属花格的例子，其主要材料是扁铁。

除上述花格外，还可以用水泥制品、琉璃等构成花格。这里的水泥制品包括细石混凝土制品，也包括预制水磨石制品。图 5-33 就是一个用预制水磨石构成的花格。

（6）玻璃隔断

这里所说的玻璃隔断有三类：第一类是以木材和金属作框，中间大量镶嵌玻璃的隔断；第二类是没有框料，完全由玻璃构成的隔断；第三类是玻璃砖隔断。前者可用普通玻璃，也可用压花玻璃、刻花玻璃、夹花玻璃、彩色玻璃和磨砂玻璃。以木材为框料时，可用木压条或金属压条将玻璃镶在框架内。以金属材料作框料时，压条也用金属的，金属表面可以电镀

图 5-31　竹花格举例

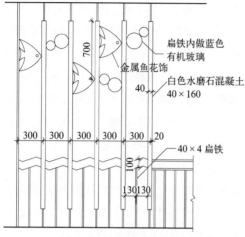

图 5-32　金属花格举例（单位：mm）

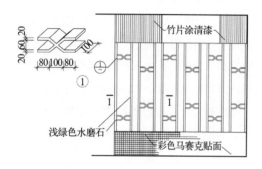

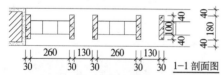

图 5-33　预制水磨石条板和花饰构成的花格示意（单位：mm）

抛光，还可以处理成银白、咖啡等颜色。

全部使用玻璃的隔断，主要用于商场和写字楼。它清澈、明亮，不仅可以让人们看到整个场景，还有一种鲜明的时代感。这种玻璃厚约 12～15mm，玻璃之间用胶接。

玻璃砖有凹形和空心两种。凹型空心砖的规格是 148mm×148mm×42mm、203mm×203mm×50mm 和 220mm×220mm×50mm。空心玻璃砖的常用规格是 200mm×200mm×90mm 和 220mm×220mm×90mm。玻璃砖隔断的基本做法是：在底座、边柱（墙）和顶梁中甩出钢筋，在玻璃砖中间架纵横钢筋网，让钢筋网与甩出的钢筋相连，再在纵横钢筋的两侧用白水泥勾缝，使其成为美观的分格线。玻璃砖隔断透光，但能够遮蔽景物，是一种新颖美观的界面。玻璃砖隔断一般面积不宜太大，根据经验，最好不要超过 13m²，否则就要在中间增加横梁和立柱。

5.1.3　底界面的装饰设计

内部空间底界面的装饰设计一般就是指楼面、地面的装饰设计。

1）底界面的装饰要求

楼地面的装饰设计要考虑使用上的要求：普通楼地面应有足够的耐磨性和耐水性，并要便于清扫和维护；浴室、厨房、实验室的楼地面应有更高的防水、防火、耐酸、耐碱等能力；经常有人停留的空间，如办公室和居室等，楼地面应有一定的弹性和较小的传热性；对某些楼地面来说，也许还会有较高的声学要求，要严堵孔洞和缝隙以减少空气传声，要加作隔声层以减少固体传声等。

楼地面面积较大，其图案、质地、色彩可能给人留下深刻的印象，甚至影响整个空间的氛围。为此，必须慎重思考。

选择楼地面的装饰图案要充分考虑空间的功能与性质：在没有多少家具或家具只布置在周边的大厅、过厅内，可选用中心比较突出的图案，并与顶棚造型和灯具相对应，以显示空间的华贵和庄重。在一些家具覆盖率较大或采用非对称布局的居室、客厅、会议室等空间内，宜优先选用一些规则形的图案，给人以平和稳定的印象（图5-34），如果此时仍然采用中心突出的图案，其图案很可能被家具覆盖而不完整。有些空间可能需要一定的导向性，不妨选用带有导向性的图案，让它们发挥诱导、提示的作用（图5-35）。

在现代室内设计中，设计师为追求一种朴实、自然的情调，常常故意在内部空间设计一些类似街道、广场、庭园的地面，其材料往往为大理石碎片（图5-36）、卵石、广场砖及琢毛的石板。这类地面常用于茶室或四季厅，如能与绿化、水、石等配合，空间气氛会更显活跃与轻松。图5-37所示的地面，类似一幅抽象画，新颖醒目，更容易与现代建筑相匹配。

2）底界面的装饰材料

楼地面的种类很多，有水泥地面、水磨石地面、磁砖地面、陶瓷锦砖地面、石地面、木地面、橡胶地面、玻璃地面和地毯，下面着重介绍一些常用的地面。

（1）磁砖地面

磁砖种类很多，从表面状况看有普通的、抛光的、仿古的和防滑的，至于颜色、质地和规格就更多了。抛光砖大多模仿石材，外观宛如大理石和花岗石，规格有400mm×400mm、500mm×500mm 和

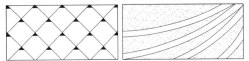

图5-35　导向性地面图案

图5-36　大理石碎片的铺砌地面

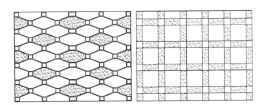

图5-34　规则形的地面图案

图5-37　类似抽象画的地面图案

600mm×600mm 等多种，最大的可以到 1m² 或更大，厚度为 8～10mm。仿古砖表面粗糙，颜色素雅，有古拙自然之感。防滑砖表面不平，有凸有凹，多用于厨房等处。铺磁砖时，应作 20mm 厚的 1：4 干硬性水泥砂浆结合层，并在上面撒一层素水泥，边洒清水边铺砖。磁砖间可留窄缝或宽缝，窄缝宽约 3mm，须用干水泥擦严；宽缝宽约 10mm，须用水泥砂浆勾上。有些时候，特别是在使用抛光砖的时候，常常用紧缝，即将砖尽量挤紧，目的是取得更加平整光滑的效果。

（2）陶瓷锦砖地面

陶瓷锦砖也叫马赛克，是一种尺寸很小的磁砖，由于可以拼成多种图案，一般统一称为锦砖。陶瓷锦砖的形式很多，有方形、矩形、六角形、八角形等多种。方形的尺寸常为 39mm×39mm、23.6mm×23.6mm 和 18.05mm×18.05mm，厚度均为 4.5mm 或 5mm。为便于施工，小块锦砖在出厂时就已拼成 300mm×300mm（也有 600mm×600mm）的一大块，并粘贴在牛皮纸上。施工时，先在基层上作 20mm 厚的水泥砂浆结合层，并在其上撒水泥，之后即可把大块锦砖铺在结合层上。初凝之后，用清水洗掉牛皮纸，锦砖便显露出来。陶瓷锦砖具有一般瓷砖的优点，适用于面积不大的厕所、厨房及实验室等。

（3）石地面

室内地面所用石材一般多为磨光花岗石，因为花岗石比大理石更耐磨，也更具耐碱、耐酸的性能。有些地面有较多的拼花，为使色彩丰富、纹理多样，也掺杂使用大理石。石地面光滑、平整、美观、华丽，多用于公共建筑的大厅、过厅、电梯厅等处。

（4）木地面

普通木地板的面料多为红松、华山松和杉木，由于材质一般，施工也较复杂，已经很少采用。硬木条木地板的面料多为柞木、榆木和核桃木，质地密实，装饰效果好，故常用于较为重要的厅堂。近年来，市场上大都供应免刨、免漆地板，其断面宽度为 50、60、80、100mm，厚度约 20mm，四周有企口拼缝。这种板制作精细，省去了现场刨光、油漆等工序，颇受人们欢迎，故广泛用于宾馆和家庭。

条木拼花地板是一种等级较高的木地板，材种多为柞木、水曲柳和榆木等硬木，常见形式为席纹和人字纹（图 5-38）。用来拼花的板条长 250、300、400mm，宽 30、37、42、50mm，厚 18～23mm。免刨、免漆的拼花地板，板条长宽，比上述尺寸略大。单层拼花木地板均取粘贴法，即在混凝土基层上作 20mm 的水泥砂浆找平层，用胶粘剂将板条

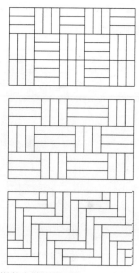

图 5-38　拼花木地板的形式

直接粘上去。双层拼花木地板是先在基层之上做一层毛地板，再将拼花木地板钉在它的上面。

复合木地板是一种工业化生产的产品。装饰面层和纤维板通过特种工艺压在一起，饰面层可为枫木、榉木、桦木、橡木、胡桃木……有很大的选择性和装饰性。复合木地板的宽度为195mm，长度为2000或2010mm，厚度为8mm，周围有拼缝，拼装后不需刨光和油漆，既美观又方便，是家庭、办公、会议、商店的理想选择。

复合木地板的主要缺点是板子太薄，弹性、舒适感、保暖性和耐久性不如上述条形木地板和拼花木地板。铺设复合木地板的方法是，将基层整平，在其上铺一层波形防潮衬垫，面板四周涂胶，拼装在衬垫上，门口等处用金属压条收口。

（5）橡胶地面

橡胶有普通型和难燃型之分，它们有弹性、不滑、不易在摩擦时发出火花，故常用于实验室、美术馆或博物馆。橡胶板有多种颜色，表面还可以作出凸凹起伏的花纹。铺设橡胶地板时应将基层找平，然后同时在找平层和橡胶板背面涂胶，继而将橡胶板牢牢地粘结在找平层上。

（6）玻璃地面

玻璃地面往往用于局部地面，如舞厅的舞池等。使用玻璃地面的主要目的是增加空间的动感和现代感，因为玻璃板往往被架空布置，其下可能有流水、白砂、贝壳等景物，如加灯光照射，会更加引人注目。用作地面的玻璃多为钢化玻璃和镭射玻璃，厚度往往为10～15mm。

（7）地毯

地毯有吸声、柔软、色彩和图案丰富等优点，用地毯覆盖地面不仅舒适、美观，还能通过特有的图案体现环境的特点。市场上出售的地毯有纯毛、混纺、化纤、草编等多种。

纯毛地毯大多以羊毛为原料，有手工和机织两大类。它弹性好，质地厚重，但价格较贵。在现代建筑中常常做成工艺地毯，铺在贵宾厅或客厅中。

混纺地毯是毛与合成纤维或麻等混纺的，如在纯毛中加入20%的尼龙纤维等。混纺地毯价格较低，还可以克服纯毛地毯不耐虫蛀等缺点。

化纤地毯是以涤纶、腈纶等纤维织成的，以麻布为底层，它着色容易，花色较多，且比纯毛地毯便宜，故大量用于民用建筑中。

选用地毯除选择质地外，更重要的是选择颜色和图案，选择的主要根据是空间用途和环境气氛。空间比较宽敞而中间又无多少家具的过厅、会客厅等，可以选用色彩稍稍艳丽的中央带有中心图案的地毯；大型宴会厅、会议室等，可以选用色彩鲜明带有散花图案的地毯；办公室、宾馆客房和住宅中的卧室等，可选用单色地毯，最好是中灰、淡咖啡等比较稳重的颜色，以显示环境的素雅和安静。住宅的起居室往往都有一组沙发，可在其间（即茶几之下）铺一块工艺地毯，一方面让使用者感到舒适，一方面借以增加环境的装饰性。

大部分地毯是整张、整卷的，也有一些小块拼装的，这些拼装块多为500mm×500mm，用它们铺盖大型办公空间等，简便易行，还利于日后的维修和更换。

5.2 常见结构构件的装饰设计

在室内，常见结构构件为梁和柱。它们暴露在人们视野之内，装饰设计不仅事关构件的使用功能，而且还影响整个空间的形象、氛围与风格。

5.2.1 柱的装饰设计

室内空间中柱子的装饰设计要考虑以下四方面的内容：

第一，柱的造型设计。要与整个空间的功能性质相一致。舞厅、歌厅等娱乐场所的柱子装修可以华丽、新颖、活跃一些；办公场所的柱子装修要简洁、明快一些；候机楼、候车厅、地铁等场所的柱子装修应坚固耐用，有一定的时代感；商店里的柱子装修则可与展示用的柜架和试衣间等相结合。

第二，柱的尺度和比例。要考虑柱子自身的尺度和比例。柱子过高、过细时，可在表面处理上将其分为二段或三段；柱子过矮、过粗时，应采用竖向划分，以减弱短粗的感觉；柱子粗大而且很密时，可用光洁的材料，如镜面不锈钢、镜面玻璃作柱面，以弱化它的存在，或让它反射周围的景物，溶于整个环境之中。

第三，柱与灯具设计的结合。即利用顶棚上的灯具、柱头上的灯具及柱身上的壁灯等共同表现柱子的装饰性。

第四，柱的常用装饰材料。用作柱面的材料多种多样，除墙面常用的磁砖、大理石、花岗石、木材外，还可以用防火板、不锈钢、塑铝板和镜面玻璃等，有时也局部使用块石、铜、铁等。

图 5-39 选取了一些柱子的装饰形式，图 5-40 则是一柱子的构造图。

5.2.2 梁的装饰设计

楼板的主梁、次梁直接暴露在板下时，应做或繁或简的处理。简单的处理方法是梁面与平顶使用相同的涂料或壁纸。复杂一些的做法是在梁的局部作花饰或将梁身用木板等包起来。在实际工程中，可能有以下情况：

第一，露明的木梁（或仿木梁）。在传统建筑和摹仿传统木结构的建筑中，大梁大都是露明的，它们与檩条、椽条、屋面板一起，暴露在人们的视野内，被称为"彻上露明造"（图 5-41）。现代建筑中，木梁较少，但一些特殊的亭、阁、廊和一些常见的"中式"建筑，仍然会有些露明的木梁或仿木的钢筋混凝土

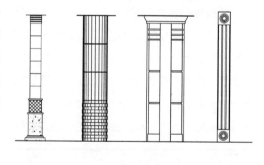

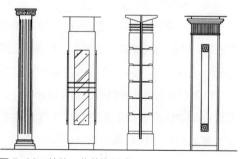

图 5-39 柱的一些装饰形式

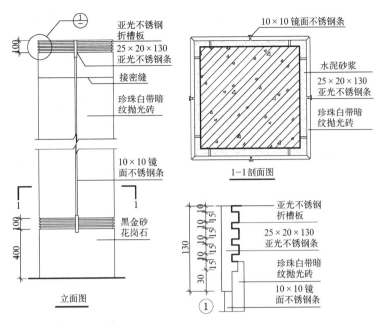

图 5-40　柱的构造图（单位：mm）

图 5-41　顶部露明的传统民居

梁。采取上述装饰方法，会使它们具有传统建筑的特色。

第二，带彩画的木梁或钢筋混凝土梁。在中式厅堂或亭、阁、廊等建筑中，为突出显示民族特色，常以彩画装饰梁身。彩画是中国传统建筑中常用的装饰手法，明清时发展至顶峰，并形成了相对稳定的形制。清代彩画有三大类，即：和玺彩画、旋子彩画和苏式彩画。和玺彩画等级最高，以龙为主要图案，用于宫殿和宫室；旋子彩画等级低于前者，因箍头用旋子花饰而得名；苏式彩画，以中间有一个"包袱"形的图案为特点，形式相对自由，多用于住宅或园林建筑（图5-42）。如今建筑中的梁身彩画，一般不严格拘泥于传统彩画的形制，多数是传统彩画的翻新和提炼，图4-52即是一例。

第三，带石膏花的钢筋混凝土梁。彩画梁身过于繁缛，也过于传统。因此，在既有现代气息又希望有较好装饰效果的空间内，人们便常用石膏花来装饰梁身。石膏花是用模子翻制出来再粘到梁上的，往往与梁身同色，既有凸凹变化，又极为素雅。

第四，露明的梁。目前很多室内设计都不做吊顶，主、次梁直接露明，往往采用深色涂料（有时也采用白色、浅灰色涂料）涂饰，形成简明的空间效果，在超市、展览、创意办公等空间中尤其多见，如图5-43即是一例。

5.3　常用部件的装饰设计

门、窗、楼梯、栏杆等部件的装饰设计，可以在建筑设计过程中完成，也可以在室内设计过程中完成，在具体项目中可以视实际情况而定。

5.3.1　门的装饰设计

门的种类极多，按主要材料分，有木质门、钢门、铝合金门和玻璃门等；按用途分，有普通门、隔声门、保温门和防火门等；按开启方式分有平开门、弹簧门、推拉门、转门和自动

和玺彩画

旋子彩画

苏式彩画

图 5-42　三种清式彩画

图 5-43　直接露明的梁体

门等。门的装饰设计包括外形设计和构造设计，不同材料和不同开启方式的门的构造是很不相同的。

1）门的式样

门的外形设计主要指门扇、门套（筒子板）和门头的设计，它们的形式不仅关系门的功能，也关系整个环境的风格。在上述三个组成部分中，门扇的面积最大，也最能影响门的效果。

在民用建筑中，常用门扇约有以下几大类：第一类是中国传统风格的，它们由传统隔扇发展而来，但在现代建筑中，大都适度简化，有的还用了现代材料，如玻璃与金属等（图5-44）；第二类是欧美传统风格的，它们大都用于西方传统建筑，总体造型较厚重；第三类是常见于居住建筑的普通门，讲究实用、较简洁，多用于居室、厨房和厕所等；第四类是一些讲究装饰的现代门，它们或用于公共建筑，或用于居住建筑，大都具有良好的装饰效果和现代感。这种门造型不拘一格，追求色彩、质地、材料的合理搭配，往往同时使用木材、

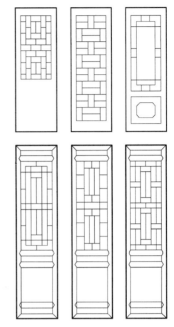

图5-44 具有中国传统特色的门

玻璃、扁铁等材料（图5-45）。

2）门的构造

门的构造因材料和开启方式的不同而不同。常用的木门由框、扇两部分组成。门扇可以用胶合板、饰面板、皮革、织物覆盖，可以

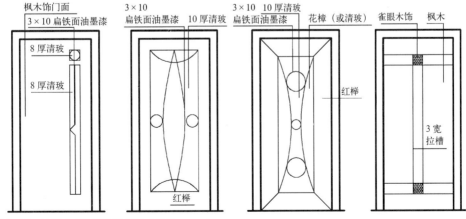

图5-45 注重艺术效果的现代门（单位：mm）

大面积镶嵌玻璃，也可在局部使用铝合金、钛合金、不锈钢等作为装饰。下面简要介绍几种常用门的构造。

（1）木质门

木质门从构造角度说有夹板和镶板两大类。夹板门由骨架和面板组成，面板以胶合板为主，也可局部使用玻璃及金属。镶板门的门扇以冒头和边框构成框架，芯板均镶在框料中。

有些木门以扁铁作花饰，并与玻璃相结合，扁铁常常漆成黑色，可以使门的外观更具表现力。

有一种雕花门，即在门的表面上饰以硬木浮雕花饰，再配以木线作装饰。雕花的内容可为花、草、鱼、虫及各类吉祥图案等，图5-46为两个典型的实例，具有传统中式风格的特点。

（2）玻璃门

大概有两类：一类以木材或金属作框料，中间镶嵌清玻璃、砂磨玻璃、刻花玻璃、喷花

图5-46　雕花木门

玻璃或中空玻璃，玻璃在整个门扇中所占比例很大（图5-47）；另一类完全用玻璃作门扇，没有边框、冒头等框料。图5-48所示的玻璃门，纯用玻璃制作，用特殊的铰链与顶部的过梁和地面相接，形成可以转动的轴，铰链则用不锈钢门夹固定在门扇上。

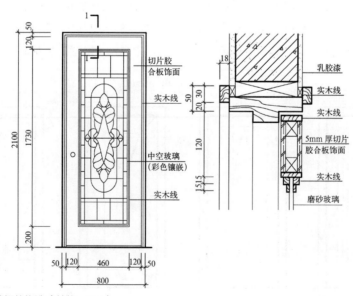

图5-47　玻璃门的构造（单位：mm）

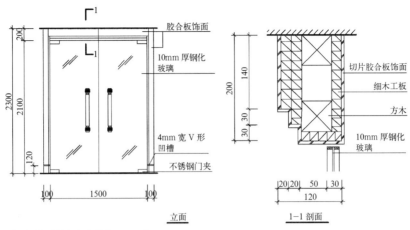

图 5-48 全玻璃门的构造（单位：mm）

（3）皮革门

皮革门质软、隔声，具有亲切感，多用于会议室或接见厅。常用作法是：在门扇的木板上铺海绵，再在其上覆盖真皮或人造革。为使海绵与皮革贴紧木板，也为了使表面更加美观，可用木压条或皮钉等将皮革固定在木板上（图 5-49）。

（4）中式门

中式门是木门的一种，但式样特殊，做法也与常见的木门不同，门扇常常采用镶板法，即：将实木板嵌在边梃和冒头的凹槽内，凹槽宽依嵌板厚度而定，凹槽深须保证嵌板与槽底有 2mm 左右的间隙。镶板门扇坚固、耐用，但费工、费料，故在普通门中已很少采用。

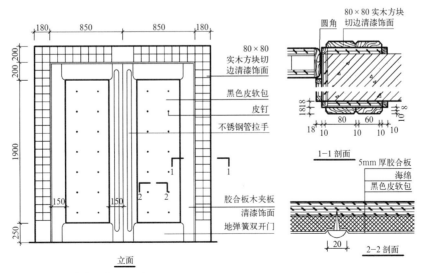

图 5-49 皮革门的构造（单位：mm）

图 5-50 表示了一种中式门的做法，其裙板部分采用的就是镶板法。

为使门洞整洁美观，在装饰要求较高的场所，常把门洞周围及门洞内侧用石材或木板等覆盖起来，这就是人们常说的门套或筒子板。

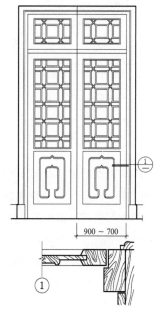

图 5-50 中式木门的局部构造（单位：mm）

"门头"是门的上部，它常常占据"亮子"的位置，兼有采光、通风、装饰的功能。也有一些门头纯属装饰，唯一的功能就是突出门的地位并赋予门更加鲜明的性格。门头的风格应与门扇相一致，故也有中式、西式之分，图 5-51 是一些装饰性较强的门头。

5.3.2 窗的装饰设计

建筑中的窗，特别是外墙上的窗大多已在建筑设计中设计完成，只有少数有特殊要求以及在室内设计中增加的内窗才需要重新设计。

1）窗的式样

有普通的，也有中式的（图 5-52）和西式的（图 5-53），其构造方法与门相似。

2）景门与景窗的装饰设计

在提及门窗的装饰设计时，不能不提及景门与景窗的设计。景门实际上是一个可以过人的门洞，因洞口形状富有装饰性而被称为景门。景窗可以采光和通风，但更重要的作用是供人观赏。带花饰的景窗，本身就是一幅画；不带花饰的景

图 5-51 门头举例

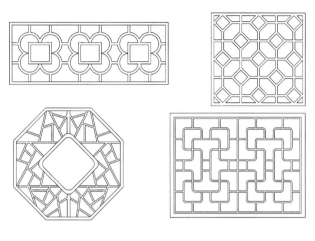

图5-52 中式窗举例

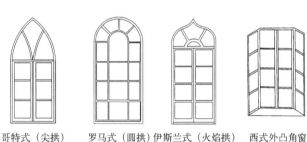

哥特式（尖拱）　罗马式（圆拱）伊斯兰式（火焰拱）　西式外凸角窗

图5-53 西式窗举例

窗，也因外形美观且能成为"取景框"，而能使人欣赏到它本身和它取到的景色。景窗内的花饰可以用木、砖、瓦、琉璃、扁铁等多种材料制作，图5-54和图5-55分别是景门和景窗的形式。

5.3.3 楼梯的装饰设计

在建筑设计中，楼梯的位置、形式和尺寸已经基本确定。楼梯的装饰设计主要进一步细化设计踏步、栏杆和扶手，这种情况大多出现在重要的楼梯和改建建筑的楼梯中。

1）踏步

踏步的面层材料大多采用石材、磁（缸）砖、地毯、木材和玻璃。前四种面层大多覆盖于混凝土踏步上，木材和玻璃大都固定在木梁或钢梁上。玻璃踏步由一层或两层钢化玻璃构成，一般情况下，只有踏面（水平面）而无踢面（垂直面），可用螺栓通过玻璃上的孔固定到钢梁上。玻璃踏步轻盈、剔透、具有很强的感染力，如果下面还有水池、白砂、绿化等景观，则更能增加楼梯的观赏性与趣味性。但是玻璃踏步防滑性能差，不够安全，故多用于强调观赏价值、行人不多的楼梯。木踏步质地柔软、富有弹性，行走舒适，外形美观，但防火性能差，故常用于通过人数不多的场所，如复式住宅中。

踏步面层都要做好防滑处理，并注意保护踏面与踢面形成的交角。防滑条的种类很多，常用的有陶瓷（成品）、钢、铁、橡胶及水泥金钢砂等（图5-56）。

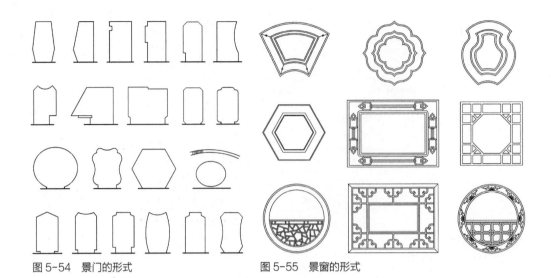

图 5-54　景门的形式　　　　　图 5-55　景窗的形式

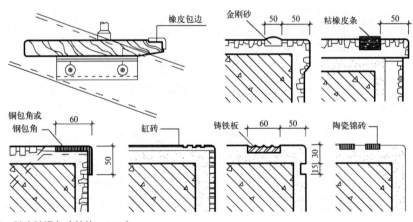

图 5-56　踏步防滑条（单位：mm）

2）栏杆与扶手

楼梯栏杆一般是栏杆与栏板的通称。由杆件和花饰构成，外观空透的称为栏杆；由混凝土、木板或玻璃板等构成，外观平实的称为栏板。栏杆与栏板作用相同，都是为楼梯使用者提供方便和安全。确定栏杆或栏板的形式除考虑安全要求外，还应充分考虑视觉和总体风格的要求，如封闭厚重还是轻巧剔透，古朴凝重还是简洁现代等。

（1）木栏杆

由立柱或另加横杆组成。立柱可以是方形断面的，也可以是各式车木的，其上下端多以方形中榫分别与扶手和梯帮连接。

（2）金属栏杆

有两类：一类以方钢、圆钢、扁铁为主要材料，形成立柱和横杆；另一类是由铸铁件构成的花饰。前者风格简约，后者更具装饰性。用作立柱的钢管直径为 10 ~ 25mm，钢筋直径为 10 ~ 18mm，方钢管截面为 16mm×16mm 至 35mm×35mm，方钢截面约16mm×16mm。近年来，用不锈钢、铝合金、铜等制作的栏杆渐多，其形式与用钢铁等制作的栏杆相似，图 5-57 为金属栏杆详图示意，图 5-58 为一个金属栏杆的构造图示意。

（3）玻璃栏板

用于栏板的玻璃是厚度大于 10mm 的平板玻璃、钢化玻璃或夹丝玻璃。有全玻璃的，也有与不锈钢立柱结合的。玻璃与金属件之间常用螺钉和胶相连接。

（4）混凝土栏板

这是一种比较厚重的栏板，在现场浇灌，板底与楼梯踏步浇灌在一起。栏板两侧可用涂料、磁砖、大理石、花岗石或水磨石等装修，形态稳定庄重，常用于商场、会堂等场所。有些混凝土栏板带局部花饰，花饰由金属或木材制作，具有更强的装饰性。

（5）扶手

扶手供使用者抓扶，其材料、断面形状和尺寸应充分考虑使用者的舒适度。与此同时，也要使断面形状、色彩、质地具有良好的形式美，与栏杆（栏板）一起，构成美观耐看的部件。常用扶手材料有木、橡胶、不锈钢、铜、塑料和石材，现场水磨石扶手因施

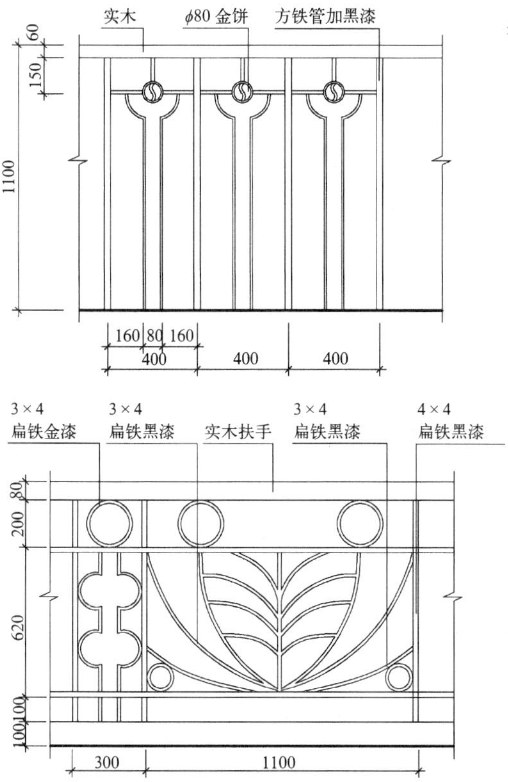

图 5-57 金属栏杆详图示意（单位：mm）

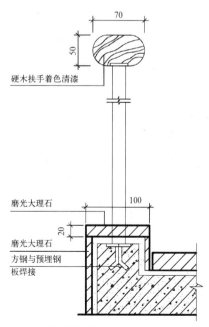

图 5-58 金属栏杆构造示意（单位：mm）

工不便已经很少使用。成人用扶手高度一般为 900 ~ 1100mm，儿童用扶手高度一般为 500 ~ 600mm。常用的木扶手断面见图 5-59 所示。

在商场、博物馆等场所的大型楼梯中，为了使用方便，同时也为了创造特殊的效果，可在扶手的下面做一个与扶手等长的灯槽。灯光向下，形成一个明亮而又不刺眼的光带。

5.3.4　电梯厅的装饰设计

电梯是高层建筑乃至某些多层建筑不可缺少的垂直交通工具。它与楼梯一起组成建筑物的交通枢纽，既是人流集散的必经之地，也是人们感受建筑风格、特色、品位的一个重要场所。

电梯厅的装饰设计包括顶棚、地面、墙面的设计，也包括一些必要的陈设。顶棚常采用比较简洁的造型和灯具，有时亦采用镜面玻璃顶。这是因为，电梯厅的净高一般不高，不宜

采用过于复杂的造型和高大的吊灯。电梯厅的地面大多采用磨光花岗石或大理石。墙面也多用石材、不锈钢等坚固耐用、美观光洁的材料。在设计中还要预留好按钮和运行状况显示器的洞口。在电梯厅的适当位置可以布置一些盆花、花桌、壁饰、果皮箱等陈设和设施，图 5-60 是一个电梯厅立面图。

5.3.5　回廊栏杆的装饰设计

用于回廊的栏杆和用来分隔空间的栏杆，往往具有很强的装饰意义。

回廊栏杆的类型和构造与楼梯栏杆基本相同，出于安全需要，高度常为 1100 ~ 1200mm，厚度也常大于楼梯栏杆，且常常在栏杆柱的顶端设置灯具、花盆、饰件等（图 5-61）。用于划分大空间的栏杆（如酒吧中用来分隔餐桌的栏杆），有时也可能厚于楼梯栏杆，并常常与绿化、灯具、雕饰相结合（图 5-62）。

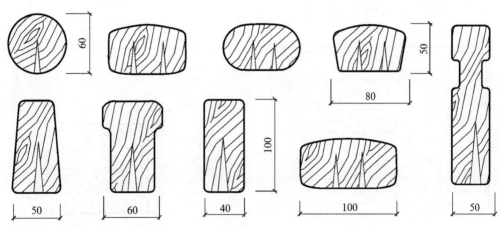

图 5-59　常用的楼梯木扶手断面（单位：mm）

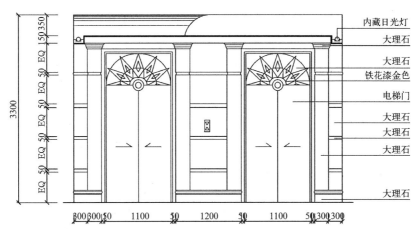

图 5-60　电梯厅墙面图（单位：mm）

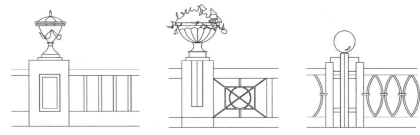

图 5-61　回廊栏杆立面示意

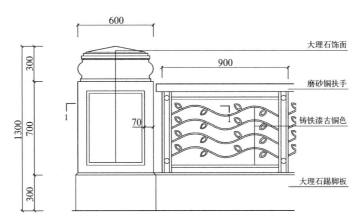

图 5-62　分隔空间的栏杆详图示意（单位：mm）

本章插图来源：

图 5-1 至图 5-2 辛艺峰.

图 5-3 谢蓓.

图 5-4 刘若昕.

图 5-5 至图 5-6 谢蓓.

图 5-7 刘若昕.

图 5-8 王其钧，谢燕编著. 现代室内装饰 [M].
天津：天津大学出版社，1992：161.

图 5-9 张绮曼主编，郑曙旸副主编. 室内设计经
典集 [M]. 北京：中国建筑工业出版社，1994：82.

图 5-10 辛艺峰.

图 5-11 至图 5-12 谢蓓.

图 5-13 童宪.

图 5-14 辛艺峰.

图 5-15 黄曼姝.

图 5-16 至图 5-17 刘若昕.

图 5-18 辛艺峰.

图 5-19 至图 5-20 刘若昕.

图 5-21 至图 5-22 童宪.

图 5-23 张绮曼、郑曙旸主编. 室内设计资料
集 [M]. 北京：中国建筑工业出版社，1991：177.

图 5-24 至图 5-25 谢蓓.

图 5-26 张绮曼主编. 环境艺术设计与理论 [M].
北京：中国建筑工业出版社，1996：53.

图 5-27 谢蓓.

图 5-28 张绮曼主编. 环境艺术设计与理论 [M].
北京：中国建筑工业出版社，1996：54.

图 5-29 张绮曼、郑曙旸主编. 室内设计资料
集 [M]. 北京：中国建筑工业出版社，1991：30.

图 5-30 至图 5-31 童宪.

图 5-32 至图 5-33 刘若昕.

图 5-34 至图 5-37 童宪.

图 5-38 刘若昕.

图 5-39 童宪.

图 5-40 刘若昕.

图 5-41《建筑设计资料集》编委会. 建筑设计
资料集（第三集）[M]. 第 2 版. 北京：中国建筑工业
出版社，1994：27.

图 5-42 辛艺峰.

图 5-43 张绮曼主编，郑曙旸副主编. 室内设计经
典集 [M]. 北京：中国建筑工业出版社，1994：208.

图 5-44 至图 5-45 刘若昕.

图 5-46 童宪.

图 5-47 至图 5-50 刘若昕.

图 5-51 至图 5-52 童宪.

图 5-53 谢蓓.

图 5-54 刘若昕.

图 5-55 童宪.

图 5-56 至图 5-58 刘若昕.

图 5-59 至图 5-62 童宪.

第6章

室内环境中的内含物
Components of Interior Environment

■ 室内家具
Indoor Furniture
■ 室内陈设
Accessories
■ 室内绿化
Interior Landscape
■ 室内标识
Signs and Graphics

室内环境中的内含物，主要包括家具、陈设、灯具、绿化、标识等，它们既是室内空间中的重要组成内容，具有组织空间、烘托气氛、塑造风格的作用，又具有较强的独立性。因此，选择和布置室内内含物时，必须根据环境特点、功能需求、审美要求、工艺特点等因素，精心塑造出具有高艺术境界、高舒适度、高品位的内部空间，创造出有特色、有变化、有艺术感染力的室内环境。

6.1 室内家具

家具，是人们维持正常的工作、学习、生活、休息和开展社会活动所不可缺少的生活器具，具有坐卧、凭倚、贮藏、间隔等功能。大致包括坐具、卧具、承具、庋具、架具、凭具和屏具等类型。家具主要陈放在室内，有时也陈放在室外。家具是室内环境中体积最大的内含物，既有使用功能，又有精神功能，因此家具的设计和布置必须达到功能、技术和造型的完美统一。

6.1.1 家具的演变与发展

家具起源于生活，又促进生活的变化。随着人类文明的发展，家具的类型、功能、形式、材质也随之不断变化，从简单的石凳、陶桌到复杂雕琢的硬木家具；从硬板座椅到软包沙发；从单纯的自然材料到多元的复合材料；从手工单件制作到机械化成批生产；从古典精美的豪华家具到简洁舒适的现代家具……无不反映着历史发展的印记。下面就对不同时期的家具特点作一简述。

1）中国传统家具的演变

中国传统家具的发展演变可以追溯到原始社会，那时的先民们只能使用石块、树桩、茅草、树叶和兽皮等自然物作为坐具和卧具，只有编席可以勉强算作人工制作的卧具。西安半坡村遗址中发现距今约六七千年的半坡人在地穴居室里开始使用土坑，离地面仅 100mm 高的土台也许可以作为原始人类的家具——床的雏形。

（1）夏、商、周

从夏商周开始，家具的各种类型，诸如：坐具、卧具、承具、庋具、架具、凭具和屏具等都已出现（承具是指可陈放用品的家具；凭具是指席地而坐时扶凭或倚靠的低型家具；庋具是指储存衣物的贮藏家具；屏具是指起摒挡风寒或遮蔽视线作用的家具；架具是指搭挂衣物或支架灯、镜的家具），以供奴隶主贵族享用。从公元前 1700 年以前的甲骨文和有关的青铜器上可以看出，商代人的起居习惯和所使用的家具情况，仍保持着原始人席地而坐的生活方式，只不过地上铺了席子。"席地而坐"这个词就出自于这一时期。室内家具则有床、案、俎和置酒器的"禁"。祖先们席地而坐的习惯，对中国古代家具的发展，尤其是坐具的发展影响很大。

（2）春秋战国、秦

这个时期人们的起居习惯虽仍是席地而坐，但席下开始垫筵（竹席）。这时的家具出现了凭几、凭庪和衣架等家具形式，"凭几"顾名思义是作倚靠用的，另据记载"几"又是计算室内面积的基本单位，可见这时的室内用器已出现多功能的意向；庪是一种类似后来屏风一样的倚靠。春秋时期还出现了中国木工的祖师鲁班，相传他发明了钻刨、曲尺和墨斗等，使当时的家具制作工艺技术水平达到很高的水准。

此时也是中国低型家具发展的高峰时期，家具造型粗犷、墩厚，突出实用性能，结构简单明确，外形质朴且庄重。家具装饰以漆为主，颜色一般多采用褐黑色作底色，以深红色作衬色，朱色与黄色作画，也偶有见到赭黑色作底色或灰黑色作画的。色彩搭配非常鲜明调和，颇具富丽堂皇之感。图6-1即是春秋战国时期的一些家具造型。

（3）两汉、三国

西汉建立了比秦更大疆域的帝国。随着经济的繁荣，此时家具中的坐具除席、筵外，已创造出榻和独坐式小榻，并出现了一种可供垂足而坐的胡床，即现在所称的"马扎"，据《后汉书·五行志》"（汉）灵帝好胡服、胡帐、胡床、胡坐……京师贵戚，皆竟为之"，可知在东汉晚期颇为流行。"胡坐"即垂足而坐，应是当时北方民族的坐式，已创日后流行高型家具的先声。而北方延续至今的炕就出现于汉代，凭几在沿用已有的直形凭几外，又出现了一种曲形凭几，即在三足之上置一半圆形曲木为凭；除木制外，还有陶制。庋具仍以箱为主，除木箱外，还出现木柜、木橱和竹材编织的筒。架具则有衣架与镜架两种。图6-2显示了汉代的一些家具造型。

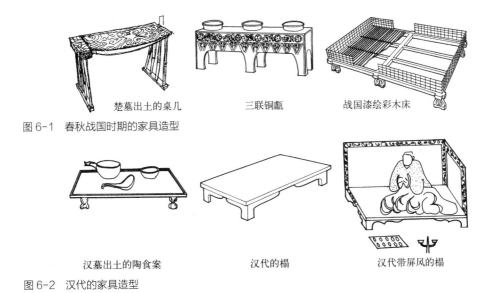

图6-1　春秋战国时期的家具造型
楚墓出土的桌几　　　三联铜瓽　　　战国漆绘彩木床

汉墓出土的陶食案　　　汉代的榻　　　汉代带屏风的榻

图6-2　汉代的家具造型

家具漆髹的装饰方法有彩绘、针刻、沥粉、镶嵌和平脱等数种，汉代在漆器上的镶嵌得到更大的发展，所嵌品种有玉、骨、玛瑙、料器、水晶、云母、螺钿、玳瑁、金银、宝石等，其装饰效果丰富多彩。

（4）两晋、南北朝

两晋、南北朝时期由于西北少数民族进入中原，导致长期以来的跪坐形式发生转变，并逐渐从汉以前席地跪坐改为西域"胡俗"的垂足而坐，高足式家具开始兴起，出现了高型坐具，如凳、筌蹄、胡床、架子床和椅子等，以适应垂足而坐的生活，室内空间也随之增高。佛教在这时也对家具产生影响，如"壶门"的出现和莲花纹等装饰纹样的使用。所谓"壶门"，是指一种轮廓线略如扁桃的装饰纹，其纹样底线平直，上线由多个尖角向内的曲段组成，两侧曲线内收，主要用在作为佛座、塔座和大型殿堂基座的须弥座上。此时的凭几除大量为直形外，又发展了有较大改进的弧形凭几。这时还出现了在床榻上倚靠的软质隐囊（袋形大软垫供人坐于榻上时倚靠），装饰纹样出现了火焰纹、莲花纹、卷草纹、璎珞、飞天、狮子、金翅鸟等图案。

（5）隋、唐、五代

隋、唐是中国高型家具得到极大发展的时期，也是席地坐与垂足坐并存的时代。这个时期的坐具十分丰富，主要是为了适应垂足坐的需要。椅子是在唐代中晚期流行的，圈椅亦出现于中晚唐，其造型古拙，今天仍可从唐画《纨扇仕女图》《宫中图》中见到；卧具仍以床和炕为主，四腿床是一般的床式，壶门床为高级床，是隋唐家具的典型代表。

此时的承具也处于高、低型交替并存时期，低型承具继承了两汉南北朝已臻成熟的案、几造型；高型承具，如高桌、高案还处于产生和完善的过程中，数量尚不多见。壶门大案在唐代已发展成熟，带有壶门的家具在唐代使用很广；隋唐的凭具有直形凭几、弧形凭几和隐囊；庋具在南方多用竹材制作，如筒、橱、箱、笼、在北方则多用木材，如箱、柜、匣、椟。因选材不同，加工工艺也不一样，造型也有差异；隋唐的屏具有座屏、折屏两种，不仅挡风，还能分隔空间；隋唐的架具有衣架和书架，书架大多四腿落地，中连数层搁板，上置书籍、书卷。

唐代家具的漆饰具有开朗、豪迈、富丽的风格，其手法有彩绘、螺嵌、平脱、密陀僧绘等；雕漆工艺是唐代新创的装饰技法。隋唐五代时的家具用材也非常广泛，有紫檀、黄杨木、沉香木、花梨木、樟木、桑木、桐木、柿木等，此外还应用了竹藤等材料。由此可见唐代的家具造型已达到简明、朴素、大方的境地，工艺技术有了极大的发展和提高。

（6）两宋、元

两宋的高型家具已经普及并出现了更多形制，如高桌、高案、高几、抽屉桌、折叠桌、高灯台、交椅、太师椅、折背样椅等，大大丰富了传统家具的类型。低型家具这时已退出历史舞台。宋代家具由矮型转向高型，从床上转至地下，使得宋代家具无论在结构还是榫卯方面，都作出较大的调整和创新。两宋时期的坐具，如条凳较为普及，由于战事频繁，为方便搬运，能折叠、重量轻的交椅也得到了较大的发展；宋代的卧具出现了更灵活、更轻便、更实用的床，简朴的竹榻凉床也有了发展；承具如方桌已经普及到普通人家，壶门式大桌由繁向简演变；庋具中的箱、柜、橱等在结构上比唐代更加简洁适用，并增加了抽屉；屏具承袭唐风，但屏上多绘海水，形成宋代的新时尚。图6-3是隋唐和宋时期的一些家具造型。

元代家具在宋、辽的基础上缓慢发展，并成为宋明之间一条不很明显的纽带。首先元代家具的形制在宋代的基础上有了修改，其结构更趋合理，诸如：罗涡椅就是非常适合人体"功能"的尺寸、坐靠舒适的坐具；其次是追求家具表面的华贵装饰，尤其是宫廷家具和豪门贵族的用具更是花饰繁复；此外家具的制作工艺注重构件接口间的严密均齐，讲究木质表面纹理的装饰选择，以体现木质家具的"本色"感。

（7）明代

明代家具富有民族特色，家具的古典式样已定型成熟，史称"明式家具"。伴随着明代大量兴建宫殿、居民房屋、园林建筑等，家具的需求也相应大增。郑和下西洋以后，与东南亚各国的联系更加密切，大量热带优质木材不断输入中国。当时的木工工具也得到了很大的改进，且种类繁多，木工技术已发展到很高的水平，出现了诸如《鲁班经》《辕饰录》《遵生八笺》《三才图绘》等有关木作工程技术的著作，这些因素都推动了明代家具的不断发展并达到历史的顶峰。

明代家具的主要种类和造型见表6-1和图6-4。除此之外，还有名目繁多的各色小家具，其品种之丰富可说是前所未有。随着建筑类型的发展，室内家具也出现了与庭堂、居室、书房、祠庙、亭阁等配套的形式与类型。

明代家具体现出"简、厚、精、雅"的艺术特色，其主要成就表现在以下几方面：一是注重造型美，明式家具造型浑厚洗练、稳重大方、比例适度、线条流利，具有浓郁的中国气

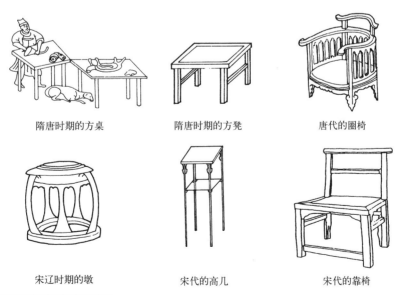

|隋唐时期的方桌|隋唐时期的方凳|唐代的圈椅|
|宋辽时期的墩|宋代的高几|宋代的靠椅|

图6-3　隋唐和宋时期的家具造型

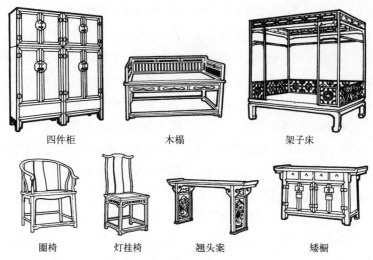

四件柜　　　　　　　木榻　　　　　　　　架子床

圈椅　　　　　灯挂椅　　　　　翘头案　　　　　矮橱

图 6-4　明代的家具造型

明代家具主要类型一览表　　　　　　　　　　　　表 6-1

坐具类	官帽椅、灯挂椅、扶手椅、圈椅、条凳、杌子、绣墩等十多种
卧具类	木榻、凉床、踏板架子床等
台架类	灯台、花台、镜台、衣架、书架、百宝架、面盆架、承足等
承具类	分方足式、圆足式等，有炕几、茶几、香几、书案、平头案、翘头案、架几案、琴桌、供桌、方桌、八仙桌、月牙桌等
皮具类	门户橱、书橱、书柜、衣柜、立柜、连二柜、四件柜、书箱、衣箱、百宝箱等
屏具类	插屏、围屏、炉座、瓶座等，细分有十余类到百余种
架具类	面盆架、镜架、衣架、灯架、火盆架

表格来源：辛艺峰制作．

派；二是注重结构美，明式家具具有合理的家具构造，其结构科学、榫卯精绝；三是注重材质美，明式家具用材讲究、木纹优美、色泽雅致、质感坚致细腻，且不加遮饰，充分表现出材料本身的色泽和纹理美感；四是注重装饰美，明式家具装饰简洁、做工精巧、线脚细致、朴实无华，并且制作非常精致。上述几个方面使明式家具显得隽永古雅、优美舒适、纯朴大方，实现了形式与功能的完美统一，是中国民族家

具的典范和代表之作，具有极高的文化品位。

（8）清代

清代家具在结构和造型上继承了明式家具的传统，体量显得更加庞大厚重，出现了组合柜、可折叠与拆装桌椅等新式家具。此时在家具品种上对原有品种进行了改进，创造出不少新的家具品种，如：架几案、多宝格、博古架、扇面形坐屉官帽椅、海棠花凳、梅花凳、套双凳、清式圈椅、两层顶箱柜、鹿角椅、清式太师椅、行军桌等；而在装饰上，宫廷与达官显贵使用的家具为了追求富丽堂皇、华贵气派的效果，滥用雕镂、镶嵌、彩绘、剔犀、堆漆等多种手法，以及象牙、玉石、陶瓷、螺钿等多种材料，对家具进行不厌其烦的装饰，直至出现只重技巧、忽视功能、繁琐堆砌、破坏家具整体美感的趋向。图6-5为一些清代家具的造型。

清式家具以苏作、广作和京作为代表，被称为清代家具三大名作，其造型与装饰各具地方特色，并保持至今。此外各地都有漆木家具，乌黑光亮和朱红绚丽的漆木家具多见于北方民用，而藤、竹家具宜夏季使用，故在南方流行。

盛清以后，随着欧洲文化进入中国，在家具上亦出现了中西合璧的趋势。然而此时输入的外来艺术，大多带有浓厚的洛可可风格，与清式家具的发展趋势相符，使琐屑作风日趋严重。

2）外国传统家具的演变

（1）古代

主要涉及约公元前16世纪到公元5世纪，包括古埃及、古希腊、古罗马时期的家具。

埃及是世界上最早的文明古国之一，早在公元前2650年就建造出宏伟的宫殿、庙宇和堪称世界奇迹的"金字塔"。由于埃及气候干燥，又盛行厚葬之风，这就使许多古埃及的家具得以保留至今。古埃及家具的种类很多，常见的家具种类有床、椅、柜、桌、凳等。其中有不少是折叠式或可卸式的。矮凳和矮椅是最通常的坐具，而正规座椅的四腿大多采用动物腿形，显得粗壮有力；脚部为狮爪或牛蹄状。埃及的家具几乎都带有兽腿，而且前后腿的方向都是一致的，由此形成了古埃及家具艺术造型的一大特征。

古希腊家具与同时期的埃及家具一样，都是采用长方形结构，同样具有狮爪或牛蹄的椅腿，平直的椅背、椅坐等。公元5世纪，希腊家具开始呈现出新的造型趋向，这时的座椅形式已变得更加自由活泼，椅背不再僵直，而是由优美的曲线构成，椅腿也变成带有曲线的镟木风格，方便自由的活动坐垫使人坐得更加舒服。在装饰上，忍冬花饰作为一种特定的艺术语言广泛地出现在古希腊家具上，这些细巧的装饰图案与椅子上轻快爽朗的曲线一起，构成了古希腊家具简洁流畅、比例适宜、典雅优美的艺术风格。

古罗马家具的基本造型和结构表明它是从希腊家具直接发展而来，但它也具有自己的特点，即青铜家具的大量涌现。罗马家具带有奢

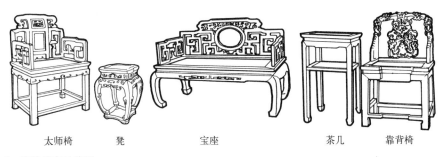

太师椅　　凳　　　宝座　　　　茶几　　靠背椅

图6-5　清代的家具造型

华的风貌，家具上雕刻精细，特别是出现模铸的人物和植物图饰，如带翼的人面狮身怪兽、方形石像柱以及莨苕叶饰等，显得特别华美。此外，古罗马的家具在装饰手法上，还将战马、胜利花环、希腊神话等题材作为装饰雕塑刻画在家具上，以象征统治者的身份、地位和权威，使罗马帝国严峻的英雄气概和统治者的权威体现在家具上。图6-6显示了古希腊与古罗马时期的一些家具造型。

（2）中世纪

中世纪时期是指从西罗马帝国衰亡到欧洲文艺复兴运动兴起前的这一段时间，约在公元5世纪至14世纪。这个时期的家具主要是仿希腊、罗马时期的家具，同时兴起了哥特式家具。

拜占庭家具以仿希腊的家具为其主流，家具形式趋向于更多的装饰，座椅和长塌多采用雕木支架，华贵的座椅上镶嵌有象牙雕刻的装饰。拜占庭家具的艺术风格在装饰上常用象征基督教的十字架符号，或在花冠藤蔓之间夹杂着天使、圣徒以及各种鸟兽、果实和叶饰图案。公元6世纪，从东方传入欧洲的丝绸作为家具衬垫外套装饰成为最受喜爱的材料。此外，这

时北欧的家具却显出呆板和简陋的样式，缺少华丽的装饰，仅有一些直线条的几何图形，然而却带有某些原始的朴素美感。

仿罗马式家具起源于罗马人发明的圆顶拱券式建筑风格，从11世纪开始到12世纪的哥特式家具为止。在床榻表现上多以横托面采用长串连续拱券的装饰，椅子多为小扶手椅，喜欢运用旋制的木柱作脚部支撑，靠背与扶手以连续的拱券造型作装饰，以形成节奏感。另外在椅脚上部还有制成动物的头或鸟爪的形状，其造型给人以坚定、安静、沉重和朴实的感觉。柜在当时也是一个重要的家具种类，罗马风格的柜类家具亦多将顶端制成山尖形式。边角及柜门均结合有青铜饰件和圆帽钉，以使整体的框架结构得以加固，同时还起到了较好的装饰作用。仿罗马式家具基本上没有油漆，这在家具史上是一大退步。

哥特式家具由哥特式建筑风格演变而来。其家具比例瘦长，高耸的椅背常带有烛柱式的尖顶，椅背中部或顶盖的楣沿常用细密的拱券透雕或浮雕予以装饰。哥特式家具常模仿哥特式建筑的窗格等装饰图案，特点鲜明。哥特式家具的油漆色彩一般都较深，通常图案用绿色，

古希腊著名的 Klismos 椅

古罗马石桌

古罗马石椅

图6-6　古希腊与古罗马时期的家具造型

底板漆红色。哥特式家具的装饰大多取材于基督教的圣经内容，由于雕刻技术的发展，使哥特式家具在精致的木雕装饰艺术上有充分的发挥，显示了这个时期的家具艺术成就。图6-7是一些哥特式风格家具的造型。

（3）文艺复兴时期

文艺复兴是指公元14至16世纪以意大利各城市为中心开始的对古希腊、古罗马文化的复兴运动。15世纪以后，意大利在家具艺术方面吸收古代造型的精华，以新的表现手法将古典建筑上的檐板、半柱、拱券以及其他细部形式移植到家具上作为家具的装饰艺术。如：以贮藏类家具的箱柜为例，它是由装饰檐板、半柱和台座密切结合而成的完整结构体，尽管这是由建筑和雕刻转化到家具上的造型装饰，但绝不是生硬、勉强的搬迁，而是将家具制作的要素和装饰艺术完美结合。

意大利文艺复兴盛期时的家具，造型讲究线条粗犷、外观沉稳厚重，还喜欢镶嵌木制的马赛克，使家具的色彩显得十分丰富。意大利文艺复兴后期的家具装饰以威尼斯的作品最为成功。它的最大特点是灰泥模塑浮雕装饰，做工精细，常在模塑图案的表面加以贴金和彩绘处理，这些制作工艺被广泛用于柜子和珍宝箱的装饰上。图6-8是文艺复兴运动时期的一些家具造型。

图6-7　哥特式风格的家具造型

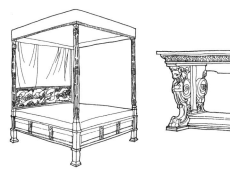

图6-8　文艺复兴时期的家具造型

文艺复兴运动在欧洲风靡了几个世纪，它击碎了中世纪的刻板僵直与教会的宗教幻梦，开创了自由生动的形式，使家具生产走上了以"人"为中心的道路，成为家具史上的一块里程碑。

（4）浪漫时期

① 巴洛克风格

16世纪末，文艺复兴运动已被逐渐兴起的巴洛克风格所代替。其中早期巴洛克家具最主要的特征是用扭曲形的腿部来代替方木或镟木的腿，这种形式打破了历史上家具的稳定感，使人产生家具各个部分都处于运动之中的错觉。这种带有夸张效果的运动感，很符合宫廷显贵们的口味，因此很快影响了意大利和欧洲各国，成为风靡一时的潮流。

巴洛克家具的最大特色是将富于表现力的细部相对集中，简化不必要的部分而着重于整体结构，因而它舍弃了文艺复兴时期将家具表面分割成许多小框架的方法以及那些复杂、华丽的表面装饰，而改成重点区分，加强整体装饰的和谐效果。由于这些改变，巴洛克风格的座椅不再采用圆形镟木与方木相间的椅腿，而代之以整体式的迎栏状柱腿；椅坐、扶手和椅背改用织物或皮革包衬来替代原来的雕刻装饰。这种变化不仅使家具在视觉上产生更为华贵而统一的效果，同时在功能上更具舒适性。

② 洛可可风格

"洛可可"常指盛行于18世纪路易十五（Louis XV）时代的一种艺术风格，因此也叫作"路易十五式"。

洛可可家具的最大成就是在巴洛克家具的基础上进一步将优美的艺术造型与舒适的功能巧妙地结合在一起，形成完美的工艺作品。路易十五式的靠椅和安乐椅是洛可可风格家具的典型代表。它的优美椅身由线条柔婉而雕饰精巧的靠背、坐位和弯腿共同构成，配合色彩淡雅秀丽的织锦缎或刺绣包衬，不仅在视觉艺术上形成极端奢华高贵的感觉，而且在实用与装饰效果的配合上也达到空前完美的程度。同样，写字台、梳妆台和抽屉橱等家具也遵循同一设计原则，具有完整的艺术造型，它们不仅采用弯腿以增加纤秀的感觉，同时台面板处理成柔和的曲面，并将精雕细刻的花叶饰带和圆润的线条完全融为一体，以取得更加瑰丽、流畅与优雅的艺术效果。图6-9是一些巴洛克风格和洛可可风格的家具造型。

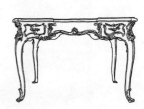

巴洛克风格的家具造型　　　　　　　　洛可可风格的家具造型

图6-9　巴洛克与洛可可风格的家具造型

洛可可风格发展到后期，其形式特征走向极端，因其曲线的过度扭曲及比例失调的纹样装饰而趋向没落。

（5）过渡时期

① 新古典主义

新古典主义风格的家具可分为 18 世纪末的"庞贝式"和 19 世纪初的"帝政式"两个阶段，它们各自代表的是路易十六（Louis XVI）时期的家具和拿破仑称帝时期的家具。

庞贝式风格盛行于 18 世纪后期，其家具的主要特点是完全抛弃了路易十五式的曲线结构和虚假装饰，直线造型成为其家具的特色，追求家具结构的合理性和简洁的形式。因此，在功能上更加强调家具结构的力量，无论是圆腿或是方腿，都是上粗下细，并且带有类似罗马石柱的槽形装饰线，这样不仅减少了家具的用料而且提高了腿部的强度，同时获得了一种明晰、挺拔、轻巧的美感。在家具的装饰上注重使用具有规整美的古代植物纹样图案，色彩上则大量使用粉红、蓝、黄、绿、淡紫、灰等自然优雅而明亮的颜色。相对路易十五时代的洛可可家具而言，庞贝式风格的家具在造型上和适用性上都有显著的进步。由于这种变革基本是形式上的进步，其核心内容仍然是重复古代文化的旧辙，所以只能在短时间内昙花一现。随着路易十六被推上法国大革命的断头台，庞贝式风格家具也结束了自己的生命。

帝政式风格流行于 19 世纪前期，是法国大革命后拿破仑执政时期的家具风格，其特点是把古希腊、古罗马时代的建筑造型赋予家具装饰之中，如：圆柱、方柱、檐口、饰带、神像、狮身人像、狮爪形等装饰构件，以其粗重刻板的造型及线条来显示宏伟庄严，表现军人的气质及炫耀战功，并充分体现王权的力量。帝政式风格可以说是一种彻底的复古运动，它不考虑功能与结构之间的关系，一味盲目效仿，将柱头、半柱、檐板、螺纹架和饰带等古典建筑细部硬加于家具之上，甚至还将狮身人面像、半狮半鸟的怪兽像等组合于家具支架上，显得臃肿、笨重和虚假（图 6-10）。由于帝政式家具是特定政治条件下的产物，其本身并无生命力，当拿破仑帝国灭亡之后也随之消亡，西欧

图 6-10　帝政式风格的家具造型

的家具风格又重新陷入了一个混乱的局面。

② 19 世纪后期和莫里斯运动

这一时期存在两条平行的发展路线：一条是以英国威廉·莫里斯为代表的一批艺术家和建筑家，他们倡导和推动了一系列现代设计运动。其中有著名的"工艺美术运动"，这个运动是以装饰为重点的个人浪漫主义艺术，它以表现自然形态的美作为自己的装饰风格，从而使家具设计像生物一样富有活力。另一条是德国的迈克·托奈特（Michael Thonet）创造的。他以实干精神解决了机械生产与工艺设计之间的矛盾，第一个实现了工业化生产。托奈特的主要成就是研究弯曲木家具，采用蒸木模压成型技术，并于 1840 年获得成功，继此又于 1859 年推出了最著名的第 14 号椅（No.14 Chair），成为传世的经典之作。

1907 年，德国建筑师赫尔曼·马蒂修斯（Hermann Muthesius）在慕尼黑（Munich）创建了德意志制造联盟（Deutscher Werkbund），主张用机器来生产他们的作品，创造性地将艺术、工业和工业化融合在一起，同年在德累斯顿（Dresden）的工艺美术展览会上展出了从家具到炉子和火车车厢等机制产品。随后，奥地利和瑞士也成立了类似的联盟，1915 年在英国成立了设计与工业协会（Design and Industries Association）。其目标与德意志制造联盟的目标类似，均对后来的现代主义设计及包豪斯的设计师产生了重要的影响。

3）现代家具的发展与展望

（1）形成和发展时期（1914—1945 年）

这个时期出现了众多的家具设计流派，其中具有影响力的流派有风格派、包豪斯学派与国际风格等。

"风格派"是在 1917 年前后，在荷兰由一批画家、作家和建筑师聚集成立的一个组织。风格派的作品倾向于以方块为基础，色彩只用红、黄、蓝，在需要时以白、黑和灰作为对比。风格派最具代表性的作品是格里特·雷特维尔德（Gerrit Thomas Rietveld）于 1917 年设计的"红蓝椅"（Red and Blue Chair），这是他为了更进一步阐明风格派理论原则而设计的。另外，由他设计的"Z"形椅（Zig-Zag Chair），造型和结构都极其简洁，且便于工业化大量生产，这一式样流传了很多年。

包豪斯学派与包豪斯学院有着紧密的联系，简称"包豪斯"。它的宗旨是以探求工业技术与艺术的结合为理想目标，决心打破 19 世纪以前存在于艺术与工业技术之间的屏障，主张无论任何艺术都是属于人类的。包豪斯运动不仅在理论上为现代设计思想奠定了基础，同时在实践中生产制作了大量现代产品，也培养了大量具有现代设计思想的著名设计师，为推动现代家具及现代设计作出了巨大贡献。其代表性的家具作品有布劳埃尔设计的瓦西里椅（Wassily Chair）和赛丝卡椅（Cesca Chair），这两件家具对包豪斯家具产生了深远的影响，也堪称现代家具的典范。

国际风格出现于 20 世纪 20 ~ 30 年代，是由风格派和包豪斯付诸实践而形成的。其理念认为：建筑物应是一种容积，而不再是一种体量；设计需要规律性，并应禁止随意使用装饰；功能作为形式设计的最高准则，具有世界性的共同需要，这就形成了国际风格作品的特征。其代表性作品有密斯·凡·德·罗 1929

年为巴塞罗那世界博览会德国馆设计的"巴塞罗那椅"（Barcelona Chair）与勒·柯布西耶设计的可以转动的靠背扶手椅。这类家具给人以简洁、稳重、强调功能之感（图6-11）。

（2）高度发展时期（1945—1970年）

欧洲在二战后急需恢复经济、重建城市，一时还没有力量进行家具研发和开发新材料，而在战时一大批优秀的建筑师和家具设计师又被迫迁至美国，加上美国拥有的财力及在战争中飞快发展的工业技术，美国逐渐成为战后家具设计和家具工业发展的先进国家。

随着新材料的产生和新工艺的研制，胶合板、层压板、玻璃钢、塑料等新材料和相应的新工艺不断涌现，人们生产出大量全新概念的各式家具，现代家具进入了高度发展时期（图6-12）。

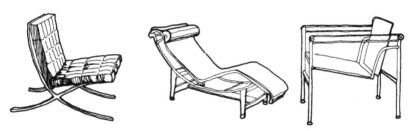

图6-11　形成与发展时期的现代家具

图6-12　高度发展时期的现代家具

20世纪60年代初，欧洲工业已经恢复了元气，进入高速增长的阶段，这种在美国完善及高度发展了的现代家具之风，反过来又对欧洲产生了巨大影响，同时也推动了欧洲家具工业的发展，北欧、德国、意大利都相继登上欧洲家具制造业的先导地位。

（3）面向未来的多元时代（1970年以来）

世界工业生产的快速发展，使各种科技成果对家具设计产生很大的影响，各种新形式的家具层出不穷。塑料吹气家具、纸板家具、压克力（丙烯塑料）家具都成为家具发展的潮流之一。

高度发展的科学技术使人类文明进入了新的时代，受现代西方艺术流派的影响，波普家具、硬边家具、仿生家具等都有所发展。但是这些家具本身往往表现了一种玩世不恭的消极情调，难以被广大群众所接受。后来的后现代主义批判了现代主义，其家具设计给人的印象是通俗、怀旧、装饰、表现、隐喻、公众参与、多元论和折中主义。

值得特别注意的是西方家具中的复古倾向，由于当今世界充满着机械和噪声，人们的生活节奏异常紧张，所以，人们不喜欢自己的家庭布置得与工厂车间一样，希望恢复悠闲的田园式风格，从而又开始关注传统家具形式。另外机器生产的高度发达产生了用机器模仿手工生产的可能性，手工生产的装饰形式不再是机器生产的障碍，为此，许多西方家具生产厂家已经生产了大量传统样式的家具。

目前一些家具厂还用化学处理的方法将低质木材变为高档材料，生产锹木和其他式样的西方传统式家具，颇受国际市场的欢迎。显然，随着科技发展和工业生产的进步，家具的式样也在不断变化之中。

德国的科隆国际家具展（IMM Cologne）、意大利的米兰国际家具展（The Milan Furniture Fair）等是当今世界著名的家具与家居设计展，从中可以感悟到当今家具的发展趋势。

6.1.2 家具的类型与作用

家具是室内空间中的重要组成部分，从王宫贵族到平民百姓、从生活宅第到公共活动场所，都借助家具来演绎生活和展开活动。据有关资料表示：人们在家具上消磨的时间约占全天的2/3以上；家具在起居室、办公室等场所的占地面积约为室内面积的35%～40%，而在各种餐厅、影剧院等公共场所，家具的占地面积更大，所以家具的造型、色彩和质地对内部空间具有决定性的影响。

1）家具的作用

家具的作用主要表现在物质功能和精神功能两方面（图6-13）。

（1）物质功能方面的作用

实用是家具最主要的物质功能，然而从室内空间组织上来看，家具还有分隔、组织与填补空间的作用。

第一，分隔空间的作用。为了提高空间的灵活性，常利用家具对空间进行二次分隔。例如：常运用组合柜与板、架家具来分隔空间；在厨房与餐室之间，也常运用吧台、操作台、餐桌等家具来划分空间，从而达到空间既流通又分隔的目的，且有利于传送就餐物品，增加情趣。

第二，组织空间的作用。家具可以把空间

家具在室内环境物质功能方面的作用

家具在室内环境精神功能方面的作用

图6-13 家具在室内环境中的功能作用

分成若干个功能相对独立的区域，从而满足人们在室内环境中进行多种活动或享受多种生活方式的需要。例如在起居室中，常用沙发和茶几组成休息、待客、家庭聚谈的区域；在商业空间中，则常通过商品展示橱柜的巧妙布置来组织人流路线，形成不同的营销区域。

第三，填补空间的作用。家具的数量、款式和配置方式对内部空间效果具有很大的影

响。在室内空间中，如果家具布置不当，就会出现轻重不均的现象。反之，也可在一些空缺位置布置柜、几、架等辅助家具，以使空间构图达到均衡与稳定的效果。

（2）精神功能方面的作用

家具与人的关系很密切，家具的精神功能往往在不知不觉中表现出来，主要体现在以下三个方面：

第一，陶冶人们的审美情趣。家具与人们的生活关系十分密切，人们在接触家具的过程中会自觉或不自觉地受到其艺术的感染和熏陶，家具能够陶冶人们的审美情趣。当然，家具也能体现主人或设计师的审美情趣，家具的设计、选择和配置，能在很大程度上反映主人或设计师的文化修养、性格特征、职业特点和审美趣味。

第二，反映民族的文化传统。家具和陈设往往承担了表现室内环境地方性及民族性的任务。家具可以体现民族风格，如：古代埃及风格、中国传统风格、日本和式风格等在很大程度上就是通过家具与陈设表现出来的；此外，不同地区由于地理气候条件不同、生产生活方式不同、风俗习惯不同，家具的材料、做法和款式也不同，因此家具还可以体现地方风格。

第三，营造特定的环境气氛。家具在营造室内空间气氛方面具有不可忽视的作用。有些家具体形轻巧、外形圆滑，能给人以轻松、自由、活泼的感觉，可以形成一种悠闲自得的气氛；有些家具用珍贵的木材和高级的面料制成，工艺精湛，能给人以高贵、典雅、华丽的印象；有些家具用具有地方特色的材料和工艺制作，

能给人以质朴、自然、清新、具有地方特色的感觉。

2）家具的类型

家具的种类很多，依据不同的归类方法可以大体分成以下这些类别。

（1）根据使用材料

① 木质家具

用木材及其制品，如：胶合板、纤维板、刨花板等制作的家具。木质家具是家具中的主流，具有质轻、高强、纯朴、自然等特点，而且取材方便，易于制作，质感柔和，纹理自然清晰，造型丰富。木质家具具有很高的观赏价值和良好手感，是人们喜欢的理想家具。

② 竹藤家具

以竹、藤为材料制作的家具。它和木制家具一样具有质轻、高强、纯朴、自然等特点，而且更富有弹性和韧性，易于编织，是理想的夏季消暑使用家具。竹藤家具具有浓厚的乡土气息和地方特色，线条流畅、造型丰富，在室内环境中具有极强的表现力。

③ 金属家具

以金属材料为骨架，与其他材料，如：木材、玻璃、塑料、石材、帆布等组合而成的家具。金属家具充分利用不同材料的特性，合理运用于家具的不同部位，给人以简洁大方、轻盈灵巧之感，并且通过金属材料表面的不同色彩和质感处理，使其极具时代气息，适合运用于现代气息浓郁的室内环境。

④ 塑料家具

以塑料为主要材料制成的家具。塑料具有质轻、高强、耐水、表面光洁、易成形等特点，而且有多种颜色，因而常做成椅、桌、床

等。塑料家具分模压和硬质材两种类型。模压塑料家具可制成随意曲面，以适合人体体型的变化，使用起来非常舒适；硬质材塑料可与其他材料，如：帆布、皮革等组合制成轻便家具。塑料家具的缺点是耐老化和耐磨性稍差。

⑤ 软垫家具

由软体材料和面层材料组合而成的家具。常用的软体材料有弹簧、海绵、植物花叶等，有时也用空气、水等做成软垫。面层材料有布料、皮革、塑胶等。软垫家具的造型与效果主要取决于其款式、比例以及蒙面材料的质地、图案和色彩等因素，许多软垫家具能给人以温馨、高贵、典雅、华丽的印象。软垫家具能增加家具与人体的接触面，避免或减轻人体某些部分由于压力过于集中而产生的酸疼感；软垫家具有助于人们在坐、卧时调整姿势，以使人们得到更好的休息。

（2）根据结构形式

① 框架家具

家具的承重部分是一个框架，在框架中间镶板或在框架的外面附面板的家具结构形式，传统家具大多属于框架式家具。框架家具具有坚固耐用的特性，常用于柜、箱、桌、床等家具。但这种家具用料多，又较难适应大工业生产，故在现代家具制作中正逐步被其他结构形式的家具所代替。

② 板式家具

用不同规格的板材，通过胶粘结或五金构件连接而成的家具。这里的板材多为细木板和人造板，其板材具有结构承重和围护分隔的作用。板式家具的特点是结构简单、节约材料、组合灵活、外观简洁、造型新颖、富有时代感，

而且节约木材，便于自动化、机械化的生产。

③ 拆装家具

从结构设计上提供了更简便的拆装机会，并按照便于运输的原则，可拆卸后放在箱内携带的家具。拆装家具摒弃了传统做法，部件之间靠金属连接器、塑料连接器、螺栓式木螺钉连接，必要的地方还有木质圆梢定位，部件间可以多次拆开和安装，家具表面油漆也可用机械化喷制，所有这些均为生产、运输、装配、携带、贮藏提供了极大的方便，运用十分广泛。缺点是坚固程度略低，并需要制造连接器件。

④ 折叠家具

具有灵活性的家具，可在使用时打开，不用时收拢。其特点是轻巧、灵活、体积小、占地少，便于存放、运输。折叠式家具主要用于面积较小或具有多种使用功能的场所。

⑤ 支架家具

由承力的支架部分以及置物的柜橱或搁板构成的家具。支架通常由金属或木料、塑料等制作，其特点是结构简洁、制作简便、重量轻巧、灵活多变，且不占或少占地面积。多用于客厅、卧室、书房、厨房等地，用于贮存酒具、茶具、文具、书籍和小摆设。

⑥ 充气家具

以密封性能好的材料灌充气体，并按一定的使用要求制作而成的家具。其特点是重量轻、用材少、给人以新颖之感，目前还只限于床、椅、沙发等几种。与传统家具相比，充气家具的主体是一个不漏气的胶囊，需要进一步研究解决如何防火、防针刺和快速修补等问题。

⑦ 浇铸家具

主要用各种硬质塑料与发泡塑料，通过特制的模具浇铸出来的家具。其中硬质塑料家具多以聚乙烯和玻璃纤维增强塑料为原料，其特点是质轻、光洁、色彩丰富、成型自由、加工方便，最适于制作小型桌椅。

（3）根据使用特点

① 配套家具

为满足某种使用要求而专门设计制作的成套家具。配套家具的内容和数量不定，但能满足不同场所的基本使用要求。配套家具的风格统一，色彩及细部装饰配件相同或相近，能给人以整体、和谐的美感。

② 组合家具

由若干个标准的家具单元或部件拼装组合而成的家具。其特点是具有拼装的灵活性、多变性。同样单元的不同组合，可以构成不同的形式，以适合不同的需求。通常组合家具的总体关系统一协调，能适应不同室内空间的需要，目前多以柜、橱、沙发等为主。

③ 多用家具

具备两种或两种以上使用功能的同种家具。它能充分发挥同种家具的使用功效，减少室内家具的品种和数量，节约空间。多用家具有两类：一类是不改变家具的形态便可多用的家具，如带柜的床、可睡觉的沙发等；另一类是指改变使用目的时必须改变原来形态的家具，如沙发床展开后是床，收叠后便是沙发。

④ 固定家具

与建筑物构成一体的家具，它不能随意移动。常见的固定家具有壁柜、吊柜、搁板等，部分固定家具还兼有分隔空间的功能。固定家具既能满足功能要求，又能充分利用空间，增加环境的整体感，可以实现家具与建筑的同步设计、同步施工，但缺点是灵活性不够。

6.1.3 室内设计中的家具配置

选择和布置家具，首先应满足人们的使用要求；其次要使家具美观耐看，即需按照形式美的法则来选择家具，同时根据室内环境的总体要求与使用者的性格、习俗、爱好来考虑款式与风格；此外，还需了解家具的制作与安装工艺，以便在使用中能自由摆放与调整。

1）确定种类和数量

在确定家具的种类和数量之前，首先必须了解室内空间场所的使用功能，包括使用对象、用途、使用人数以及其他要求。例如教室是作为授课的场所，必须要有讲桌、课桌、座椅等基本家具，而课桌、座椅的数量取决于该教室的学生人数，同时应满足桌椅之间的行距、排距等基本要求。在满足基本功能要求的前提下，家具的布置宁少勿多、宁简勿繁，应尽量减少家具的种类和数量，留出较多的空地，以免给人留下拥挤不堪和杂乱无章的印象。

2）选择合适的款式

选择家具款式时应讲实效、求方便、重效益。讲实效就是要把适用放在第一位，使家具实用、耐用甚至多用；求方便就是要省时省力，旅馆客房就常把控制照明、音响、温度、窗帘的开关集中设置在床头柜上或床头屏板上，办公室也常常选用带有电子设备和卡片记录系统的办公桌。

选择家具时，还必须考虑空间的性格。例

如为重要公共建筑的休息厅选择家具时，就应该考虑一定的气度，并使家具的款式与环境气氛相适应；而交通建筑内的家具，如机场、车站的等候大厅内的家具，则应考虑简洁大方、实用耐久，并便于清洁。

3）选择合适的风格

家具的风格关系到整个室内空间的效果，因此必须仔细斟酌。家具的风格有多种，如：中国风格、和式风格、欧式风格、现代风格等。从设计来看，家具的风格应有利于加强环境气氛，例如西餐厅内的家具，就应选择与西式风格相适应的家具；若是乡土风格的室内空间，则可选择竹藤或木质家具，否则就会显得与环境格格不入。

4）确定合适的布局

家具的布置要符合形式美的法则，注意有主有次、有聚有散。空间较小时，宜聚不宜散；空间较大时，宜散不宜聚。在实践中，常采用下列做法：

其一，以室内空间中的主要家具为中心，其他家具分散布置在其周围。例如，在起居室内就常以组合装饰柜或壁炉为中心布置家具。

其二，把主要家具分为若干组，各组间的关系符合分聚得当、主次分明的原则。

在日常生活中，家具的布局可分为规则式和不规则式二类。规则式多表现为对称式，有明显的轴线，特点是严肃和庄重，常用于会议空间、接待空间和宴会空间等（图6-14）。不规则式的特点是不对称，没有明显的轴线，气氛自由、活泼、富于变化，因此常用于休息空间、起居空间、活动空间等处，在现代建筑中比较常见（图6-15）。

图 6-14 规则式的家具布置

图 6-15 不规则式的家具布置

6.2 室内陈设

从"陈设"的字面解释来看，作为动词有排列、布置、安排、展示的含义；作为名词既有摆放、设置之意，又可以等同于"陈设品"之意。现代意义上的"陈设"与传统的"摆设"有相通之处，但前者的领域更为广泛。室内环境中的陈设含义十分宽泛，除了墙、地、顶等室内界面，以及建筑构件、建筑设备之外的一切实用与可供观赏的物品，几乎都可以视为陈设，它们是室内空间中的重要组成内容。

6.2.1 室内陈设的作用

陈设的内容丰富多彩，形式多种多样，主要包括织物、灯具、装饰品、日用品、植物绿化等。室内环境中的陈设不仅直接影响人们的生活和生产，还与组织空间有关，起着美化环境、增添室内情趣、渲染环境气氛、陶冶人们情操的作用。

1）陈设与室内环境的关系

陈设与室内环境的关系主要表现在以下几个方面：

其一，不同类型的空间对室内陈设有不同的要求。例如娱乐建筑室内空间对纺织品的选择，一般偏爱选用图案由曲线构成的织物，以形成一种活泼、跳动的气势与流动感；在旅游建筑中则常选用具有民族风格、地方特点与乡土气息的图案，以使陈设风格与空间主题保持协调。所以，陈设的题材、构思、色彩、图案、质地等方面应该服从空间的功能要求，使陈设与空间互相协调。

其二，不同类型的房间对室内陈设品具有不同的要求。这是由于房间功能不同，对陈设品的要求也有变化，而不同风格的陈设品，对于形成这些房间的个性也有重要作用。例如住宅的客厅和起居室，既是家庭成员休息活动的地方，也是友人、宾客来访时的待客之处，因此，室内陈设的布置就需要表达出家庭的个性与趣味，给来宾以轻松随和的印象。

其三，不同形式的家具对室内陈设品有不同的要求。这是因为陈设品的陈列常常与家具发生关系，有陈列在家具上的，有与家具形成一个整体的，还有与家具共同平衡室内空间构图的，因此，尤其需要考虑与家具的协调。

2）室内陈设的作用

室内陈设是室内环境中不可分割的组成部分，对室内设计的成功与否有着重要的意义，其作用主要体现在如下六个方面。

（1）增强空间内涵

室内陈设品有助于使空间充满生机和人情味，并创造一定的空间内涵和意境。纪念性建筑、传统建筑、一些重要的旅游建筑常常借助室内陈设品创造特殊的氛围，如：北京卢沟桥中国人民抗日战争纪念馆入口序厅，大厅正面墙上镶嵌着一幅名为《铜墙铁壁》的巨大铜塑，序厅两侧设置有"义勇军进行曲"和"八路军进行曲"壁饰。整个入口序厅的室内环境色彩由红、黑、白与铜色组成，追求的是纯净、简洁、粗壮、厚重、质朴的效果，每个细部的陈设处理都渗透出中国人民战胜外敌的力量和悲壮的激情，使参观者在这里得到心灵的震撼。特别是序厅顶棚悬挂的吊钟，更是提示了"警钟长鸣"的寓意（图6-16）。

（2）烘托环境气氛

不同的陈设品可以烘托出不同的室内环境气氛，如：欢快热烈的喜庆气氛、亲切随和的轻松气氛、深沉凝重的庄严气氛、高雅清新的文化艺术气氛……例如：中国传统室内风格的特点是庄重与优雅相融合，因此，在中式餐厅中就可选用一些书法、字画、古玩来创造高雅的文化气氛，显示出中国传统文化的环境气氛特点。在现代室内空间中，就可采用色调自然、素静和具有时代特色的陈设品来创造富有现代气氛的室内环境。

（3）强化室内风格

室内陈设品本身的形态、色彩、图案及质感等都带有一定的风格特点，因此室内陈设品有助于强化室内风格的形成。例如：北京新东安市场地下层的"老北京"购物商业一条街，不仅将每个店面做成大栅栏的样式，还在店铺门面挂上一些"老北京"的店招和幌子，如"盛锡福""内连升""同仁堂""荣宝斋""六必居"等。

图6-16　北京卢沟桥中国人民抗日战争纪念馆建筑入口序厅的室内陈设

在购物商业街中心还布置了一个门楼，并设置二个黄包车夫在门楼外等候顾客的场景。所有这些陈设品都强化了传统北京的风貌特点，增加了来此购物的顾客对"老北京"一条街的兴趣（图6-17）。

（4）调节柔化空间

当今室内环境常常充斥着钢筋混凝土、玻璃幕墙、不锈钢等硬质材料，使人感到沉闷、与自然隔离；而陈设品的介入，能弥补这方面的不足，调节和柔化室内空间环境。例如：织物的柔软质地，使人有温暖亲切之感；室内陈列的日用器皿，使人颇觉温馨；室内的花卉植物，则使空间增添了几分色彩和灵气。

（5）反映个性特点

一般情况下，人们总是根据自己的爱好选择相应的陈设品，因此室内陈设品也成为主人反映个性的途径。一些嗜好珍藏物品的人家，常常就在自己的家中挂满珍藏的嗜好物品，使室内空间反映出主人的爱好和个性。

（6）陶冶品性情操

在室内环境中，格调高雅、造型优美、具有一定文化内涵的陈设品能使人们产生怡情遣性、陶冶情操的感受，这时陈设品已经超越其本身的美学价值而表现出较高的精神境界。书房中的文房四宝、书法绘画、文学书籍、梅兰竹菊等，都可营造出这种氛围，使人获得精神陶冶。

6.2.2　室内陈设的类型

从室内陈设的类型来看，主要包括：织物、日用陈设品、装饰陈设品与绿化植物等内容，下面就按种类作一简要介绍。有关室内绿化的内容比较独立，本章6.3节专门予以介绍。

1）织物

织物具有柔软的特性，是使用面积最大的陈设品之一。织物以其多彩多姿、充满生机的面貌，体现出实用和装饰相统一的特征，成为室内环境中必不可少的重要元素。

图6-17　北京新东安市场地下层"老北京"一条街商业购物环境的室内陈设

（1）织物的种类

织物的种类很多，若按材料来分，可分为棉、毛、丝、麻、化纤等织物；若按工艺来分，可分为印、织、绣、补、编结、纯纺、混纺、长丝交织等织物；若按用途来分，可分为窗帘、床罩、靠垫、椅垫、沙发套、桌布、地毯、壁毯、吊毯等织物；若按使用部位来分，可分为墙面贴饰、地面铺设、家具蒙面、帷幔挂饰、床上用品、卫生盥洗、餐厨杂饰及其他织物等（图6-18）。

（2）织物的特性与应用

织物的特性主要表现为：质地柔软、品种丰富、加工方便、性能多样、随物变形、装饰感强与易于换洗等几个方面。织物可以弥补现代建筑中大量钢铁、水泥、玻璃等硬质材料带来的人情味淡薄的缺陷，使室内空间重新获得温暖、亲切、柔软、和谐与私密性的感受。织物在室内设计中的应用主要表现在以下几个方面：

首先，织物具有诸多实用功能，如：遮阳、吸声、调光、保温、防尘、挡风、避潮、阻挡视线、易于透气及增强弹性等作用，经过特殊处理的织物还能阻燃、防蛀、耐磨与方便清洗。织物在室内可以作为墙布（纸）、地毯、窗帘、帷幕、屏风、门帘、帷幔、蒙面织物、各种物体的外套、台布、披巾、靠垫、卫生盥洗用巾与餐厨清洁用巾等，范围很广，已经渗透到衣、食、住、行、用等各个层面。

其次，从空间组织方面来看，织物以其特有的质感、丰富的色彩、多样的形态起着重要的空间组织作用。利用织物能够围合、组织室内空间，以形成渗透可变、有实有虚、虚实相间的空间效果；同时还能运用篷布、彩绸、旗帜、挂饰等织物来联系、沟通空间，使之成为一个整体，增加空间的流动感受；此外还可运用织物作为空间导向，发挥空间引导作用，使

 墙面贴饰织物
 地面铺设织物
 家具蒙面织物
 帷幔挂饰织物
 床上用品织物
 卫生盥洗织物
 餐厨杂饰织物
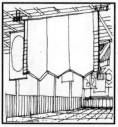 其他装饰织物

图6-18 渗透到衣、食、住、行、用各个层面的室内织物

空间过渡更加自然。

再者，由于织物在室内环境中使用面积大，兼具实用功能和装饰功能，因此可以通过织物突出室内空间的个性，塑造独特的空间氛围，发挥其他陈设品无法替代的作用。

2）日用陈设品

主要包括陶瓷器具、玻璃器具、金属器具、文体用品、书籍杂志、家用电器与其他各种贮藏及杂饰用品，它们是人们日常生活离不开的用品（图6-19）。其功能主要是实用，但造型也日趋美观，开始在室内陈设中占有重要位置。

（1）陶瓷器具

指陶器与瓷器两类器具，包括：瓦器、缸器、砂器、窑器、琉璃、炻器、瓷器等，均以黏土为原料加工成型、经窑火焙烧而成。其风格多变，有的简洁流畅、有的典雅娴静、有的古朴浑厚、有的艳丽夺目，是在日常生活中广泛应用的陈设物品，常有日用陶瓷、陈设陶瓷与陶瓷玩具等类型。

中国的陶器以湖南醴陵与江苏宜兴最为著名，瓷器则首推江西景德镇。陶瓷器具不仅用途较广，而且富有艺术感染力，常作为各类室内空间的陈设用品。

（2）玻璃器具

室内环境中的玻璃器具包括：茶具、酒具、灯具、果盘、烟缸、花瓶、花插等，具有玲珑剔透、晶莹透明、闪烁反光的特点，往往可以加重华丽、新颖的气氛。目前国内生产的玻璃器具主要可以分为三类：一类为普通的钠钙玻璃器具；二类为高档铝晶质玻璃器具，其特点是折光率高、晶莹透明，能制成各式高档工艺品和日用品；三类为稀土着色玻璃器具，其特点是在不同的光照条件下，能够显示五彩缤纷、瑰丽多姿的色彩效果。

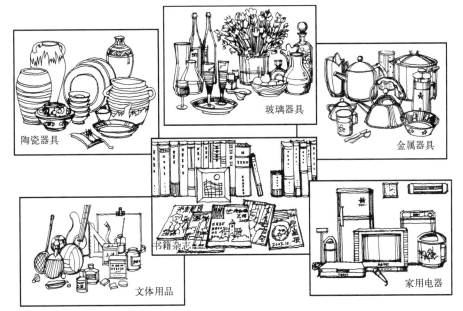

图6-19 功能多样的室内日用陈设品

在室内环境中布置玻璃器具，应着重处理好它们与背景的关系，尽量通过背景的烘托反衬出玻璃器具的质感和色彩，同时应该避免过多的玻璃器具堆砌陈列在一起，以免产生杂乱的印象。

（3）金属器具

金属器具主要指以银、铜为代表制成的金属实用器具，一般银器常用于酒具和餐具，其光泽性好，且易于雕琢，可以制作得相当精美。铜器物品包括红铜、青铜、黄铜、白铜制成的器物，品种有铜火锅、铜壶等实用品，钟磬、炉、铃、佛像等宗教用品，炉、熏、卤、瓢、爵、鼎等仿古器皿，各种铜铸动物、壁饰、壁挂，铜铸纪念性雕塑等。这些铜器物品往往端庄沉着、表洁度好、精美华贵，可以在室内空间中显示出良好的陈设效果。

（4）文体用品

文体用品包括文具用品、乐器和体育运动器械。文具用品是室内环境中最常见的陈设物品之一，如：笔筒、笔架、文具盒和笔记本等。乐器除陈列在部分公共建筑中以外，主要陈列在居住空间之中，如：音乐爱好者可将自己喜欢的吉他、电子琴、钢琴等乐器陈列于室内环境，既可怡情遣性、陶冶性情，又可使居住空间透出高雅的艺术气氛。此外随着人们对自身健康的关注，体育运动用品与健身器材也越来越多地进入人们生活与工作的室内环境，且成为室内空间中新的亮点。特别是造型优美的网球拍、高尔夫球具、刀剑、弓箭等运动健身器材，常常可以给室内环境带来勃勃生机和爽朗活泼的生活气息。

（5）书籍杂志

书籍杂志是不少空间的陈设物品，有助于使室内空间增添文化气息，达到品位高雅的效果。通常书籍都存放在书架上，但也有少数自由散放。为了取得整洁的效果，一般按书籍的高矮和色彩来分组，或把相同包装的书分为一组；有时并非所有的书都立放，部分横放的书也许会增添生动的效果。书架上的小摆设，如：植物、古玩及收藏品都可以间插布置，以增强陈设的趣味性，且与书籍相互烘托，产生动人的效果。

（6）家用电器

家用电器已经成为室内环境的重要陈设物品，常见的有：电视机、音响设备、电冰箱等。家用电器造型简洁、工艺精美、色彩明快，能使空间环境富有现代感，它们与组合柜、沙发椅等现代家具相配合，可以达到和谐的效果。

电视机应放在高低合适的位置，屏幕距观看者的距离要合适，以便既能看清画面，又能保护人们的视力。大型台式、落地式音响设备等宜与沙发等结合，布置在空间的一侧或一角，使此处成为欣赏音乐、接待客人的场所。音箱的大小和功率要与空间大小相配合，两个音箱与收听者的位置最好构成三角形，以便取得良好的音响效果。

除了上述六类日用陈设品之外，还有许多日常用品可归入室内日用陈设品的范围，如：化妆品、食品、时钟等，它们都具有各种不同的实用功能，但又能为室内环境增色不少。

3）装饰陈设品

装饰陈设品指本身基本上没有实用价值而纯粹作为观赏的陈设物品，包括艺术品、工艺品、纪念品、收藏品、观赏动植物等，见表6-2和图6-20。

常见的主要装饰陈设品一览表　　　　表6-2

艺术陈设品	● 珍贵的陈设物品，包括绘画、书法、雕塑、摄影作品等，本身具有较高的艺术价值，能够美化环境、陶冶情操、提高环境品味； ● 艺术陈设品选择时，应注意与室内风格、造型的协调，应有助于表现空间主题、表现使用者情趣和烘托环境气氛
工艺陈设品	● 种类较多，主要可分为两类：实用工艺品、观赏工艺品； ● 实用工艺品既有实用价值，又有装饰性，主要包括瓷器、陶器、搪瓷制品、竹编和草编等； ● 观赏工艺品主要供人们观赏，实用性较少或者没有，主要包括挂毯、挂盘、牙雕、木雕、石雕、贝雕、彩塑、景泰蓝、唐三彩等； ● 有些工艺陈设品散发着浓郁的乡土气息，构成了民族文化的一部分，如：泥塑、面人、剪纸、刺绣、布贴、蜡染、织锦、风筝、布老虎、香包与漆器等
纪念陈设品、收藏陈设品	● 纪念陈设品具有纪念意义，能寄托人们的情感，主要包括：世代相传的物品、亲朋好友赠送的礼品或各种各样的奖状、证书、奖杯、奖品等。此外，外出旅游带回的特色工艺品、生日礼物、婚礼照片等也可以作为纪念陈设品； ● 收藏陈设品内容广泛，主要包含：邮票、钱币、石头、树根、古玩、动植物标本、民间工品、字画等； ● 通常采用集中陈设的方式，有时可以作为室内的重点陈列对象
观赏动、植物	● 用于室内环境的观赏植物种类很多，观赏动物主要有鸟和鱼等； ● 观赏植物有助于使内部空间充满生机，有助于静心养神，有助于缓解人们的心理疲劳； ● 观赏动物往往能取得良好的效果，如：鸟在笼中啼鸣，鱼在水中游动，容易给室内空间注入活力

表格来源：辛艺峰制作．

图6-20　具有观赏价值的室内装饰陈设品

6.2.3　室内陈设的选择与布置

　　室内陈设品的选择首先必须考虑使用者的特点，公共建筑内的陈设品应该考虑大部分使用人群的爱好，住宅内的陈设品则主要考虑居住者的兴趣爱好。

　　陈设品的选择与布置还应该从室内环境的整体性出发，在统一之中求变化。首先应使陈设与室内空间的功能和室内的整体风格相协调；其次应考虑室内陈设的安全性、观赏距离和构图均衡；同时室内环境中的陈设应该有主有次，以使空间层次更为丰富。

1）陈设品的选择

风格和造型是陈设品选择时的重要考虑因素，需要精心推敲。

（1）陈设品的风格

陈设品的风格是多种多样的，它既能代表一个时代的经济技术水平，又能反映一个时期的文化艺术特色，如：西藏地区的藏毯，其色彩、图案都饱含民族风情；贵州的蜡染则体现了西南地区特有的少数民族风格；江苏宜兴的紫砂壶，不仅造型优美、质地朴实，而且还具有浓郁的中国特色。

陈设品的风格选择必须以室内整体风格为依据，具体可以考虑以下两种可能：

一是选择与室内风格协调的陈设品，这样不仅能产生统一、纯真的感觉，而且也容易达到整体协调的效果，这类成功的实例很多。

二是选择与室内风格对比的陈设物品，它能在对比中获得生动、活泼的趣味。但这种情况下陈设品的变化不宜太多，只有少而精的对比才有可能使其成为视觉中心，否则会产生杂乱之感。

（2）陈设品的造型

陈设品的造型千变万化，它的形、色、质丰富多彩。就形态而言，既有简洁挺拔的外形，也有曲线柔和的外观，还有婀娜多姿的形态……就色彩而言，既有采用"强调色彩"的，也有采用"背景色彩"的；就质感而言，有木、

竹、玻璃、塑料、金属、石材、丝绸等各种材质，变化多端。

因此，在室内设计中，应该巧妙运用陈设品千变万化的造型，根据其自身的特点和所处空间的情况，采用或统一、或对比的手法，营造生动丰富的空间效果。

2）陈设品的布置

室内陈设布置是室内环境的再创造，因此应该遵循一定的原则与方式。

（1）布置原则

陈设品的布置应遵循一定的原则，概括地说有以下四点：

第一，格调统一，与室内整体环境协调。陈设品应遵从空间环境的主题，与室内整体环境统一，与相邻的陈设协调。

第二，构图均衡，空间关系合理。陈设品在室内空间所处的位置，要符合整体空间的构图关系，并遵循形式美的原则，如：均衡对称、节奏韵律等。

第三，有主有次，营造层次丰富的空间关系。陈设品的布置应主次分明，重点突出。精彩的陈设品应重点陈列，使其成为视觉中心；相对次要的陈设品，则应处于陪衬地位。

第四，注意效果，便于人们观赏。应注意陈设品的视觉观赏效果，考虑观看者的视线高度、角度，以及陈设品本身的特点，将陈设品最优美的特点展现出来。

（2）陈列方式

陈设品的陈列方式主要有墙面陈列、台面陈列、橱架陈列及其他各类陈列方式，见表6-3、图6-21～图6-23。

常见的陈设品陈列方式一览表　　　　　　　　　　　　表6-3

墙面陈列	● 将陈设品张贴、钉挂在墙面上的陈列方式。主要用于展示书画、编织物、挂盘、木雕、浮雕等艺术品，也可悬挂一些工艺品、民俗器物、照片、纪念品、嗜好品、个人收藏品、乐器以及文体娱乐用品等； ● 布置这些作品时，应选择完整的墙面和适宜的观赏高度； ● 应注意陈设品本身的面积、数量与墙面的关系，与邻近家具以及其他装饰品的关系。墙面宽大时，宜布置大的陈设品；墙面窄小时，宜布置小的陈设物品
台面陈列	● 将陈设品陈列于水平台面上的陈列方式，台面包括书桌、餐桌、梳妆台、茶几、床头柜、写字台、画案、角柜台面、钢琴台面、化妆台面、矮柜台面等； ● 用于台面陈列的常见陈设品有：工艺品、收藏品、台灯、闹钟、电话、化妆品、文具、书籍、餐具、花卉、水果、茶具、植物等； ● 陈列物品须与人们的生活行为配合；如：沙发茶几上陈列的一般以茶具、果盘、烟缸等物品为主； ● 台面陈列品宜精不宜杂，既井然有序，又有适当的变化
橱架陈列	● 一种兼有贮藏作用的陈列方式，将各种陈设品集中陈列，使空间显得整齐有序，是非常实用的陈列方式； ● 适合于橱架陈列的陈设品有：书籍杂志、陶瓷、古玩、工艺品、奖杯、奖品、纪念品、个人收藏品等； ● 橱架一般为开敞式，也可用玻璃门将橱架封闭，保证安全和清洁； ● 橱架陈列有单独陈列、组合陈列两种方式，橱架的造型、风格应与整体环境和展品协调，一般情况下以简洁造型为多
其他陈列方式	● 地面陈列：常用于某些尺寸较大的陈设品，如：雕塑、灯具、钟、盆栽等； ● 悬挂陈列：在大空间中常常使用，如：吊灯、吊饰、帘幔、标牌、植物等； ● 窗台陈列：以布置花卉植物、玩具、工艺品等为主，要注意不能影响开窗，同时要防止坠落

表格来源：辛艺峰制作.

图 6-21　墙面陈列的室内陈设品

图 6-22　台面陈列的室内陈设品

图 6-23　橱架陈列的室内陈设品

6.3　室内绿化

室内绿化，有时也可称为室内园艺，是指把自然界中的绿色植物和山石水体经过科学的设计、组织所形成的具有多种功能的内部自然景观，室内绿化能够给人带来一种生机勃发的环境气氛。

随着城市化进程的加快，人与自然日趋分离，所以人们更加渴望能在室内空间中欣赏到自然的景象，享受到绿色植物带来的清新气息，正因为如此，室内绿化已引起人们的普遍重视，走进千家万户。生机盎然的室内绿化已经超出其他室内陈设品的作用，成为室内环境中具有生命活力的设计元素。

6.3.1　室内绿化的作用

绿色植物引入室内环境已有久远的历史，通过植物（尤其是活体植物）、山石、水体在室内的巧妙配置，使其与室内诸元素达到统一，进而产生美学效应，给人以美的享受。室内绿化在内部空间中的主要作用见表6-4。

6.3.2　室内植物的生态条件与布置方式

室内环境的生态条件异于室外，通常光照不足、空气湿度较低、空气流通不畅、温度比较恒定，一般情况下不利于植物的生长。为了保证植物能在室内环境中有一个良好的生态条件，除需要科学地选择植物和注意养护管理之外，还需要通过现代化的人工设备来改善室内的光照、温度、湿度、通风等条件，从而创造出既利于植物生长，又符合人们生活和工作要求的人工环境。

1）室内植物的生态条件

（1）光照

光是绿色植物生长的首要条件，它既是生命之源，也是植物生活的直接能量来源。一般来说，光照充足的植物生长得枝繁叶茂，从相关资料来看，一般认为低于300lx的光照强度，植物就不能维持生长。然而不同的植物对光照的需求是不一样的，生态学上按照植物对光照的需求将其分为三类，其中阳性植物是指需要较强的光照，在强光（全日照70%以上的光强）

	室内绿化的主要作用	表6-4
改善气候	●绿色植物有助于调节温度、湿度，改善室内小气候； ●花草树木具有良好的吸声、降低噪声、隔阻噪声的作用； ●绿色植物能吸收二氧化碳，放出氧气，提高室内空气质量	
美化环境	●能以其特有的自然美为建筑内部环境增加动感与魅力； ●可以消除内部空间的单调感，增强室内环境的表现力和感染力； ●可以反映出丰富的色彩变化，当植物花期来临时会形成色彩缤纷的效果	
组织空间	●绿色植物和水体既能限定空间，又能使空间互相渗透，保持联系； ●绿色植物和水体能联系空间，使空间过渡自然流畅，且有扩大空间感的作用； ●室内的有些角落空间，可以用植物、山石、水体来填充，使空间更加充实、更加生动	
陶冶性情	室内绿化形成的空间美、时间美、形态美、音响美、韵律美和艺术美能极大地丰富和加强室内环境的表现力和感染力，从而使室内空间具有相应的自然氛围，满足人们的精神要求	

表格来源：辛艺峰制作.

环境中才能生长健壮的植物；阴性植物是指在较弱的光照条件下（为全日照的 5%～20%）比强光下更易生长的植物；耐荫植物则是指需要的光照在阳性和阴性植物之间，对光的适应幅度较大的植物。显然，用于室内的植物主要应该采用阴性植物，也可使用部分耐荫植物。

（2）温度

温度变化将直接影响植物的光合作用、呼吸作用、蒸腾作用等，所以温度成为绿色植物生长的第二重要条件。相对室外而言，室内环境中温度的变化要温和得多，其温度变化具有三个特点：一是温度相对恒定，温度变幅大致在 15～25℃之间；二是温差小，室内温差变化不大；三是没有极端温度，这对某些要求低温刺激的植物来说是不利的。但是由于植物具有变温性，一般的室内温度基本适合于绿色植物的生长。考虑到人的舒适性，室内绿色植物大多选择原产于热带和亚热带的植物品种，其有效生长温度一般以 18～24℃为宜，夜晚也要求高于 10℃。若夜晚温度过低就需依靠恒温器在夜间增添热量，并控制空气的流通。

（3）湿度

空气湿度对植物生长也起着很大的作用，室内空气相对湿度过高会让人们感到不舒服，过低又不利植物生长，一般控制在 40%～60% 对两者比较有利。如降至 25% 以下就会对植物生长产生不良的影响，因此要预防冬季供暖时空气湿度过低的弊病。在室内造景时，设置水池、叠水、瀑布、喷泉等均有助于提高室内空气的湿度。若没有这些水体，也可采用喷雾的方式来湿润植物周围的地面，或采用套盆栽植来提高空气的湿度。

（4）通风

风是空气流动而形成的，轻微的或 3～4 级以下的风，对于气体交换、植物的生理活动、开花授粉等都很有益处。在室内环境中由于空气流通性差，常常导致植物生长不良，甚至发生叶枯、叶腐、病虫滋生等现象，因此要通过开启窗户来进行调节。阳台、窗口等处空气比较流通，有利于植物的生长；墙角等地通风性差，这些地方摆放的室内盆栽植物最好隔一段时间就搬到室外去通通气，以利于继续在室内环境中摆放。许多室内绿化植物对室内废气都很敏感，为此室内空间应该尽量勤通风换气，利于室内绿化植物生长的风速一般以 0.3m/s 以上为佳。

（5）土壤

土壤是绿色植物的生长基础，它为植物提供了生命活动必不可少的水分和养分。由于各种植物适宜生长的土壤类型不同，因此要注意做好土壤的选择。种植室内植物的土壤应以结构疏松、透气、排水性能良好，又富含有机质的土壤为好。

土中应含有氮、磷、钾等营养元素，以提供植物生长、开花所必须的营养。盆栽植物用土，必须选用人工配制的培养土。理想的培养土应富含腐殖质，土质疏松，排水良好，干不裂开，湿不结块，能经常保持土壤的滋润状态，利于根部生长。此外，土壤的酸碱度也影响着花卉植物的生长和发育，应该引起注意。为了消除蕴藏在土壤中的病虫害，在选用盆土时还要做好消毒工作。

2）室内植物的种类

室内植物的种类很多，可以简单分为室内

自然生长植物和仿真植物二大类。

室内自然生长植物从观赏角度来看可分为观叶植物、观花植物、观果植物、闻香植物、藤蔓植物、室内树木与水生植物等种类，见表6-5、图6-24。

仿真植物是指用人工材料，如塑料、绢布等制成的观赏性植物，也包括经防腐处理的植物体经再组合后形成的仿真植物。随着制作材料及技术的不断改善，这种非生命植物越来越受到人们的欢迎，特别在光线阴暗的地方、光线强烈的地方、温度过低或过高的地方、人难以到达的地方、结构不宜种植的地方、特殊环境、养护费用低等地方具有很强的实用价值（图6-25）。

3）室内植物的选择

植物世界是一个巨大的王国，由于各种植物自身生长特征的差异，对环境有不同的要求；与此同时，每个特定的室内环境又要求有不同品种的植物与之配合，所以，需要设计师综合考虑。

首先，需要考虑建筑的朝向，并需注意室内的光照条件，这对于永久性室内植物而言尤为重要，因为光照是植物生长最重要的条件。同时室内空间的温度、湿度也是选用植物必须考虑的因素。因此，季节性不明显、容易在室内成活、形态优美、富有装饰性的植物是室内绿色植物的必要条件。

其次，要考虑植物的形态、质感、色彩是

常见的室内自然生长植物一览表　　　　　　　　　　　　　　　　　表6-5

观叶植物	以植物的叶茎为主要观赏特征的植物类群。此类植物叶色或青翠、或红艳、或斑斓，叶形奇异，叶繁枝茂，有的还四季如春，经冬不凋，清新幽雅，极富生气。代表性的植物品种有文竹、吊兰、竹子、芭蕉、吉祥草、万年青、天门冬、石菖莆、常春藤、橡皮树、难尾仙草、蜘蛛抱蛋等
观花植物	按形态特征分为木本、草本、宿根、球根四大类。代表性植物有玫瑰、玉兰、迎春、翠菊、一串红、美女樱、紫茉莉、凤仙花、半枝莲、五采石竹、玉簪、蜀葵、唐菖莆、大丽花等
观果植物	这类植物春华秋实，结果累累，有的如珍珠、有的似玛瑙、有的像火炬，色彩各异，可赏可食。代表性植物有石榴、枸杞、火棘、天竺、金桔、玳玳、文旦、佛手、紫珠、金枣等
藤蔓植物	● 藤本植物有攀援型和缠绕型之分，如：常春藤类，白粉藤类，龟背竹和绿萝等属攀援型；文竹、金鱼花、龙吐珠等属缠绕型； ● 蔓生性植物指有葡萄茎的植物，如：吊兰、天门冬； ● 藤蔓植物大多用于室内垂直绿化，多做背景，有吸引人的特征
闻香植物	花色淡雅，香气幽远，沁人心脾，既是绿化、美化、香化空间的材料，又是提炼天然香精的原料。代表性植物有茉莉、白兰、珠兰、米兰、栀子、桂花等
室内树木	树形、叶子都是观赏对象。树形有棕榈形，如棕榈科植物、龙血树类、苏铁类和桫椤等植物；圆形树冠，如白兰花、桂花、榕树类；塔形，如南洋杉、罗汉松、塔柏等
水生植物	● 有漂浮植物、浮叶根生植物、挺水植物等几类，用于室内水景； ● 漂浮植物，如凤眼莲、浮萍植于水面；浮叶根生的睡莲植于深水处；水葱、旱伞草、慈菇等挺水植物植于水际；再高还可植日本玉簪、葛尾等湿生性植物

表格来源：辛艺峰制作．

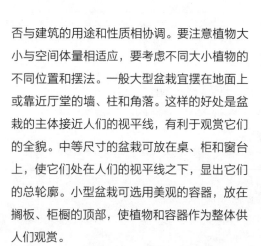

图 6-24 室内自然生长的植物

图 6-25 室内仿真植物

否与建筑的用途和性质相协调。要注意植物大小与空间体量相适应，要考虑不同大小植物的不同位置和摆法。一般大型盆栽宜摆在地面上或靠近厅堂的墙、柱和角落。这样的好处是盆栽的主体接近人们的视平线，有利于观赏它们的全貌。中等尺寸的盆栽可放在桌、柜和窗台上，使它们处在人们的视平线之下，显出它们的总轮廓。小型盆栽可选用美观的容器，放在搁板、柜橱的顶部，使植物和容器作为整体供人们观赏。

同时，季相效果也是值得考虑的因素，利用植物季节变化形成典型的春花、夏绿、秋叶、冬枝等景色效果，使室内空间产生不同的情调和气氛，使人们获得四季变化的感觉。

再者，室内植物的选用还应与文化传统及人们的喜好相结合，如：人们喻荷花为"出淤泥而不染，濯清涟而不妖"，以象征高尚的情操；喻竹为"未曾出土先有节，纵凌云霄也虚心"，以象征高风亮节的品质；称松、竹、梅为"岁寒三友"，梅、兰、竹、菊为"四君子"；喻牡丹为高贵，石榴为多子，萱草为忘忧等；在西方紫罗兰为忠实永恒、百合花为纯洁、郁金香为名誉、勿忘草为勿忘我等。

此外，要避免选用高耗氧、有毒性的植物，特别不应出现在居住空间中，以免造成意外。

常用的室内绿色植物见表 6-6。

4）室内植物的布局方式

室内空间中布置绿色植物，首先要考虑室内空间的性质、用途，然后根据植物的尺寸、形状、色泽、质地，充分利用墙面、顶面、地

常用室内绿色植物一览表　　　　　　　　　　　　表 6-6

类别	名称	高度（m）	叶	花	光	最低温度（℃）	湿度	用途 盆栽	用途 悬挂	用途 攀援
树木类	巴西铁树	1 ~ 3	绿	—	中、高	10 ~ 13	中	O		
	散尾葵	1 ~ 10	绿	—	中、高	16	高	O		
	孔雀木	1 ~ 3	绿褐	—	中、高	15 ~ 18	中	O		
	印度橡胶榕	1 ~ 3	深绿	—	中、高	5 ~ 7	中			
	观音竹	0.5 ~ 1.5	绿	—	低、高	7	高	O		
观叶类	细斑粗肋草	0 ~ 0.5	绿	—	低~高	13 ~ 15	中	O		
	火鹤花	0 ~ 0.8	深绿	—	中、高	10 ~ 13	高	O		
	文竹	0 ~ 3	绿	—	中、高	7 ~ 10	中	O		O
	一叶花	0 ~ 0.5	深绿		低	5 ~ 7	低	O		
	吊兰	0 ~ 1	绿白		中	7 ~ 10	中	O	O	
	花叶万年	0 ~ 0.5	绿	—	低~高	15 ~ 18	中	O		
	绿萝	0 ~ 1	绿	—	低、中	16	高	O	O	O
	富贵竹	0 ~ 1	绿	—	低、高	10 ~ 13	中	O		
	龟背竹	0.5 ~ 3	绿	—	中	10 ~ 13	中	O		O
	春羽	0.5 ~ 1.5	绿	—	中	13 ~ 15	中	O	O	
	海芋	0.5 ~ 2	绿	—	中	10 ~ 13	中	O		
	银星海棠	0.5 ~ 1	复色绿	—	中	10	中	O		
观花类	珊瑚凤梨	0.5 ~ 1	浅绿	粉红	高	7 ~ 10	中	O		
	白鹤芋	0 ~ 0.5	深绿	白	低~高	8 ~ 13	高	O		
	马蹄莲	0 ~ 0.5	绿	白、红、黄	中	10	中	O		
	八仙花	0 ~ 0.5	绿	复色	中	13 ~ 15	中	O		

表格来源：中国建筑工业出版社，中国建筑学会总主编.建筑设计资料集（第一分册）[M].第 3 版.北京：中国建筑工业出版社，2017：598.

面来布置植物，达到组织空间、改善空间和渲染空间的目的。许多大中型公共建筑常辟有高大宽敞、具有一定自然光照的"共享空间"，这里是布置大型室内景园的绝妙场所，如广州白天鹅宾馆就设置了以"故乡水"为主题的室内景园。大厅贴壁建成一座假山，山顶有亭，山壁瀑布直泻而下，壁上种植各种耐湿的蕨类植物、沿阶草、龟背竹。瀑布下连曲折的水池，池中有鱼、池上架桥，并引导游客欣赏珠江风光。池边种植旱伞草、艳山姜、棕竹等植物，高空悬吊巢蕨。绿色植物与室内空间关系处理得水乳交融，优美的室内园林景观使宾客流连忘返（图 6-26）。

室内植物布局的方式多种多样、灵活多变

（图6-27）。从形态上可归纳为以下四种形式：

（1）点状布局

指独立或组成单元集中布置的植物布局方式。这种布局常常用于室内空间的重要位置，除了能加强室内的空间层次感以外，还能成为室内的景观中心，因此，在植物选用上更加强调其观赏性。点状绿化可以是大型植物，也可以是小型花木。大型植物通常放置于大型厅堂之中；而小型花木，则可置于较小的房间里，或置于几案上或悬吊布置，点状绿化是室内绿化中运用最普遍、最广泛的一种布置方式。

（2）线状布局

指绿化呈线状排列的形式，有直线式或曲线式之分。其中直线式是指用数盆花木排列于窗台、阳台、台阶或厅堂的花槽内，组成带式、折线式，或呈方形、回纹形等，直线式布局能起到区分室内不同功能区域、组织空间、调整光线的作用；而曲线式则是指把花木排成弧线形，如：半圆形、圆形、S形等多种形式，且多与家具结合，并借以划定范围，组成较为自由流畅的空间。

（3）面状布局

指成片布置的室内绿化形式。多数用作背景，这时绿化的体、形、色等都应以突出其前面的景物为原则。有些面状绿化可能用于遮挡空间中有碍观瞻的东西，这个时候它就不是背景而是空间内的主要景观面了。植物的面状布局形态有规则式、自由式两种，常用于大面积

图6-26　广州白天鹅宾馆中庭室内绿化

图6-27　多种多样的室内植物布局

空间和内庭之中，其布局要有丰富的层次，并达到美观耐看的艺术效果。

（4）综合布局

综合布局是指由点、线、面有机结合而成的绿化形式，是室内绿化布局中采用最多的方式。它既有点、线，又有面，且组织形式多样，层次丰富。布置时应注意高低、大小、聚散的关系，并在统一中有变化，以传达出室内绿化丰富的内涵和主题。

6.3.3 室内山水的类型与配置

山石与水体是除了绿色植物之外最重要的室内绿化构成元素，二者相辅相成，往往同时出现。水体的形态常常为山石所制约，以池为例，或圆或方，皆因池岸而形成；以溪为例，或曲或直，亦受堤岸的影响；瀑布的动势亦与悬崖峭壁有关；石缝中的泉水正因为有石壁作为背景才富有情趣，所以在室内绿化中，山石

与水体往往结合在一起，所谓"山因水而活""水得山而媚"。

1）室内山石的类型与配置

山石是重要的造景素材，古有："园可无山，不可无石""石配树而华，树配石而坚"之说，所以室内常用石叠山造景，或供几案陈列观赏。能作石景或观赏的素石称为品石。选择品石的传统标准为"透、瘦、漏、绉"四个字。所谓"透"就是孔眼相通，似有路可行；所谓"瘦"就是劈立当空，孤峙无依；所谓"漏"就是纹眼嵌空，四面玲珑；所谓"绉"就是石面不平，起伏多姿。现在选择品石的标准自然不必拘泥于以上四个字，只要与建筑内部空间的性质、功能及造型相配就可以了。

（1）室内山石的类型

室内山石的类型有太湖石、锦川石、英石、黄石、花岗石与人工塑石等，见表 6-7、图 6-28。

常用室内山石类型一览表　　　　　　　　　　　　　　表 6-7

太湖石	1）质坚表润，嵌空穿眼，纹理纵横，连联起隐，叩击有声响，外形多峰峦岩窦之致； 2）原产自西洞庭湖，石在水中因波浪激啮而嵌空，经久浸灌而光莹，滑如肪，黝如漆，矗如峰峦，列如屏障
锦川石	1）其表面似松皮状，形状如笋，俗称石笋，又叫松皮石。有纯绿色，亦有五色兼备者； 2）一般长三尺许，两两三三散置在室内庭园的花丛竹林间
英石	1）石质坚而润，色泽微呈灰黑，节理天然，面有大皱小皱，多棱角，稍莹彻，峭峰如剑； 2）岭南内庭叠山多取英石，构筑成拙峰型和壁型两类假山； 3）小而奇巧的英石多用于室内几案小景陈设
黄石	1）质坚色黄，石纹古拙，中国很多地区均有出产； 2）黄石叠山，粗犷而富有野趣
花岗石	1）质坚硬，色灰褐，除作山石景外，常加工成板桥、铺地、石雕以及其他室内庭园工程构件和小品； 2）岭南地区内庭常以此石做散石景，有旷野纯朴之感
人工塑石	1）以砖砌体为躯干，饰以彩色水泥砂浆，根据不同的室内庭院要求塑造山形，达到山形、色质、气势均佳； 2）经过制作者的认真操作，室内人工塑石也能达到新颖而富野趣的艺术效果

表格来源：辛艺峰制作．

常见的室内山石配置形式一览表   表 6-8

假山	● 室内假山大都作为背景存在，且需要有高大的空间； ● 要与绿化相结合，才有利于远观近看，并有真实感； ● 石块与石块之间的垒砌需考虑呼应关系，使人感到错落有致，相互顾盼
石壁	砌筑石壁应使壁势挺直如削，壁面凹凸起伏，如顶部悬挑，就会更具悬崖峭壁的气势
石洞	● 石洞构成空间的体量根据洞的用途及其与相邻空间的关系决定； ● 洞与相邻空间应保持若断若续，形成浑然一体的效果； ● 石洞如能引来一股水流，则更有情趣
峰石	单独设置的峰石，应选形状和纹理俱佳者，一般按上大下小的原则竖立，以形成动势
散石	● 组织散石时，要注意大小相间、距离相宜、三五聚散、错落有致，力求使观赏价值与使用价值相结合，使人依石可以观鱼、坐石可以小憩、扶石可以留影； ● 配置散石可起到小品的点缀作用，要在统一之中求变化。散石之间、散石与周围环境之间要有整体感，粗纹的要与粗纹的相组合，细纹的要与细纹的搭配，色彩相近的最好成一组； ● 当成组或连续布置散石时，可通过连续不断、有规律地使用大小不等、色彩各异的散石，形成一种起伏变化的秩序，做到有韵律感，有动势感

表格来源：辛艺峰制作.

太湖石　　　　锦川石　　　　英石　　　　黄石

钟乳石　　　　剑石　　　　蜡石

青石　　　　黄蜡石　　　　珊瑚石

图 6-28　室内山石的类型

（2）室内山石的配置形式

构筑室内山石景观的常用手法有散置和叠石两种，其中叠石的手法较多，有卧、蹲、挑、飘、洞、眼、窝、担、悬、垂、跨等形式，见图6-29。通过散置和叠石处理后形成的山石配置形式主要有：假山、石壁、石洞、峰石与散石等（表6-8）。

2）室内水体的类型与配置

水是最活跃、在建筑内外空间环境设计中运用最频繁的自然元素，它与植物、山石相比，更富于变化，更具有动感，因而就更容易使室内空间富有生命力。室内水体景观还可以改善室内微气候，烘托环境气氛，形成某种特定的空间意境与效果。

（1）室内水体的类型

室内水体景观具有曲折流畅、滴水有声的景观效果，为室内环境增添了独具一格的艺术魅力。室内水体的类型主要有喷泉、瀑布、水池、溪流与涌泉等形式（表6-9）。

（2）室内水体的配置形式

用于室内空间的水体配置形式主要包括构成主景、作为背景与形成纽带等（图6-30）。

第一，构成主景。瀑布、喷泉等水体，在形状、声响、动态等方面具有较强的感染力，能使人们得到精神上的满足，从而能构成环境中的主要景点。

第二，作为背景。室内水池多数作为山石、小品、绿化的背景，突出于水面的亭、廊、桥、

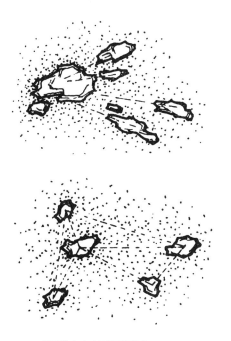

散置的室内山石配置形式

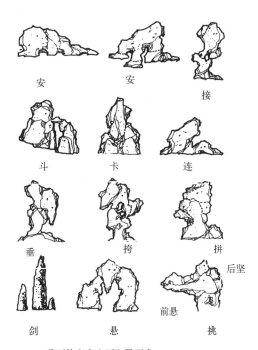

叠石的室内山石配置形式

图6-29　室内山石的配置形式

常见的室内水体类型一览表　　　　　　　　表 6-9

喷泉	● 基本特点是活泼。室内环境中大部分是人工喷泉，形式繁多，其喷射形式有单射流、集射流、散射流、混合射流、球形射流、喇叭形射流等； ● 人工喷泉的喷头、水柱、水花、喷洒强度和综合形象等都可按设计者的要求进行处理。可通过电脑控制形成音乐喷泉、烟雾喷泉、时钟喷泉、变换图案喷泉等； ● 喷泉需与水池、雕塑、山石相配，加上灯光和音乐等手段，常能取得很好的视觉效果
瀑布	● 基本特点是动感强烈，其落差和水声可使室内空间有声有色，静中有动； ● 可在低处挖池作潭，利用假山叠石，使水自高处泻下，击石喷溅，形成飞流千尺之势
水池	● 基本特点是平和。室内筑池蓄水，倒影交错，游鱼嬉戏，水生植物飘香，使人浮想联翩，心旷神怡； ● 水池的形状取决于驳岸，或方、或圆、或曲折、或自然形； ● 池岸采用不同的材料，能出现不同的风格意境。池也由于不同的深浅而形成滩、池、潭等
溪流	● 属线形水体，水面狭而曲长，水流因势回绕； ● 一般利用大小水池之间，挖沟成涧，或轻流暗渡，或环屋回索，使室内空间更加自如
涌泉	能模拟自然泉景，做成或喷成水柱、或漫溅泉石、或冒地珠涌、或细流涓滴、或砌成井口栏台做甘泉景观，景观效果生动、富有情趣

表格来源：辛艺峰制作.

图 6-30　室内水体的构景形式

岛，漂浮于水面的水草、莲花，水中的游鱼等都能在水池的衬托下格外生动醒目。

第三，形成纽带。水池、小溪等可以沟通空间，成为内部空间之间、内外空间之间的纽带，使内部与外部融合成整体，同时还可使室内空间更加丰富、更加富有情趣。

6.3.4　室内绿化中的环境小品

室内绿化中的环境小品很多，包括室内空间中的亭子、隔断、栏杆、小桥、雕塑、壁画、路标、种植容器与庭园灯具等。环境小品的体量往往不大，作用却很重要，它们一般位于人们的必经之地，处在人们的视野之中，其外观效果必然影响整个环境。良好的环境小品能为室内环境增光，低劣的小品则会使室内环境减色，因此，环境小品也应纳入室内设计的范围，并从总体构思出发，仔细推敲其体量、形状、色彩与格调，使之成为室内空间中不可分割的有机整体。

6.4　室内标识

人们总是力图尽量迅速、方便地到达目的地，完成自己的预定活动，因而室内公共环境中的标识设计——导向系统就显得极其重要，它是人们在室内公共场所完成各项活动的最佳助手。所谓室内标识系统，是指在室内整体设计理念指导下，对人们进行指示、引导、限制，并具有个性化特征的、统一的导向识别系统。就建筑内外空间的标识系统来看，它包括各种场合和各种活动中，从小到大的各类识别项目，其最基本的功能是指示、引导、限制。在室内设计中，一定要确保标识系统的明快、醒目与易懂，同时要根据室内公共场所的特征，努力创造一个与室内公共环境相协调的室内标识系统（图6-31）。

图6-31　室内公共环境场所常用的识别图形设计

6.4.1 室内标识的作用

室内公共场所的标识是用图形符号和简单文字表示规则的一种方法，它主要通过一目了然的图形符号，以通俗易懂的方式表达、传递有关规则的信息，而不依赖于语言、文字，以克服人们因使用不同语言和文字所产生的障碍。其作用主要表现在以下这些方面：

识别——指标识图形符号有助于人们识别空间环境；

诱导——指标识图形符号能够诱导人们从一个空间依次走向另一个空间；

禁止——指标识图形符号能够起到制止或不准许发生某种行动的作用；

提醒——指标识图形符号能够提醒人们的某种行为；

指示——指标识图形符号能够起到指示空间环境方向的作用；

说明——指标识图形符号能够对某种人们不了解的事物起到说明的作用；

警告——指标识图形符号能够起到预先警告作用，预防可能发生的危险。

室内标识设计与形成良好的内部环境具有密切的关系。以车站为例，稍大一点的车站就分东、南、西、北区，并且有众多的出入口，各功能区包括售票处、候车处、母婴室、军人室、软座室、行李房、安全检查处、问讯处、服务处，医疗处……如果没有醒目、良好的室内标识指示系统就必然会出现人流混乱、毫无秩序的局面，所以，良好的室内标识设计有助于形成良好的秩序和有效的管理，体现以人为本的原则。

6.4.2 室内标识的类型

室内公共场所的标识，其类型从导向形态来分，有视觉导向、听觉导向、空间导向及特殊导向等几种；若从设置方式来分，则有立地式、壁挂式、悬挂式、屋顶式等几种，见表 6-10 和图 6-32。

室内标识的常见类型一览表 表 6-10

导向形态	室内视觉导向	● 最主要的导向形态，在室内公共环境中具有重要作用； ● 包括：文字导向、图形导向、照片、POP 广告、展示陈列、影视、声光广告等
	室内听觉导向	● 具有独特的作用，是室内公共环境的必备设备； ● 包括：语言、喇叭、警铃等
	室内空间导向	● 通过建筑设计、室内设计的方法，进行公共环境的空间导向处理，往往比较自然、巧妙、含蓄； ● 包括：用弯曲的墙面把人流引向某个方向、利用楼梯或踏步暗示出上一层（或下一层）空间、利用顶面或地面处理暗示出前进的方向、利用空间的灵活分隔暗示出另外一些空间的存在等
	室内特殊导向	指为特殊人群（如：老年人、儿童、残障人士）所提供的无障碍设计导向
设置方式	立地式	在室内空间中立于地面的标识，往往形态各异、种类丰富
	壁挂式	在室内空间中利用墙面贴挂的各类标识，是最主要的设置方式之一
	悬挂式	在大中型室内空间中悬挂在顶界面上的各类标识，往往比较醒目，便于人们识别
	屋顶式	设置于屋顶的各类标识，对室外人群发挥吸引、导向作用，往往形象独特，富有个性。这类标识虽置于室外，但常常与室内标识一并设计，共同构成完整的标识体系

表格来源：辛艺峰制作．

图6-32 形式各异的室内导向识别标识

6.4.3 室内标识的设计原则与方法

好的室内标识设计（指占标识总量绝大部分的视觉标识设计）是一种有形、无声、规范的现代室内公共场所管理方法，运用和推广这种有效的管理方法有助于达到提高效率、维持秩序、保障安全、改善环境的目的。

1）室内标识的设计原则

为了让所有人都能迅速了解室内标识的含义，室内标识设计必须遵循准确、清晰、规范、独特、美观的原则。

第一，准确性原则。指识别图形、符号、文字、色彩的含义必须精确，不会产生歧义。就图形而言，它要典型化、要抓住事物的特征，如出租汽车与计程汽车，前者是连钥匙与车子

一起交给租用者，后者是有人驾驶、按程收费，所以如果能够抓住计程器及其符号，就能把两者区别开来了。以色彩而言：冷饮处就不能用暖色，热饮处就要用暖色等。

第二，清晰性原则。指标识的图形要简洁、色彩要明朗，在视觉环境纷乱的地方更应如此。常用方法是运用对比原则，以繁衬简，以灰衬亮。

第三，规范性原则。指文字要规范，不用错字、不用淘汰字、不用冷僻字；标识的图形、位置、色彩必须符合规范标准，即用标准的图形、标准的色彩、标准的排列、标准的文字字型、标准的位置来统一众多的标识图形，从而形成强烈的识别形象。

第四，独特性原则。在标识图形符号设计中要有个性特点，以便于与他人的区别。独

特的形象与设置方式便于给人们留下深刻的印象，有助于树立室内公共环境的形象特征。

第五，美观性原则。指视觉识别图形符号形象应该亲切、可爱、动人、悦目，美的形象能使人们产生轻松自然的情绪，对工作、购物、办事、旅游等带来益处，同时，也有利于改善视觉环境。

第六，系统性原则。标识设计应注重系统性，使内部空间的标识成为一个完整的系统。以商业空间为例，在底层各入口处应分别设置商店的平面图，标明各大类商品的位置及商店内的公共机构，包括问询处、收银处、公平秤、经理值班室、治安处、广播室、厕所等；每一层入口处应设立商品陈列详图；在楼道口、转弯处、十字口处设置商品位置指示简图；在每一个柜台设立终端售货符号……通过这样一个完整的标识系列，顾客一入店门就知道该往何层何处，能便捷地找到目的地。

2）室内常用标识

（1）公共信息识别标识

主要指适用于公共建筑、公共交通、旅游、园林和出版等部门的各类公共信息识别标识。其基本图形位于正方形边框内，边框一般不属于图形符号的标准内容，仅为制作的依据，制作时应考虑基本图形各元素间的比例及与边框的位置关系。通常背景使用白色，图形使用黑色。必要时也可采用黑色背景与白色图形，或其他的颜色。公共信息识别标识布置的要点主要包括以下内容：

第一，识别性标识牌在环境中必须醒目，其正面或邻近处不得有妨碍视读识别标识的障碍物（如广告、标语等）；

第二，导向性标识牌应设在便于选择方向

的通道处，并按通向设施的最短路线布置。若通道很长，应按适当间距重复布置；

第三，指示性标识牌应设在紧靠所指示的设施、单位的上方或侧面、或足以引起人注意的位置；

第四，单个使用导向图形标识时，应与方向标识同时显示在同一标牌上；

第五，方向标识后面可以安排一个以上的图形标识和适当空位，但一行和一个方向最多允许有四个图形标识和适当空位；

第六，并列设置的引导两个不同方向的标识牌之间，至少应有一个空位；

第七，图形标识可以辅以文字标识或说明。文字标识必须与图形标识同时显示，但不得在图形标识边框内添加文字。字的高、宽度约为图形高度的5/8，不得使用行书或草书；

第八，图形标识可以布置在文字标识的一端，也可在两端。标识牌可横向或纵向使用，长度不限；

第九，标识牌上有多项信息和不同方向时，最多可布置五行，并按逆时针顺序排列方向标志（箭头）的方向；一行中表示两个方向的图形标识，其间距不少于两个空位。

（2）安全识别标识

主要指由安全色、图形符号组成，用以引起人们对安全因素的注意，预防事故发生的各类安全识别标识。它通常以图形为主，文字辅之，参照国际标准 ISO 3864 制定，适用于公共建筑及场所、建筑工地、工矿企业、车站、港口、仓库等，而不适用于航空、海运、内河航运及道路交通。安全识别标识的类型、颜色、制作见表 6-11 和图 6-33。

安全识别标识的类型、颜色、制作一览表　　　　表 6-11

类型	警告标志	促使人们提防可能发生的危险，其基本形式为三角形
	禁止标志	制止或不准许某种行动的发生，其基本形式为带斜杠的圆环
	提示标志	提供目标所在位置与方向的信息，可按实际情况改变方向符号
	命令标志	表示必须遵守的规定
	补充标志	不含任何图形符号的文字
颜色	禁止标志	背景颜色横写为红色，竖写为白色。文字颜色横写为白色，竖写为黑色。字体均为等线体
	警告标志	背景颜色横写与竖写均为白色，文字颜色横写与竖写均为黑色。字体为等线体
	命令标志	背景颜色横写为蓝色，竖写为白色。文字颜色横写为白色，竖写为黑色。字体均为等线体
制作	制作	应采用坚固耐用的材料，如金属板、塑料板、木板等，也可直接画在墙壁上。有触电危险的场所的识别标识牌应使用绝缘材料制作
	设置	应设在醒目与安全有关的地方，使人看到后有足够的时间注意其表示的内容，但不宜设在门窗、架子等可移动的物体上
	验收	必须由国家劳动部门指定的有关科研单位检验合格后，方可生产与销售

表格来源：辛艺峰制作，参自：《建筑设计资料集》编委会主编.建筑设计资料集（第一分册）[M].第 2 版.北京：中国建筑工业出版社，1994：79.

警告标志图形：

注意安全　当心火灾　当心烫伤　当心触电　当心伤手　当心扎脚　当心滑跌　当心绊倒

禁止标志图形：

禁止通行　禁止停留　禁止入内　禁止穿钉鞋入内　禁止堆放　禁止吸烟　禁放易燃物　禁带易爆物

禁止拍照　禁止触摸　禁戴手套　禁止靠门　禁坐栏杆　禁将头手伸出窗外　禁止烟火　禁带火种

提示标志图形：

击碎面板　疏散方向　消防设施方向　滑动开门　禁止锁门　拉开门　禁止阻塞　消防梯

命令标志图形：

必须带安全帽　必须穿防护鞋　必须戴防护镜　必须系安全带　必须用防护装置　必须戴防尘口罩　必须戴防护手套　必须加锁

图 6-33　各类安全识别标识图形

本章插图来源：

图 6-1 至图 6-2 辛艺峰．

图 6-3 张绮曼，郑曙旸主编．室内设计资料集 [M]．北京：中国建筑工业出版社，1991：310-311 及辛艺峰．

图 6-4 至图 6-5 同上书，312-316．

图 6-6 辛艺峰．

图 6-7 至图 6-9 张绮曼，郑曙旸主编．室内设计资料集 [M]．北京：中国建筑工业出版社，1991：130，131，133，136，138．

图 6-10 熊照志编绘．西方历代家具图册 [M]．武汉：湖北美术出版社，1986：99，101，102．

图 6-11 至图 6-22 辛艺峰．

图 6-23 王其钧，谢燕编著．现代室内装饰 [M]．天津：天津大学出版社，1992：130．

图 6-24 至图 6-26 辛艺峰．

图 6-27 张绮曼，郑曙旸主编．室内设计资料集 [M]．北京：中国建筑工业出版社，1991：188．

图 6-28 至图 6-30 辛艺峰．

图 6-31《建筑设计资料集》编委会主编．建筑设计资料集（第一分册）[M]．第 2 版．北京：中国建筑工业出版社，1994：75-76．

图 6-32 辛艺峰．

图 6-33《建筑设计资料集》编委会主编．建筑设计资料集（第一分册）[M]．第 2 版．北京：中国建筑工业出版社，1994：78-79．

第7章

特殊人群的室内设计
Interior Design for People with Special Needs

■ 残障人士的室内设计
Interior Design for People with Disabilities
■ 老年人的室内设计
Interior Design for Seniors
■ 儿童的室内设计
Interior Design for Children

通常情况下，室内设计都是以正常人（身心能力无缺陷的人）为基准来进行设计的，但是老人、儿童和身心有障碍的残障人士因生理、心理和行为方式上的特殊性，对于室内空间有着特殊的需求。因此，在设计工作中必须关注这些特殊人群，通过细致入微的设计，创造更舒适、更安全、更方便的人性化室内空间，使他们能够和普通人一样享受生活的乐趣。

7.1 残障人士的室内设计

若留心观察，便会发现周围不少内部空间都存在这样或那样的问题，例如：窗开关够不着、储藏架太高、楼梯转弯抹角、找不到电器开关、电插座位置不当、门把手握不住、厕位太低……这些问题对于健康人而言可能仅仅是带来了一些麻烦，但对于残障人士而言往往是个挫折，有时甚至对他们的安全构成了直接的威胁。因此，消除和减少室内环境中的各种障碍就成为研究"残障人士室内设计"的主要目的。

这里主要以知觉残障（听力、语言与视力残障）和肢体残障，尤其是轮椅使用者为对象来进行探讨。这是因为，这两类人的使用要求是最难以达到的。如果室内空间可以使他们感到使用方便的话，其他残障人士一般也会感到方便，这样就能逐步缩小残障人士与正常人的差距，使他们与正常人一起共享社会文明的成果。

7.1.1 残障人士对室内环境的要求

由于残障人士存在各种不同的功能障碍，其行为能力及方式各不相同，因此对于室内空间的使用要求也各有特点。能使各类残障人士都感到方便的室内环境是不多的，有的设计对某些人有利，却可能给另一些人带来使用困难。如对乘轮椅者来说坡道是必不可少的，但对于步行困难者来说，台阶有时可能会更方便一些，坡道使得他们难以控制自己的重心而随时存在摔倒的危险。但是，如果能够对残障人士的要求一项一项认真考虑的话，可以逐渐总结出一些经验，从而设计出方便大多数残障人士使用的室内空间。

一般认为，根据残障人士伤残情况的不同，室内环境对残障人士的生活及活动构成的障碍主要包括以下三大类型：

1）行动障碍

一些残障人士因为身体器官的一部分或几部分的残缺，使得其肢体活动存在不同程度的障碍。室内设计能否确保他们在水平方向和垂直方向的行动（包括行走及辅助器具的运用等）都能自由而安全，就成为了残障人士室内设计的主要内容之一，在这方面碰到困难最多的是肢体残障人士。

（1）轮椅使用者

在现有生活环境中，一些公共建筑中的服务台与营业台的高度不适合乘轮椅者使用；小型电梯、狭窄的出入口或走廊给乘轮椅者的通行带来困难；大多数旅馆没有方便乘轮椅者使用的客房；部分影剧院和体育场馆没有乘轮椅者观看的席位；很多公共场所的洗手间没有安全抓杆和轮椅专用厕位……这些都是乘轮椅者经常会碰到的障碍。此外，台阶、陡坡、长毛地毯、凹凸不平的地面等也都会给轮椅的通行带来麻烦。

（2）步行困难者

步行困难者是指那些行走起来困难或有危险的人。他们行走时需要依靠拐杖、平衡器、连接装置或其他辅助装置。大多数行动不便的高龄老人、一时的残障者、带假肢者都属于这一类。他们因为水平推进的能力较差，所以行动缓慢，不适应常规运动的节奏。不平坦的地面、松动的地面、光滑的地面、积水的地面、旋转门、弹簧门、窄小的走道和入口、没有安全抓杆的洗手间等，都会造成步行困难者在通行和使用上的困难。他们的攀登动作也有一定困难，因此没有扶手的台阶、踏步较高的台阶及坡度较陡的坡道，都会对步行困难者构成阻碍。此外，他们的弯腰、曲腿动作亦有困难，改变其站立或者坐的位置都很不容易，因此扶手、控制开关、家具、家用电器等应布置在他们伸手可及的范围之内。

（3）上肢残障者

上肢残障者是指一只或两只手以及手臂功能有障碍的人。他们手的活动范围及握力要小于普通人，难以承担各种精巧的动作，灵活性和持续力差，很难完成双手并用的动作。他们常常会碰到门把手的形状不合适、各种设备的细微调节困难、高处的东西不易拿取等行动障碍。

（4）视力残障者

视力残障者因视觉感知能力缺失，导致在行动上同样面临很多障碍。对他们来说，柱子、墙壁上不必要的凸出物和地面上急剧的高低变化都是危险的，应予以避免。

上述行动不便者一般都需要借助手动轮椅或电动轮椅来完成行走，有些则需要借助手杖、拐杖等各类助行器行走。总之，室内空间中不可预见的突然变化和考虑不周的设计，对于残障人士来说，都是比较危险的障碍。

2）定位障碍

在室内空间中的准确定位将有助于引导人们的行动，而定位不仅要能感知环境信息，还要能够对这些获得的信息加以综合分析，进而得出结论并做出判断。视觉残障、听力残障以及智力残障中的弱智或某种辨识障碍亦会导致残障人士缺乏或丧失方向感、空间感以及辨认房间名称和指示牌的能力。

3）交换信息的障碍

这一类障碍主要出现在有听觉和语言障碍的人群中。完全丧失听觉的人为数不多，除了在噪声很大的情况下，大多数听觉和语言障碍者利用辅助手段就能听见声音，也可以用手语或文字等手段进行信息传递。但是，在发生灾害的情况下，信息就难以传达了。例如在发生紧急情况时，警报器对于听觉障碍者是无效的，而点灭式的视觉信号虽可以传递信息，却在睡眠时无效，此时枕头的振动装置则较为有效。另外，门铃或电话在设置听觉信号的同时，还应该辅助以明显且易于识别的视觉信号。

7.1.2 残障人士人体尺寸

残障人士的人体尺寸和活动空间尺寸是残障人士室内设计的主要依据。一般的建筑设计和室内设计都依据健全成年人的使用需要和人体尺寸，来确定人的活动模式与活动空间，可是其中许多数据并不适合残障人士使用。室内设计师在工作中应充分了解残障人士的人体尺寸，全方位考虑不同人的行为特点和空间需求，遵循和落实"以人为本"的设计原则。

表 7-1 是健全人与残障人士使用助行器后的人体尺寸比较表，表 7-2 是乘轮椅者、拐杖使用者的行走空间尺寸比较表，表 7-3 是轮椅旋转及回转的最小面积一览表。

健全人与残障人士（使用助行器后）的人体尺寸比较表　　　　　表 7-1

类别	健全人	乘轮椅者	拄拐杖者	持盲杖者
身高（mm）	1700	1200	1600	—
正面宽（mm）	450	650 ~ 700	900 ~ 1200	600 ~ 1000
侧面宽（mm）	300	1100 ~ 1200	600 ~ 700	700 ~ 900
眼高（mm）	1600	1100	1500	—
平移速度（m/s）	1	1.5 ~ 2	0.7 ~ 1	0.7 ~ 1
旋转（mm）	ϕ600	ϕ1500	ϕ1200	ϕ1500
竖向高差（mm）	150 ~ 200	20 以下	100 ~ 150	150 ~ 200

表格来源：中国建筑工业出版社，中国建筑学会总主编 . 建筑设计资料集（第八分册）[M]. 第 3 版 . 北京：中国建筑工业出版社，2017：117.

乘轮椅者、拐杖使用者的行走空间尺寸比较表　　　　　表 7-2

残障者类型	行动方式	助行器类型	具体尺寸、范围	
肢体残障者	乘轮椅	手动四轮轮椅	空车尺寸	载人后尺寸
			长度应 ≤ 1100mm 宽度应 ≤ 650mm	长约 1200mm 宽约 700mm
	拄杖	单手杖 双拐杖	水平宽度	上楼梯时宽度
			约 750mm 约 950mm	— 约 1200mm
视力残障者	用导盲杖	导盲杖	水平行进时宽度	导盲杖摆动幅度
			约 900mm	900 ~ 1500mm

表格来源：中国建筑工业出版社，中国建筑学会总主编 . 建筑设计资料集（第八分册）[M]. 第 3 版 . 北京：中国建筑工业出版社，2017：117.

轮椅旋转及回转的最小面积一览表 表 7-3

轮椅操作方式	所需最小面积（mm×mm）
轮椅旋转的最小直径	1500（最小直径）
轮椅旋转 90°	1350×1350
以两轮中央为中心，直角转弯时	1400×1700（最小弯道面积）
以一个轮子为中心，旋转 180°	1900×1800
以两轮中央为中心，旋转 180°	1700×1700
以一个轮子为中心，旋转 360°	2100×2100

表格来源：中国建筑工业出版社，中国建筑学会总主编.建筑设计资料集（第八分册）[M].第 3 版.北京：中国建筑工业出版社，2017：117.

图 7-1、图 7-2 和图 7-3 分别是各类常见助行器的类别及尺寸、轮椅使用者上肢可及范围和轮椅使用者使用设施尺寸参数，可供设计人员参考。

7.1.3 无障碍设计

无障碍设计对于残障人士具有十分重要的意义，下面从室内常用空间和室内细部两方面进行介绍。

1）室内常用空间的无障碍设计

常用空间存在于各类建筑中，有必要仔细考虑其无障碍设计。由于轮椅移动时需要占用较多的空间，因此，这里的基本尺寸参数以乘轮椅者为基准，这个数值对于其他残障人士一般也是有效的。

（1）出入口

① 公共建筑入口大厅

当残障人士由入口进入大厅时，应保证他们能够看到建筑物内的主要部分及电梯、自动扶梯和楼梯的位置。设计时应充分考虑如何使残障人士更容易地到达垂直交通的位置，便于他们快速辨认自己所处的位置并对去往目的地的途径进行选择和判断（表 7-4）。图 7-4 是设置在入口的可供残障人士清洗轮椅的装置。

② 住宅出入口空间

住宅出入口空间也有一些需要考虑的设计因素，见表 7-5。

（2）走廊和通道

走廊和通道应尽可能设计成直交形式。像迷宫一样或者由曲线构成的室内走廊和通道，对于视觉残障者来说，使用起来会非常困难。此外，在考虑逃生通道时，也应尽可能设计成最短、最直接的路线，因为残障人士在逃生时需要更多的帮助。

① 公共建筑中的走廊和通道

公共建筑的走廊和通道主要从形状、宽度、高差等方面考虑无障碍设计的因素，见表 7-6 和图 7-5。

② 住宅中的走廊

在步行困难者生活的住宅里，内走廊或通道的最小宽度为 900mm；在供乘轮椅者生活的住宅里，走廊或通道的宽度必须不小于 1200mm。走廊两侧的墙壁上应安装高度为 850mm 的扶手；面对通道的门，在门把手

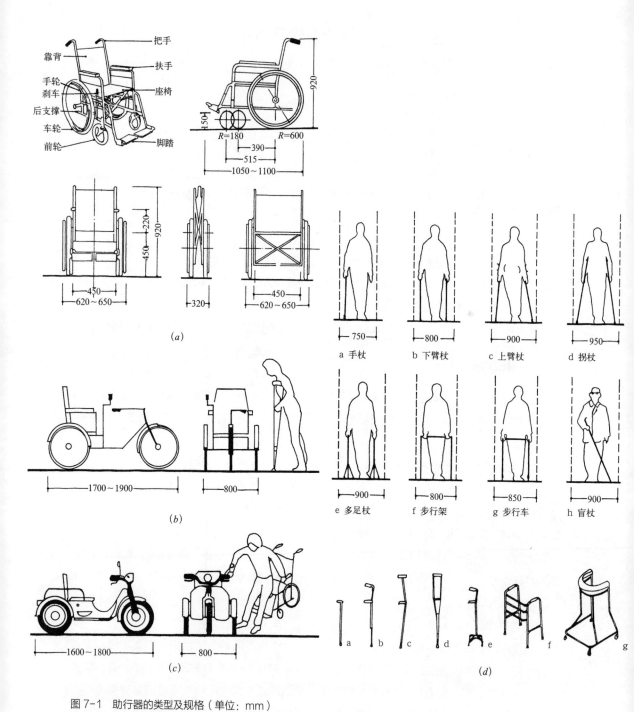

图 7-1　助行器的类型及规格（单位：mm）

（a）轮椅各部分名称及尺寸；（b）残障人士手摇三轮车尺寸；（c）残障人士机动三轮车尺寸；（d）其他助行器及使用者水平行走尺寸

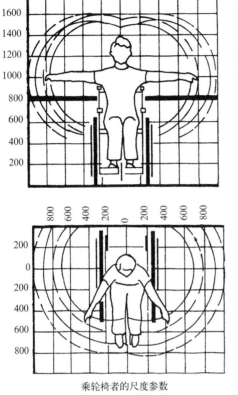

乘轮椅者的尺度参数

● 实线表示女性手所能达到的
　范围；
● 虚线表示男性手所能达到的
　范围；
● 内侧线为端坐时手能达到的
　范围；外侧线为身体外倾或
　前倾时手能达到的范围。

图 7-2　轮椅使用者上肢可及范围（单位：mm）

	公共建筑入口大厅内的无障碍设计考虑因素一览表　　表 7-4	
出入口	● 各出入口（包含应急出口）应该都可以让残疾人使用，出入口有效净宽应在 800mm 以上，否则不利于轮椅通过； ● 无障碍出入口如设置两道门，门扇同时开启时，两道门的间距不应小于 1500mm； ● 无障碍出入口的前后左右均应留有一定面积的平整、防滑地面； ● 无障碍出入口的上方应设置雨棚	
指示系统	● 服务问讯台应设置在明显的位置； ● 为视觉障碍者提供盲道等设施； ● 标识和指示牌应醒目、易懂，本身自带照明亮度，指示牌的高度、文字大小等也应充分考虑	
信箱、电话等	大厅内的邮政信箱、公用电话等设施，应考虑残障人使用的可能性	
轮椅换乘、停放与清洗	● 轮椅分室外用和室内用（各部分的尺寸都较小，易于通过狭小的空间）二种，入口大厅可考虑换车时的回转空间和扶手等必备设施； ● 为了清洗掉轮椅上的赃物，可在入口门前的雨篷下设置水洗装置。乘轮椅进来，按开关自动出水，一边移动轮椅一边清洗	

表格来源：卢琦制作 .

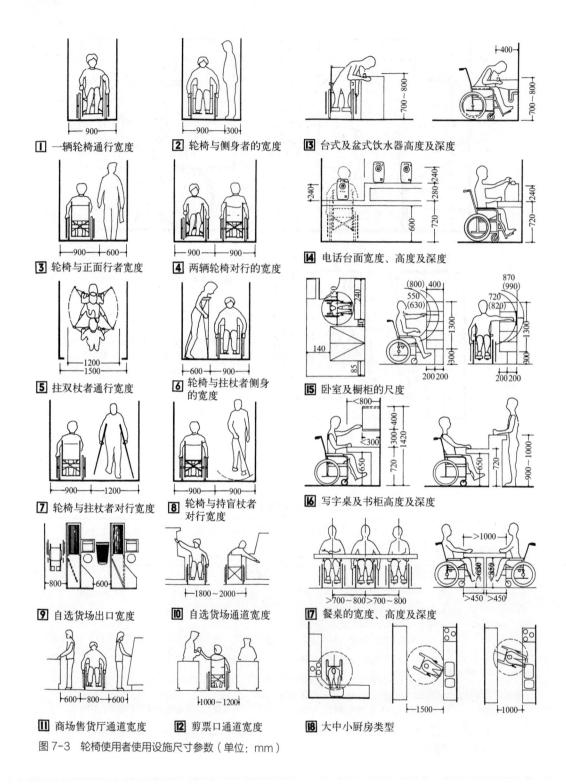

图 7-3　轮椅使用者使用设施尺寸参数（单位：mm）

住宅出入口空间的无障碍设计考虑因素一览表　　　　　表 7-5

户门周围	● 入口处要有不小于 1500mm×1500mm 的轮椅活动面积； ● 在开启户门把手一侧的墙面宽度应不小于 400mm，以便乘轮椅者靠近门把手，将门打开； ● 擦鞋垫应与地面固结，不凸出地面，以利于拄拐杖者和乘轮椅者的通行； ● 信箱最好能设在自家门口，以方便残障人取阅； ● 门外近旁还可以设置一个搁板，以供残障人在开门前暂时搁放物品。门内近旁也可以设一搁板，同样能使日常活动更加方便
门厅	● 净宽要在 1500mm 以上，可配备更衣、换鞋空间及坐凳； ● 应有充足的照明，且考虑夜灯； ● 地面（含通向各房间的地面）要平坦、防滑、没有高差； ● 应考虑电子门警系统，使残障人能方便、安全地掌握门外的情况

表格来源：卢琦制作.

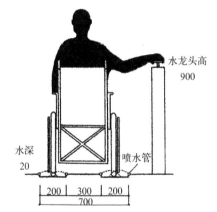

图 7-4　轮椅清洗装置（单位：mm）

一侧的墙面宽度不宜小于 400mm，以便轮椅靠近将门开启；通道转角处建议做成弧形，并在自地面向上高 350mm 的地方安装护墙板（图 7-6）。

在考虑门与走廊的关系时，要充分考虑轮椅的活动规律。例如，当轮椅经常需要从一个房间穿过走廊到达另一个房间的话，走廊两侧的房门需要直接对开；如果各房间之间并非经常往来，为避免相互干扰，走廊两侧的门可以交错排列。

公共建筑走廊和通道的无障碍设计考虑因素一览表　　　　　表 7-6

形状	● 在较长的走廊中，需设置既不影响通行又能休息的场所； ● 走廊和通道内的柱子、灭火器、消防箱、陈列橱窗等都应该以不影响通行为前提； ● 作为备用而设在墙上的物品，必须设置在凹进去的壁龛内；亦可以考虑局部走廊加宽，实在不能避免的障碍物应设置安全护栏； ● 在通道顶部或墙上安装照明设施和标识牌时，也不能妨碍通行； ● 当门扇向走廊开启时，为了不影响通行和避免发生碰撞，应设置凹空间，将门设在凹空间内； ● 为防止碰撞，可将走廊转弯处的阳角墙面作圆弧或者切角处理，有助于开阔视野、减少碰撞，且便于轮椅转弯
宽度	● 走道宽度不得小于 1200mm，这是供一辆轮椅和一个人侧身而过的最小宽度； ● 走道宽度为 1500mm 时，可以满足一辆轮椅和一个人正面相互通过，还可以让轮椅进行 180° 的回转； ● 走道净宽在 1800mm 以上，可以同时通过两辆轮椅，还可以满足一辆轮椅和拄双拐者正面相互通过； ● 人流较多或较集中的大型公共建筑的室内走道宽度不宜小于 1800mm，一般建筑的室内走道净宽不应小于 1200mm，检票口、结算口轮椅通道不应小于 900mm
高差	地面不应有高差变化。不可避免时，须采用经防滑处理的坡道

表格来源：卢琦制作.

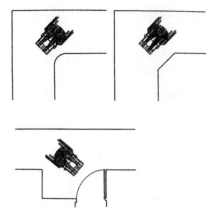

图 7-5　走道的转角及凹空间处理

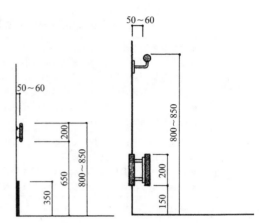

图 7-6　扶手与护墙板的关系（单位：mm）

（3）坡道

对于乘坐轮椅的人来说，哪怕是一级台阶的高差也会给他们的行动造成极大的障碍。为了避免这一问题，很多建筑物都设置了坡道。坡道不仅对轮椅使用者适用，对于高龄者、推婴儿车的母亲、携带重物者来说也十分方便。

① 坡度

坐轮椅者靠自己的力量沿着坡道上升时需要相当大的腕力，而下坡时则变成前倾的姿态，若不习惯，会因此产生恐惧感而无法沿着坡道下降，还可能因速度过快而发生与墙壁的冲撞甚至翻倒的危险。因此，室内坡道的纵断面坡度最好在 1/14（高度和长度之比）以下，一般也应该在 1/12 以下（图 7-7）。坡道的横断面不宜有坡度，若有坡度，轮椅会向低处滑去，给直行带来困难。同样道理，螺旋形、曲线型的坡道不利于轮椅通过，应在设计中尽量避免。

② 坡道净宽

坡道与走廊净宽的确定方法相同。一般来说，轮椅坡道的净宽度不应小于 1000mm，

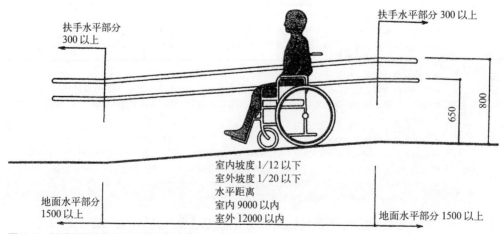

图 7-7　坡道的坡度设计及扶手位置（单位：mm）

无障碍出入口的轮椅坡道净宽度不应小于1200mm，坐轮椅的人与使用拐杖的人交叉行走时的净宽应确保1500mm。当条件允许或坡道距离较长时，净宽应达到1800mm，以便两辆轮椅可以交错行驶。

③ 停留空间

在较长且坡度较大的坡道上，下坡时的速度不易控制，有一定的危险性。一般来说，大多数乘轮椅者不是利用刹车来控制速度，而是利用手来进行调节，手被磨破的情况时有发生。因此，按照《无障碍设计规范》GB 50763-2012中对坡度的控制要求，在较长的坡道上每隔9～10m就应该设置一处休息用的停留空间。轮椅在坡道途中做回转也是非常困难的事情，在转弯处需要设置水平的停留空间。坡道的上下端也需要设置加速、休息、前方的安全确认等功能空间。这些停留空间必须满足轮椅的回转要求，因此最小尺寸为1500mm×1500mm。当停留空间与房间出入口直接连接时，还需要增加开关门的必要面积。

④ 坡道安全挡台

在没有侧墙的情况下，为了防止轮椅的车轮滑出或步行困难者的拐杖滑落，应在坡道的地面两侧设置高50mm以上的坡道安全挡台（图7-8）。

（4）楼梯

楼梯是满足垂直交通的重要设施。楼梯的设计不仅要考虑健全人的使用需要，更应同时考虑残障人士与老年人的使用需求。

① 位置

公共建筑中主要楼梯的位置应易于发现，楼梯间的光线要明亮。在踏步起点和终点

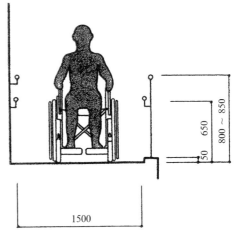

图7-8 坡道两侧扶手和安全挡台的高度要求（单位：mm）

250～300mm处，宜设置宽400～600mm的提示盲道，告诉视觉残障者楼梯所在的位置及踏步的起点与终点。另外，如果楼梯下部能够通行，应保持2200mm的净空高度；高度不够的地方，应设置安全栏杆，不让人们进入，以免撞头。

② 形式

以每层二跑或三跑的直线形梯段最为适宜，应避免采用单跑式楼梯、弧形楼梯和旋转楼梯。因为旋转楼梯会使视觉残障者失去方向感，且楼梯踏步内侧与外侧的水平宽度不一样，较易发生踏空危险。

③ 尺寸

住宅中楼梯的有效净宽为1200mm；公共建筑中梯段的净宽和休息平台的深度一般不应小于1500mm，以保障拄拐杖的残障人士和健全人对行通过；每步台阶的高度最好在100～160mm之间，宽度不应小于280mm，连续踏步的宽度和高度必须保持一致。

④ 踏步

踏步的面层应采用不易打滑的材料并在前缘设置防滑条。设计中不应采用只有踏面而没有垂直踢面的踏步和直角形突缘的踏步，因为这种形式会给下肢不自由的人们或依靠辅助装置行走的人们带来麻烦，易造成拐杖向前滑出而摔倒致伤的事故。此外，在楼梯的休息平台中设置踏步也会发生踏空或绊脚的危险，应予以避免。有可能的情况下，最好将踏面与踢面的颜色进行区分和对比，同时上行与下行的第一级踏步宜在颜色或材质上与其他级或平台有明显区别。

⑤ 踏步安全挡台

和坡道一样，楼梯两侧扶手的下方也需设置高50mm的踏步安全挡台，以防止拐杖向侧面滑出而造成摔伤。

（5）电梯、自动扶梯和其他升降设备

① 电梯

电梯是现代生活中使用最为频繁的理想垂直通行设施，对于残障人士、老年人和幼儿来说，通过电梯可以轻松地到达每一层楼，十分便捷（表7-7）。

电梯相关要素设计一览表　　　　　表7-7

候梯厅	● 乘轮椅者需要在候梯厅内回旋和等候，因此，候梯厅深度一般不宜小于1500mm，公共建筑及设置病床梯的候梯厅深度不宜小于1800mm； ● 候梯厅空间最好加强色彩或材料的对比，以便于发现； ● 地面上应设置盲道提示标识，以方便视觉障碍者； ● 候梯厅内应设置电梯运行显示装置，标识应大小适中，并配置抵达音响，以方便弱视者了解电梯的运行情况； ● 专供残障人使用的电梯，通常要在候梯厅的显著位置安装国际无障碍通用标志； ● 几台电梯同时使用时，运行情况的显示（如哪台电梯来了，准备去哪个方向等）应在设计时一并考虑，并有比较明确的指示； ● 乘轮椅者不能使用疏散楼梯，需要考虑设置紧急疏散用电梯及候梯厅
电梯的尺寸	● 为方便轮椅进入，电梯轿厢门开启后的有效净宽不应小于800mm； ● 电梯的规格应依据建筑性质和使用要求进行选用。一般情况下，最小规格为深度不应小于1400mm，宽度不应小于1100mm；中型规格为深度不应小于1600mm，宽度不应小于1400mm；医疗建筑与老人建筑宜选用病床专用电梯； ● 当轮椅不能在电梯轿厢内进行180°回转时，应在轿厢正面高900mm以上的部位安装镜子或采用有镜面效果的材料，使得乘轮椅者能从镜子里看到电梯的运行情况并为退出轿厢做好准备； ● 轿厢内应设电梯运行显示装置及报层音响
候梯厅和电梯箱按钮	● 按钮应设置在乘轮椅者的手可以够得到的地方。一般距离地面900～1100mm高，在电梯门扇一侧或轿厢靠近内部的位置，如果能同时设置两套高度不同的选层按钮，将方便处在不同位置上的人使用； ● 轮椅使用者专用电梯轿厢的控制按钮最好横向排列，控制按钮的设计与配置应统一，但到达一层大厅的按钮应尽量与其他楼层的按钮在形状和色彩上有所区别； ● 按钮的表面应有凸出的阿拉伯数字或盲文数字，以标明层数，若能配合内藏灯，则能进一步增加识别性，方便视觉障碍者
安全装置	● 电梯运行速度需适当放缓，电梯门的开闭速度需适当延长； ● 警报按钮和紧急电话等的位置应便于乘轮椅者使用，设在他们手能够得着的地方； ● 电梯轿厢的三面壁上都应设置高850～900mm的扶手，扶手要易于抓握，且安装坚固

表格来源：卢琦制作．

② 自动扶梯

自动扶梯已在商业建筑、交通建筑、医疗建筑中得到广泛使用，对于步行困难者、高龄者来说是一种有效的交通工具。如果乘轮椅者接受一定的自动扶梯搭乘训练，他们也能单独乘坐自动扶梯，若同时还能得到接受过这方面训练的照看者的帮助，他们利用自动扶梯的几率会大大增加。

③ 其他升降设备等

除电梯、自动扶梯之外，可供残障人士利用的其他移动设备也在不断开发之中。在室内设计时，如何选用这些设备是一个很重要的内容，可以结合现实条件，综合考虑，见表7-8、图7-9～图7-12。

常见的其他升降设备 表7-8

坡道电梯	设置在台地的斜坡上，在难以使用垂直电梯的情况下采用。这一设备操作容易，但不能像自动扶梯那样有很大的运送能力，其大小和装备与垂直电梯几乎相同
升降平台	● 把水平状态的平台通过机械使它升高或降低的一种平台，一般是为了到达 1～2m 高差的地方而使用的一种升降设备； ● 只适用于场地有限的改造工程，其深度不应小于 1200mm，宽度不应小于 900mm，需设置扶手、挡板及呼叫控制按钮。同时，垂直升降平台的基坑应采用防止误入的安全防护措施，其传送装置也应有可靠的安全防护装置
楼梯升降机	● 在不能安装电梯的小型建筑物中使用。升降机的传送轨道固定在楼梯的侧边或楼梯的表面，升降机则在传送轨道上作上下移动； ● 升降机有座椅型和盒箱型两种，座椅型可安装在旋转式梯段处，盒箱型的升降机则只能安装在直线梯段的地方
移动步道	● 在水平或稍微倾斜的坡面轨道上移动的装置，在移动步道上，行人、婴儿车、轮椅、自行车等都感到比较舒适； ● 要留意残障人能够使用的有效净宽、运行速度、弯曲度及地面材料等； ● 在乘降地点容易发生翻倒事故，要特别注意固定地面和可动地面的连接部位
升降椅	● 较严重的残障者在升降或移动时，常需要使用升降椅。升降椅的短距离移动十分有效，上床、入浴、上汽车等经常使用，一般来说，其操作需要有他人协助； ● 悬挂在顶部轨道上的升降椅可通过遥控器操作，残疾人单独也可移动

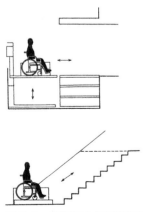
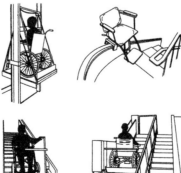

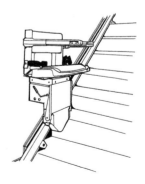

图 7-9　升降平台适用于高差不大的情形　　图 7-10　各种类型的楼梯升降机

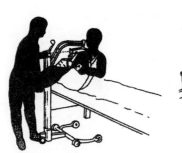

图 7-11　严重残障者短距离使用的升降椅

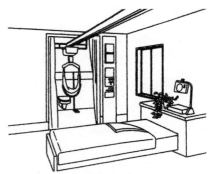

图 7-12　悬挂在顶部轨道上的升降椅

（6）无障碍厕所

各类建筑物中，厕所内至少设置一处可供乘轮椅者使用的无障碍设施。有条件时可设置独立的无障碍厕所，位置应靠近公共厕所，面积不应小于 4m²，还应满足无障碍设计相关规范的各项要求。

可供乘轮椅者使用的厕所需在通道、入口及厕位前设置无障碍标志。此外，为避免视觉障碍者因判断错误而误入它室，建筑物内各层的厕所最好都在同一位置，且男女厕所的位置也不要变化。

厕所的出入口处应保证轮椅的通行净宽，不应设置有高差的台阶，最好不要设门，遮挡外部视线的遮挡墙也需要考虑轮椅通行的方便。

在厕所中，各种设施都应该便于视觉障碍者容易发现、易于使用，并保证其安全性。地面、墙面及卫生设施等可以采用对比色彩，以易于弱视者区分，一些发光的材料会给弱视者带来不安，尽量不要使用。地面应采用防滑且易清洁的材料。

① 无障碍厕位

无障碍厕位应方便乘轮椅者到达和进出，尺寸宜做到 2000mm×1500mm，不应小于 1800mm×1000mm。表 7-9 和图 7-13 为无障碍厕位内的常见设计要素。

② 小便器及其周围的无障碍设计

男性轻度残障者可以使用普通的小便器，但考虑到有可能站立不稳，所以仍需安装可以抓握的安全抓杆，无障碍小便器下口距地面高度不应大于 400mm。

小便器两侧应在离墙面 250mm 处，设高度为 1200mm 的垂直安全抓杆，并在离墙面 550mm 处，设高度为 900mm 的水平安全抓杆，并与垂直安全抓杆相连。安全抓杆应安装牢固（图 7-14）。

为了使上肢行动不便的使用者也容易操作，最好使用按压式、感应式等自动冲洗装置。小便器周围很容易弄脏，地面要可以用水冲洗，要设排水坡度和排水沟等，同时也要注意材料的防滑。

③ 洗手盆

洗手盆需考虑乘轮椅者及行动不便的人使用，在同一个厕所内设置多个洗手盆时，应设置一个以上的无障碍洗手盆。

无障碍厕位内的常见设计要素　　　　　　　　　　　　　表7-9

厕位出入口	● 门宜向外开启，如向内开启，需在开启后厕位内留有直径不小于1500mm的轮椅回转空间； ● 门的通行净宽不应小于800mm，最好采用乘轮椅者操作容易的形式，横拉门、折叠门、外向开门都可以； ● 采用门外可紧急开启的插销，并在关闭时显示"正在使用"的标识
坐便器	● 高度最好在420～450mm之间。轮椅的座高与坐便器同高的话，较易移动。因此，在坐便器上加上辅助座板会使使用者更加方便，同时还能起到增加坐便器高度的作用； ● 供乘轮椅者使用的坐便器最好采用挂在墙上或底部凹进去的形式，以避免与轮椅脚踏板发生碰撞
冲洗装置和卫生纸	● 开关要安装在坐在坐便器上也能伸手够到的位置，还应采用方便上肢行动困难者使用的形式，有时可以设置脚踏式冲水开关； ● 取纸器应设在坐便器的侧前方，高度为400～500mm
安全抓杆	● 水平安全抓杆的高度与轮椅扶手同高最为合理，竖向抓杆则是供步行困难者站立时使用； ● 需在厕位两侧距离地面700mm处设长度不小于700mm的水平安全抓杆，另一侧设高1400mm的垂直安全抓杆； ● 地面固定式安全抓杆需采用不妨碍轮椅脚踏板移动的位置和形式； ● 抓杆的直径应为30～40mm，安装一定要坚固
紧急电铃	应设在坐在坐便器上，手能够到的位置，或摔倒在地上也能操作的位置。此外，最好能采用厕位门被关上一定时间后，能自动报告发生事态的系统，以保证残障人士的使用安全

表格来源：卢琦制作．

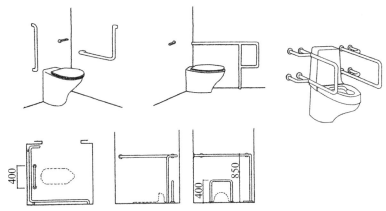

图7-13　残障人士使用坐便器旁的扶手形式

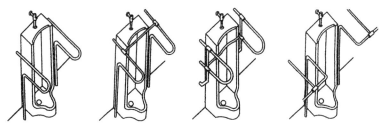

图7-14　残障人士使用小便器旁的扶手形式

无障碍洗手盆一般要求其底部应留出宽750mm、高650mm、深450mm，可供乘轮椅者膝部和足尖部移动的空间（图7-15）。另外，也可以采用高度可调的洗手盆（图7-16）。

如果使用壁挂式洗手盆，就需要在洗手盆的周边安装安全抓杆，安全抓杆的高度要求高出洗手盆上端30mm左右，横向间隔600mm左右，洗手盆前端与安全抓杆的间隔在100～150mm左右。安全抓杆的下部形状应考虑到轮椅的通行问题，还需考虑安全抓杆可以靠放拐杖，还要能承担身体的重量，必须安装牢固。

上肢行动不便的人不能够使用旋转式开关，因为很难全部关上，最好采用杠杆式水龙头或感应式自动出水方式。如果是热水开关，需要有水温标志并标明调节方式，热水管应采用隔热材料进行保护，以免烫伤。由于乘轮椅者的视点较低，安装镜子时，镜子的下部应距离地面900mm左右或将镜子向前倾斜以方便使用。

（7）浴室、淋浴间

为了让残障者能够洗澡，应在浴室的一端设置轮椅的停放空间，并且留出照料者的操作空间。私人住宅可根据残障者的情况设计浴室，多数人使用的公共浴室应考虑不同情况下供残障人士使用的多功能设施。

① 浴盆、淋浴

为了便于残障人士使用，无障碍盆浴间的浴盆应出入方便，高度要与轮椅座高相同，应设有高450mm左右的座台，其深度不应小于400mm。在浴池的周边要装上扶手，这样可以使残障人士从轮椅到座台更加容易，同时从座台也可以直接进入浴盆。残障者在淋浴时，最简单的方法就是利用带有车轮的淋浴用椅子直接进入没有门槛的淋浴间，淋浴间的短边宽度不应小于1500mm（图7-17、图7-18）。

② 材料铺装

浴盆内及浴室的地面容易打滑，要在铺装材料上多加注意。在擦洗场所应采用防滑材料，

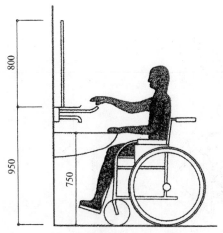

图7-15　轮椅使用者使用洗脸盆的一些尺寸（单位：mm）

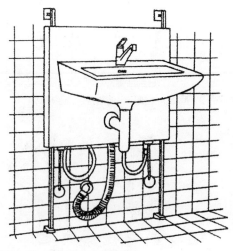

图7-16　可调节高度的洗脸盆

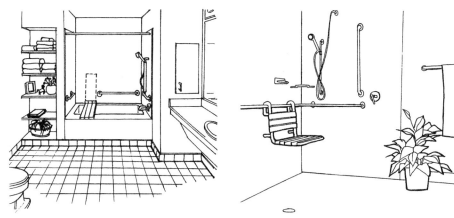

图 7-17　住宅内残障人士使用的浴室（盆浴）　　图 7-18　住宅内残障人士使用的浴室（淋浴）

还需考虑排水沟及排水口的位置，应尽量避免肥皂水在地面上漫流。

③ 安全抓杆

浴室及淋浴室的安全抓杆起到保持身体平衡、方便站立等重要作用。不同方向的安全抓杆有着不同的功能，一般来说，水平抓杆起支撑作用，垂直抓杆起牵引作用，而弯曲或倾斜的抓杆则兼具支撑及牵引两种功能。淋浴间应设距地面高 700mm 的水平抓杆和高 1400 ～ 1600mm 的垂直抓杆。浴盆内侧则应设高 600mm 和 900mm 的两层水平抓杆，水平长度不小于 800mm；洗浴座台一侧的墙上设高 900mm、水平长度不小于 600mm 的安全抓杆。

④ 淋浴器

根据残障人士的不同情况，可使用可动式或固定式淋浴器。例如，若乘轮椅者不能站起来，就希望在较低处安装可动式淋浴器，一般淋浴喷头的控制开关距地面不应高于 1200mm；若是腿不能弯曲的半瘫者，则安装位置不到一定的高度在使用时会很不方便。在

残障者使用的公用大浴室中，最好把半瘫者和乘轮椅者分开，设置不同规格的淋浴器。为方便上肢行动不便的残障者，宜设置杠杆式的供水开关。

⑤ 紧急呼救

在浴室里有可能发生身体不适、摔倒等事故，应设置通知救护者的紧急呼救装置，这种装置最好设置在浴室中用手够得到的位置。

（8）厨房

厨房最好有大小合适的空间，面积不应小于 6m²，设计时应尽可能选择安全、方便的设备。另外，厨房的设计既要适合一般人使用，又要能满足行走不便的人或轮椅使用者使用。

① 平面形式

由于轮椅不能横向移动，而对于那些使用拐杖或行走不便的人来说，则最好能利用两侧的操作台支撑身体。因此，在配置厨房设施时，最好采用一字形、L 形或者 U 形布局，并在空间上保证轮椅的旋转余地（图 7-19）。

② 操作台高度

为了使乘轮椅者坐着也能方便地进行操作，

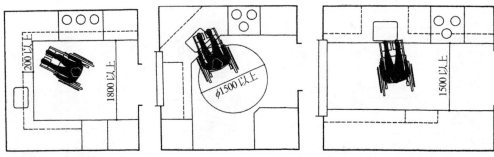

图 7-19　可供轮椅使用者使用的厨房平面（U 形、L 形、一字形）（单位：mm）

操作台台面距地面高度宜为 700～850mm。这个最低高度对于普通人来讲，略显低矮。为了满足不同人的使用需要，也可以通过在正常台面之外增设一些不同高度的操作面、翻板或抽拉式的操作面，以形成不同高度的操作面（图 7-20）。操作台下方净宽和高度都不应小于 650mm，深度不应小于 250mm。

③ 水池与灶台

底部可以插入双腿的浅水池能够让乘轮椅者靠近并使用它，而行走困难的人在水池前放上椅子也可以坐着洗涤。热水管和排水管应加上保护材料，使那些脚部感觉不太敏感的人即使不小心碰到发热的管子时也不至于受伤。如果这个空间不使用时，也可作为储藏空间使用。

乘轮椅者伸手可及的范围有限，灶台的高度对他们来说 750mm 左右最为合适。灶台的控制开关宜放在前面，各种控制开关按功能分类配置，调节开关应有刻度并能标明强度。对视觉障碍者来说，最好是通过温度鸣响来提示。为避免被溢出来的汤烫伤的危险，灶台的下方应避免设置可让乘轮椅者腿部伸入灶台下的空间（图 7-21）。

④ 储藏空间

平开门的柜子，打开时容易与人体发生碰撞，因此在狭窄的空间里宜采用推拉门。容易碰到头部的范围内，必须安装推拉门。

图 7-20　翻板式操作台

图 7-21　灶台下方避免留有让轮椅使用者腿部伸入的空间

（9）起居室和用餐空间

起居室是住宅内使用时间最多的空间之一，兼有学习、用餐、休息、团聚及观景、看电视等多种功能。考虑到轮椅的通行与回旋，残障人士家庭起居室的空间规模要略大一些，使用面积达到 18m² 较为合适，一般不应小于 16m²。起居室通往阳台的门，门扇开启后的净宽要达到 800mm，门的内外地面高差不应大于 15mm。阳台的深度不应小于 1500mm，栏板和栏杆的形式与高度要考虑乘轮椅者的观景效果。

住宅内的用餐空间最好临近厨房，使用空间最小应能容纳 4 人进餐的餐桌，宽度为 900mm。为了保证乘轮椅者横向驶近餐桌，地面要有至少 1000mm 的净宽；座位后若有人走动时，最好预留 1300 ~ 1400mm 净空；若座位后有轮椅推过，则座后最好留有 1600mm 的净空。

（10）卧室

考虑到轮椅的活动，单人卧室面积不应小于 7m²，双人卧室面积不应小于 10.5m²，兼起居室的卧室面积不应小于 16m²。考虑到在床的一端要有允许轮椅自由通过的必要空间，矩形卧室的短边净尺寸应不小于 3200mm。

为避免不舒适的眩光，床与窗平行安置为宜。卧室床下的空间要便于轮椅脚踏板的活动，封闭的下部是不利于轮椅靠近的。对于乘轮椅者，床垫的高度需要与轮椅座高相平齐，约 450 ~ 480mm，较高的床垫则有利于步行困难者从床上站起来。

（11）无障碍客房

供残障人士使用的客房一般宜设在客房区的较低楼层，靠近楼层服务台、公共活动区及安全出口的地方，以利于残障人士方便到达、参加各种活动及安全疏散。

客房的室内通道是残障人士开门、关门及通行与活动的枢纽，其宽度不应小于 1500mm，以方便乘轮椅者从房间内开门、在通道内取衣物和从通道进入卫生间，客房内也要有直径不小于 1500mm 的轮椅回转空间。客房床面的高度应为 450mm，与标准轮椅的座高一致，床间距离不应小于 1200mm。

为节省卫生间的使用面积，卫生间的门宜向外开启，开启后的净宽应达到 800mm。在坐便器的一侧或两侧安装安全抓杆；在浴缸的一端宜设宽 400mm 的洗浴座台，便于残障人士从轮椅上转移到座台上进行洗浴；在座台墙面和浴盆内侧墙面上要安装安全抓杆。洗脸盆如果设计为台式，其下方应能方便轮椅的靠近（图 7-22）。

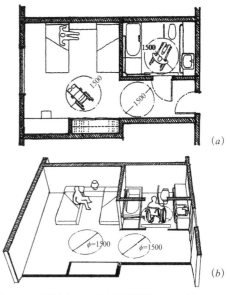

图 7-22　残障人士客房布置（单位：mm）

家具与电器的控制开关位置和高度应方便乘轮椅者靠近和使用，在卫生间和客房的适当位置，要安装高400～500mm的救助呼叫按钮，此外还应设置为听力障碍者服务的闪光提示门铃。

（12）轮椅座席

在大型公共建筑内，如图书馆、影剧院、音乐厅、体育场馆、会议中心的观众厅和阅览室等地，应设置方便残障人士到达和使用的轮椅座席。轮椅座席应设在这些场所中出入方便的地段，如：靠近入口处或安全出口处，同时轮椅座席也不应影响到其他观众的视线，不应对公共通道产生妨碍，其通行的线路要便捷，能够方便地到达休息厅和厕所。

每个轮椅席的占地面积不应小于1100mm×800mm，通往轮椅席位的通道宽度不应小于1200mm。两个轮椅席位的宽度约为三个观众固定座椅的宽度（图7-23），通常将这些轮椅席位并置，以便残障人士能够结伴以及服务人员的集中照顾。在轮椅席位旁或邻近的观众席内宜设置1：1的陪护席位，当轮椅席空闲时，服务人员可以安排活动座椅供其他观众或工作人员就座，保证空间的利用率。

为防止乘轮椅者和其他观众席座椅的碰撞，在轮椅席的周围宜设高400～800mm的栏杆或栏板，席位的地面应平整、防滑。在轮椅席旁和席位处地面上，应设有无障碍通用标志，以指引乘轮椅者方便就位。

2）室内细部的无障碍设计

随着越来越多的人认识到无障碍室内设计的重要性，设计师还需要关注残障人士使用的室内空间中的细部处理，考虑这些细微之处的人性化设计。

（1）门

供残障人士使用的门，要注意门的宽度、门的形式、开闭时是否费力、门扇的内开或外开、铰链与门锁及手柄的位置等，必须从残障人士，特别是乘轮椅者对门的要求出发进行考虑。

① 门的形式

门的形式多种多样，各有优缺点，应根据不同情况加以选择。从使用难易程度来看，最受欢迎的是自动推拉门，其次是手动推拉门，最后是手动平开门。折叠门因构造复杂且不容易把门关紧，不宜采用；自动式平开门存在着突然打开门而发生碰撞的危险，所以通常是沿着行走方向向前开门，并需要区分出口和入口的不同；旋转门对轮椅不适用，对视觉障碍者或步行困难者也容易造成危险，如需设置，应

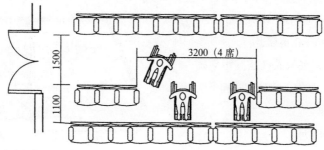

图7-23 轮椅座席（单位：mm）

门的常见形式　　　　　　　　　　　　　　　　　　表 7-10

自动门	● 种类较多，应根据具体情况进行选择； ● 要考虑手的接触范围有限，以及坐在轮椅上，脚比前轮伸出 500mm 的情况； ● 门的关闭时间不能太短，以免行动障碍者来不及通过而被夹住； ● 开关的位置和方向要比较明确，门开闭时可辅以声音，以利于视觉障碍者通行
推拉门	● 控制门的重量，确保残障人可以打开； ● 尽量采用悬吊式的上导轨，并做好门扇的固定工作，以免门扇发生摇晃而给使用者带来一定的危险； ● 尽量不采用下导轨式的推拉门，减少发生故障，减少对轮椅通行的影响
平开门	● 开闭方向和开口大小应综合走廊净宽、墙壁位置等因素考虑； ● 一般情况下，门的开关方向以向内开启为好，避免对走廊、通道或其他交通场所的干扰； ● 对于面积较小的房间（如浴室和厕所）的门，不宜内开，以防在小房间内跌倒，门便被堵住，无法救援； ● 在门的内侧与外侧都没有障碍的情况下，可采用双向式门，进出时都可以按前进的方向打开门扇，比较理想

表格来源：卢琦制作．

在其两侧另外再设平开门（表 7-10）。

公共建筑中使用频繁的走廊和通道中，需经常开启的门扇最好装上自动闭门装置，以避免视觉障碍者碰上打开着的门。同时，也要考虑到步行困难者和视觉障碍者行动缓慢的行为特点，不应使用强力闭门器，因为那样会使他们在出入时发生危险。

②门的净宽

残障人士使用的门，开启后的净宽度不应小于 800mm；有条件时，不宜小于 900mm；自动门开启后的通行净宽度则不应小于 1000mm。坐轮椅的人开关或者通过大门时，需要在门的前后左右留有一定的平坦地面，根据安装方式的不同，需要的空间大小也不一样（图 7-24）。

③门的防护

通常来说，轮椅的脚踏板最容易撞在门上，为避免门被轮椅或助行器碰撞受损，残障人士住宅、残障儿童的特殊学校、老人中心、残障人活动中心等处的门，要在距离地面 350mm

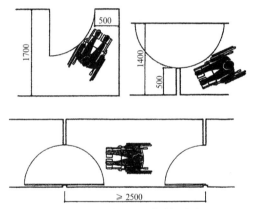

图 7-24　门的开关方向及所需的空间大小（单位：mm）

以下安装保护板（图 7-25）。

④透明大门

为避免在门打开时不同方向的残障人士发生碰撞，宜设视线观察玻璃。同时考虑到视觉残障者的使用，宜在距离地面 1400～1600mm 高的地方粘贴带颜色的色带作为提示标识。对于一些有私密性要求的房间，以及只允许向内打开的单向房门，局部的透明也有助于减少碰撞事故的发生。

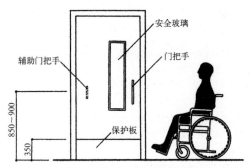

图 7-25 门的防护（单位：mm）

（2）窗

对于不能去外界活动的残障人士来说，窗户是他们了解外界情况的重要途径。有人认为视觉障碍者不需要窗户，实际上这是错误的。相反，他们对于窗户的要求更为强烈，因为他们可以通过窗外传来的声音和气味等来感受外面的世界。总的说来，窗户的设计既要确保安全，又要便于打开。

① 高度

窗台的高度是根据坐在椅子上的人的视线高度来决定的，最好在 1000mm 以下，同时，根据规范要求需要设置防护扶手或栏杆等防止坠落的设施。

② 开闭形式

在乘轮椅者独立使用的住宅中，窗的开关不能高出地面 1350mm，虽然坐轮椅的人伸手摸高超出此值，但由于窗前可能有盆花或其他阻挡，所以最高为 1350mm，最适宜的值为 1200mm。窗的启闭器必须让残障人伸手可以摸到且易于操作，必须避免爬上桌椅才能开关的高窗。

③ 窗帘

为了能调节室内的光环境，可根据需要设置遮阳板、百叶窗、窗帘等，应尽量选择操作容易、性能安全的装置。若条件允许，可选用更为方便的遥控窗帘。

（3）扶手

扶手是为步行困难的人提供身体支撑的有效辅助设施，有避免发生危险的保护作用，连续的扶手还有把人引导到目的地的作用。

扶手安装的位置、高度和选用的形式是否合适，将直接影响到使用效果。即使在楼梯、坡道、走廊等有侧墙的情况下，原则上也应该在两侧设置扶手。对下肢行走不便的人来说，一直到可以使身体稳定的场所，一路上都需要扶手。扶手应该是连续的，柱子的周边、楼梯休息平台处、走廊上的停留空间等处也应该连续设置（图 7-26）。在净宽超过 3000mm 的台阶、楼梯或坡道上，在距一侧 1200mm 的位置处应设置扶手，以使两手都能得到有效支撑。

扶手应尽可能比梯段两端的起始点延长一段，这样可以起到调整步行困难者的步幅和身体重心的作用。此外，视觉障碍者不易分辨台阶及坡道的起始点，所以也需要将扶手的端部再水平延长 300 ~ 400mm。扶手的形状要便于抓握（图 7-27），颜色要明快且显著，让弱视者也比较容易识别。表 7-11 即为扶手设计的一些思考要点。

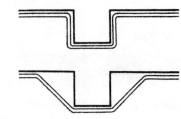

图 7-26 连续的扶手

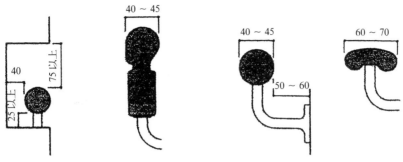

图 7-27　扶手的断面形式（单位：mm）

扶手设计的考虑要点　　　　　　　　　　　　　　　　　　表 7-11

形状	●扶手要做成既容易扶握，又容易握牢的形状； ●一般扶手的端部应做成圆滑曲面向下延伸或直接插入墙休之中，当沿墙设置扶手时，也可以将扶手凹进墙内； ●扶手末端向内拐到墙面或向下延伸时，其长度不应小于 100mm
尺寸	●扶手的尺寸应便于残障人握紧，供抓握的部分应采用圆形或椭圆形的断面，直径在 35～50mm 之间； ●无障碍单层扶手的高度应为 850～900mm，无障碍双层扶手的上层扶手高度应为 850～900mm，下层扶手高度应为 650～700mm； ●扶手内侧与墙面要保持 40mm 以上的距离，以避免发生夹手现象，同时也容易抓住扶手
安全性	●应安装牢固，任何一个支点都要能承受 100kg 以上的重量； ●扶手材质宜选用防滑、热惰性指标好的材料

表格来源：卢琦制作.

（4）墙面

轮椅通常不易保持直行，因此轮椅的车轮及脚踏板碰到墙壁，或手指被夹在轮椅与墙壁之间的事时有发生。为避免这类事件，应设置保护板或缓冲壁条。在墙面转角处，可以考虑做成圆弧面的形式，或通过诸如金属、木材、复合材料等进行转角保护，以避免墙面损伤和人身伤害。

（5）地面

大部分公共建筑和高层住宅的入口大厅的地面往往采用磨光材质，这样会造成使用拐杖的残障人行走困难，下雨天地面被弄湿后就更容易打滑。因此，最好是采用弄湿后也不容易打滑的材料，如塑胶地板、卷材等。在选择走廊和通道的地面材料时，也应该选用不易打滑、行人或轮椅翻倒时不会造成很大冲击的材料。在使用地毯时，以满铺为好，面层与基层应粘结牢固，防止起翘皱折，还要避免因地毯边缘损坏而引起的通行障碍或危险，其表面也应该与其他材料保持同一水平高度。另外，表层较厚的地毯，对依靠步行器、轮椅和拐杖行走的人们来说，会导致行走不便或引起绊脚等危险，应慎重选择。

（6）色彩和照明

巧妙配置的色彩有助于残障人士在大空间中识别对象物。在容易发生危险的地方，通过对比强烈的色彩或照明，可起到提醒人们注意的作用；连续的照明设施，还可以起到空间导向作用。此外，贴上普通的标志，把色带贴在与视线高度相近（1400～1600mm）的走廊墙壁上，也有助于帮助弱视者识别方位，在门口或门框处加上有对比效果的色彩，则有助于标示出入口的位置。

为了使近视者从远处辨别楼梯的位置，在楼梯部分加一些对比的色彩是很理想的。此外，为了使踏步的踏面与踢面有明确的区别，可以考虑采用色彩进行区别，也可以通过照明的角度进行区分。

（7）控制按钮

室内空间中各类控制按钮的位置也需要考虑残障人士的操作。由于乘轮椅者与行动不便者的手能够到的范围要比站立者低，因此主要控制按钮的高度必须设置在乘轮椅者和站立行动不便者都能够到的范围之内（图7-28、图7-29）。同一用途的控制开关，在同一建筑物中宜尽可能保持统一的式样和位置。

电灯开关、中央空调调节装置、电动脚踏开关、火灾报警器、紧急呼叫装置、窗口的关闭装置、窗帘开关等所有的控制系统都需要做成容易操作的形状与构造（如面板尺寸较大的开关或搬把式开关），并设置在距离地面1200mm的高度以下。电器插座的高度也要适宜，便于使用。随着现代科技的发展，遥控装置和声控装置等技术已开始应用到残障人士的室内空间中，从而使他们的生活更方便、更安全。

（8）门把手

门把手应考虑乘轮椅者使用方便的高度和形状。横向长条状把手高度为800～1100mm之间，其他的把手标准高度为850～900mm；门表面和把手之间的净空以40mm为宜，这样可以方便手指僵硬和畸形的人使用；门框到把手的净距离也要在350～400mm之间，避免开门时擦伤手指。圆形门把手对于上肢或手有残障的人士来说，使用起来有困难，最好选用椭圆形的把手。乘轮椅者在关闭平开门时，把手上下方建议设安全玻璃的观察窗，在门扇的另一面增设关门拉手，这样开关会比较容易。

（9）家具

家具也是无障碍室内设计的重要内容，家具设计应以残障人士使用方便为前提，避免因家具而引发的伤害或危险，表7-12就是一些家具设计时的无障碍考虑要点。

（10）标识设计

公共建筑中的标识系统十分重要，对于残障人而言尤其如此。应该运用视觉、听觉、触

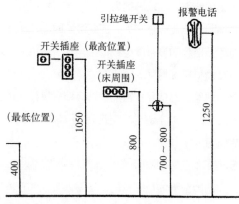

图7-28　控制按钮的安装高度（单位：mm）

图7-29　方便残障人士使用的按钮形式

	若干家具设计的无障碍考虑要点 表7-12	

低位服务台	● 对于乘轮椅者，服务台上表面距地面高度宜为 700～850mm，其下部宜留出至少宽 750mm、高 650mm、深 450mm 的供膝部和足尖部移动的空间； ● 对于使用拐杖者，需要设置座椅及拐杖靠放的位置
桌子	● 桌子下部需要留有轮椅使用者膝部和足尖部的必要移动空间； ● 桌子应能起到支撑身体的作用，最好做成固定式或不易移动式，以免因桌子的移动而对残障人造成伤害
橱柜	● 橱柜类家具可以做得大一些，东西的存放位置应相对固定，便于残障人（尤其视觉障碍者）寻找； ● 橱柜的高度、深度需要根据轮椅使用者、步行困难者以及健康人的各种情况来综合考虑，以适应不同人的使用； ● 轮椅使用者经常使用的部分不要设置在橱柜的角落或转角处，同时，要考虑轮椅使用者开关橱柜类家具时所需要的空间； ● 碗柜上部的门最好采用推拉门或上下拉门，减少碰头的危险； ● 为便于清洁，橱柜表面宜做成硬质，以不反光或反光较少的材料为宜
公共电话	● 公共建筑内至少应该有一个公用电话可供乘轮椅者使用； ● 对于乘轮椅者，要保证其坐在轮椅上可以投币，也能以很舒适的姿势操作话筒，电话机的中心应设置在距离地面 900～1000mm 的高度，电话台的前方要有确保轮椅可以接近的空间； ● 对于行动不便者，两侧要设置扶手，以确保安全，并提供拐杖靠放的位置
饮水器	● 饮水机的下方要求留出能插入轮椅脚踏板的空间； ● 通常在离开主要通道的凹壁处，设置从墙壁中凸出的饮水器； ● 开关应统一设置在前方，最好手、脚都可以操作，高度通常在 700～800mm 之间
自动售货机	● 操作按钮高度宜为 1100～1300mm； ● 为了确保轮椅使用者能够接近，其前方要留有一定的空间； ● 取物口及找钱口的位置应高于地面 400mm 以上

表格来源：卢琦制作.

觉等手段清楚地指明无障碍设施的走向及位置，否则残障人士就会产生不安的感觉，甚至导致行动上出现错误。国际上对无障碍标识系统有统一的规定，相关内容请参阅本书第6章"室内标识"的内容以及其他的相关资料，在此不再赘述。

7.1.4　视残者的室内设计

人的感觉方式分为视觉、听觉、触觉、嗅觉和味觉五种，其中视觉占有很大的比重。视觉有了缺陷，会给人们的生活与工作带来很大的障碍，因此，就需要在室内设计中采取必要的措施，尽量为视觉残障者提供方便。

1）视残者的感觉补偿

视觉残障者为了获得必要的信息，往往不得不充分利用其他感觉器官，以此补偿视觉障碍。经过各种感觉，包括残余视力在内的重新组合，能使他们在不同程度上感知和适应所生活的环境。

视觉残障者的听力通常很发达，对方向也十分敏感。他们通过回声来判断距离；通过脚步声及周围环境对声音的反射来辨别障碍；通过声音的类别来判断所处环境的性质等，以便从熟悉的声音中找到安定的感受，在危险的信号中能及时做出反应以保护自身安全。

视觉残障者的触觉也很发达。手是主要感知精确空间环境和操作行为的途径，可以感知大小、形状、质感、传热程度、动静状态及其他细微的变化。脚的触觉则用于对所处环境特性的整体判断，如：通过感知不同地面的不同质感，来知晓自己所处的大概位置及环境状况，并决定下一步的行动。

从嗅觉获得的信息虽然不如听觉和触觉，但却可以弥补触觉的不足，并配合听觉从不能接触到的地方嗅知事物的情状，如：花的香味、食物的气味等，这些都可以用来帮助辨别事物和环境。

除了毫无光感的盲人之外，视觉残障者仍具有不同程度的残留视觉。对于有残余光感的人，明朗的光线、鲜明的色彩都有助于他们辨识环境，并产生愉快的感觉。反之，若光线阴暗、色彩昏沉，则会使他们感到信息不明确、容易混淆，使人沮丧、止步不前，或因分辨错误而发生碰撞等危险。

视觉残障者的感觉系统构成虽然不同于正常人，但包括残余视觉在内的感觉仍然可以成为相互补充和相互影响的感知系统，以帮助他们辨别环境。因此，设计师在设计时要充分利用人的各种感觉器官，使视觉残障者能最大限度地感知所处环境的空间状况，减少各种潜在的不安全心理因素，环境中也应尽可能提供较多的信息源，以适应不同的需要。

2）视残者的活动方式

视觉残障者在熟悉环境的过程中，首先会利用听觉和触觉等其他健康感官来认识环境，因此，需要比正常人更大的活动空间并有其特殊的尺寸要求。

（1）触摸方式

视觉残障者通常采用手的触觉来获得准确的信息，其触摸范围的上限以成年女子身高为基础，取 1600mm；下限以成年男子身高为基础，上臂自然下垂，前臂斜伸向地面成 45°角，手指尖距地面高度为 700mm。在这个范围内，可以布置为视觉残障者设立的各种信号标识或设施，以便他们能顺利地触摸到，在此范围以外的符号或设施，将不易被利用并容易引起失误。

（2）行走方式

视觉残障者在室内的行走方式主要有三种：徒手行走、手持盲杖行走以及依靠电子仪器行走。

第一，徒手行走。在熟悉的环境中，除非出现特殊或临时的障碍，视残者通常能行动自如。在新环境中，他们徒手前进时往往手臂伸展，上臂向前倾约 45°，以成年男子计，自人体中心线伸出约 650mm。

第二，手持盲杖。室内环境中，视残者在盲杖的辅助下往往会沿墙壁或栏杆行走，他们的脚离墙根处约 300 ~ 350mm。而在宽敞的公共建筑大厅或交通空间中行走时，他们会用盲杖做左右扫描行动，以了解地面情况，扫描的幅度约为 900mm。

第三，靠电子仪器。电子仪器有眼镜式、耳机式、怀表式、探杖式等，或利用红外线感应、光电感应等传感器将外界的障碍物信息转变为声音信号、电脉冲刺激，乃至人造的形象视觉等来指导行动。

3）视残者的环境障碍

通常视残者对障碍物、危险物难以预知，

尤其在这些东西位置不固定的时候，就更难以预料。他们手持的盲杖往往只能探知地面的状况及腰部以下且距离身边很近的对象物，而墙面、顶棚的突出物却不容易发现。视残者踩空楼梯的危险很大，特别在楼梯的起始和结束的地方；他们还容易将下楼梯的台阶误看成是一块板，设计师要特别予以关注。弱视者通常不太容易看清大的透明玻璃面，特别是在逆光的地方如果有透明门时，因不容易分辨出它的存在，常会发生碰撞事故，而色盲和色弱者则对彩色的标识难以辨认。

4）与视残者有关的室内细部设计

（1）引导视残者的设施

视觉障碍者靠脚下的触感和反射声音来步行前进，改变地面材料可以使他们更容易识别方位、发现走廊和通道，或判断要到达的地点。在室内设计中，可以利用不同粗细、软硬的材料作为触感物或触辨物，以此来表示不同的区域，例如：通道与一般地面、厨房与起居室的划分等；用粗面材料作为标志，例如：楼梯踏步前的粗面材料作为上下楼梯的预告或大门口的室内室外分界等；还可以用粗面材料或花纹表面作为导盲系统的路面标识来构成盲道，沿着这种标志前进可到达预定的目标。通常情况下，视觉障碍者对斜面的识别有一定的困难，一般应采用在坡道开始和终止处的地面上铺上盲道砖或改变铺装材料来提示视觉障碍者。当然，触感物或触辨物不仅限于地面，它还可以是墙面、门的饰面、扶手、指示牌的表面等。

（2）地面的处理

对于盲人来说，地面的防滑是最为重要的。在浴室、卫生间和厨房里，必须使用防滑地砖；对于起居室、卧室等处，即使是富有弹性的木地板，使用时也要格外小心，有压纹的弹性卷材是不错的选择。

由于近视者从上往下看时，不易分清每级台阶，所以需要明确每步台阶的端部，踏板与踏板前缘（靠近踢面的位置）应采用对比的颜色。在有大面积直射阳光存在时，踏步表面会反射很多倒影并产生强烈反光，给弱视者上下楼梯带来困难，所以要避免采用反光及光滑的材料。

（3）符号标识和发声标识

视觉残障者可通过触摸式的标识或符号来获得必要的信息，这些标识可以设置在墙面、地面、栏杆扶手、门边柱杆上或其他可以触及的地方。

① 盲文与图案

利用盲人能够摸清的盲文和图案来区分空间的用途，如：房间名称、盥洗室及问询处的指向牌、走廊的方向、房间的出入口所在地等。文字与图案凸出高度应在 5mm 左右，设置高度在离地面 1200 ~ 1600mm 之间，使盲人得到一个明确的信息。此外，可以在楼梯、坡道、走廊等处的扶手端部设置盲文，表示所在位置和明确踏步数，让视力残障者做到心中有数，避免踏空的危险。

② 可见的符号标识

给弱视者提供信息，可采用可见的符号标识，如：公共建筑中的层数、房间名称、安全出口、危险区域界线等，这些符号标识对于视力正常者也是需要的。要特别注意弱视者的特点，对文字及图案的大小、对比度、亮度和色彩予以适当调整。标识的安装位置一般在

2000mm 以上，以免拥挤时被人流挡住。

③ 发声标识

声音能够帮助视觉残障者辨别环境特点并确定所在的位置。从直接声、反射声、共鸣声、绕射声等的大小和方向，视觉残障者能够知道障碍物的距离与大小。因此，设计师也可以在室内环境中有意识地布置声源来引导视残者。

④ 触摸式平面图

建筑物的出入口附近，若能设置表达建筑内部空间划分情况的触摸式平面图（盲文平面图），视觉障碍者就比较容易确定自己的位置，也能弄清楚要去的地方，如能同时安装发声装置就更理想了。

（4）光环境

有残余视觉的人特别喜欢光线，所以应该在室内设计中充分利用自然光，自然采光比人工照明对保护视力具有更积极的作用，应尽量加以利用。

7.2 老年人的室内设计

老年人随着年龄的增长，身体各部分机能，如视力、听力、体力、智力等都会逐步衰退，心理上也会发生很大的变化。视力、听力的衰退导致眼花、耳聋、色弱、视力减退甚至失明；体力的衰退会造成手脚不便、步履蹒跚、行走困难；智力的衰退则会产生记忆力差、丢三落四、做事犹豫迟疑、运动准确性降低……身体机能的这些变化造成了自身抵抗能力和身体素质的下降，容易发生突然病变；而心理上的变化则使老年人容易产生失落感和孤独感，因此，要特别关注老年人的室内空间设计。

7.2.1 老年人对室内环境的特殊需求

设计人员应特别注意老年人在生理、心理方面的特殊需求，并通过设计措施予以回应。

1）生理方面

生理方面，老人对室内环境的需求主要应考虑以下几个方面（表 7-13）。

2）心理方面

人们的居住心理需求因年龄、职业、文化、爱好等因素的不同而不同，老年人在心理方面对室内环境（主要是室内居住环境）的需求主要涉及：独立性、方便性、安全性、舒适性、私密性和环境刺激性。

老年人的独立性意味着老人的身体健康和心理健康。但随着年龄的增长，过强的独立性要消耗他们大量的精力和体力，甚至产生危险。

老年人生理方面对室内环境的需求　表 7-13

空间尺寸	老人常需要他人帮助或使用各种辅助器具，因此，所要求的空间尺寸偏大，以满足乘轮椅者的活动要求为宜
肢体伸展	老人常难以肢体伸直或弯曲身体的某些部位，因此，须依据老年人的人类工效学要求进行设计，重新考虑室内的细部尺寸及室内用具尺寸
行动方面	老人的脚力及举腿动作较易疲劳，有时甚至必须依靠辅助器具才能行动，因此，对于走廊、楼梯等交通系统的设计需仔细考虑
感观方面	● 老人视力模糊，辨色能力（尤其对近似色的区分能力）下降，同时，判断高差和少量光影变化的能力减弱，需要在室内设计中适当增强色彩的亮度； ● 老人 70 岁以后，对光线的质量要求提高，从亮处到暗处的适应过程变长，对眩光敏感； ● 老人往往易于记住物体的表面特征，喜食风味食品，对空气中的异味不敏感，触觉减弱
操作方面	老人的握力变差，扭转、握持时常有困难，因此，各种把手、水龙头、厨房及厕所的器具物品等都应该仔细考虑

表格来源：卢琦制作．

因此，老人室内环境设计要为老人的独立性提供可依托的物质条件，创造一个能实现独立与依赖之间平衡的环境。应该依据老人的生理、心理及社会特征，对室内环境实施"以人为本"的无障碍设计，以弥补老人活动能力退化后的可移动性、可及性、安全性和舒适性等；弥补老人感知能力退化的刺激性；弥补老人对自身安全维护能力差的安全感及私密性；弥补老人容易产生孤独感和寂寞感的社交性等。但这些弥补性又不能过度，过度的弥补只会使老人丧失更多的机体功能。室内设计既要能促使老人发挥其最大的独立性，又不能使老人在发挥独立性时感到紧张和焦虑。

7.2.2　中国老年人人体尺寸

老年人的人体模型是老年人活动空间尺寸的基本设计依据。目前，欧美和日本等国都制定了自己的标准，从而可以推导出各种活动空间，如：老人个人居住空间和家具的合理尺寸范围等。中国目前还没有制定相关规范，仅有清华大学建筑学院老年人建筑研究课题组在2003—2004年间曾以北方地区老年人为主要对象，对老年人人体尺寸进行了一定的集中测量和采样，并综合推导出一些活动空间和建筑细部尺寸。由于采样数相对有限，且不能完全覆盖各个地域范围的老年人口，因此，这里仍将采用现有的老年医学研究资料。

老年人由于代谢机能的降低，身体各部位产生相对萎缩，最明显的是身高的萎缩。据老年医学研究表明，人在28～30岁时身高最大，35～40岁之后逐渐出现衰减，一般老年人在70岁时身高会比年轻时降低2.5%～3%，

女性的缩减有时最大可达6%。由此推导出的老年人体模型的基本尺寸及可操作空间，如图7-30、图7-31所示。

7.2.3　老年人的室内设计

老年人的室内设计主要包括内部空间设计、细部设计和其他设施设计，下面主要以住宅为对象进行简要介绍。

1）室内空间设计

（1）室内门厅的设计

门厅是老人生活中最小的公共性区域，门厅空间应宽敞、出入方便、具有很好的可达性，能方便地直达起居室、卧室、餐厅、厨房和户外。门厅设计中应考虑一定的储物、换衣功能，提供穿衣空间和穿衣镜。为方便老年人换鞋，可结合鞋柜的功能设置换鞋用的座椅。此外，门厅设计中还应考虑到老年人的安全防盗问题，保证老年人能够与门外来访者进行听觉接触，并可以对其在视觉上加以监视，如通过猫眼和可视电话来查看门外的情况等。

（2）卧室的设计

卧室是老年人的休息场所，受经济条件所限，不少老人并没有单独的卧室、起居室、餐厅及书房，老人唯一的卧室常兼备了上述各种房间的基本功能。由于老年人生理机能衰退、免疫力下降，一般都很怕冷且容易感染疾病，因此老人的卧室应具有良好的日照和通风，应考虑具有供暖或空调设备。

老年人身体不适的情况时有发生，因此卧室不宜太小，应考虑到腿脚不便的老年人轮椅进出和上下床的方便。床边应考虑护理人员的操作空间和轮椅的回转空间，一般都应至少留

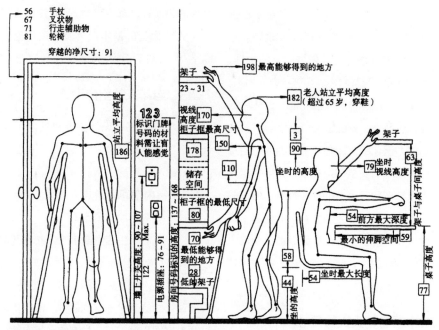

高大老人（男）

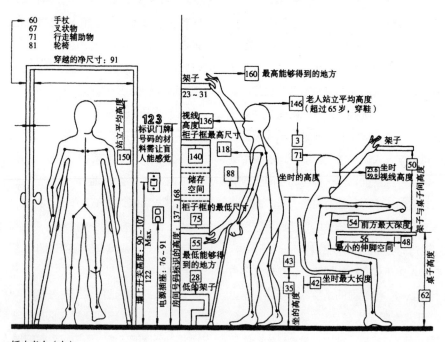

矮小老人（女）

图7-30 老年人人体尺寸（单位：cm）

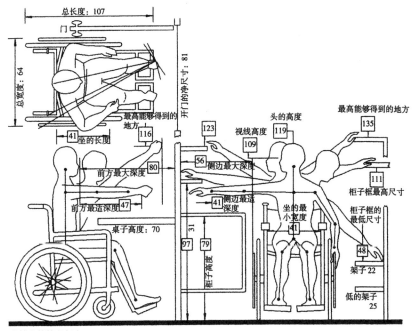

女性坐轮椅老年人

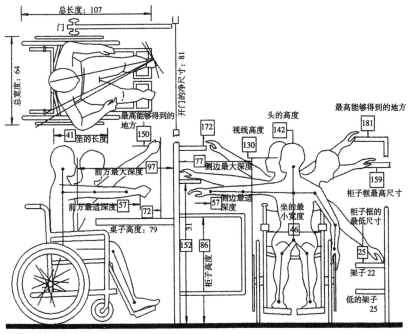

男性坐轮椅老年人

图 7-31 坐轮椅老年人人体尺寸（单位：cm）

宽 1500mm；老人卧室的床头应安装应急铃和电话装置，以便老人在困难时能够召人前来；床头柜应可存放药品、手纸及其他物品。老年人出于怀旧和爱惜的心理，对惯用的老物品不舍得丢弃，卧室也应该为其提供一定的储藏空间。

（3）起居室、餐厅的设计

起居室、餐厅不仅是全家团聚的中心场所，老年人一天中的大部分时间也常在这里度过。为了使全家人都感觉舒适，应充分考虑起居室和餐厅的空间设计、家具位置、照明配置及冷暖调节等因素。另外，为了方便老人，尤其是乘轮椅的老人去往其他房间，还应注意地面铺装与门的设计等细节。

（4）厨房的设计

老年人每天在厨房所花的时间相当多，因此厨房要有足够大的空间供老人回转，这一点对于使用辅助器械的老人尤为重要。老年人

四肢渐渐僵硬、反应迟缓、手向上伸或身体弯向低处都感到吃力，再加上视力减弱等原因，因此，在厨房操作台、厨具及安全设备方面需做特别考虑，还应考虑老人坐轮椅通行的方便及必要的安全措施（表 7-14、图 7-32、图 7-33）。

图 7-32 厨房内拉出式的活动台面

老年人厨房设施要求一览表　　　　　　　　　　　　表 7-14

操作台	● 应尽量靠近窗户，光线充足；夜间也要有足够的照明，并防止出现阴影区； ● 布局紧凑，并尽量缩短操作流程；操作台前需有 1200mm 的回转空间，如使用轮椅则需 1500mm 以上； ● 操作台高度可以适当降低，以 700～850mm 为宜，深度最好 500mm； ● 灶具顶面高度建议与操作台高度齐平，确保可以很方便地横向移动锅等炊具； ● 在洗涤池等台面工作区应留有高度不小于 650mm 的容膝空间。若难以留设，可考虑拉出式的活动工作台面； ● 厨房里需安装一些拉手，操作台前宜平整，并采用圆角收边
厨具存放	● 低柜比吊柜方便。经常使用的厨具存放空间尽可能设置在离地面 700～1360mm 的高度之间，最高的存放空间高度不宜超过 1500mm； ● 利用操作台下方空间储物时，宜设置在 400～600mm 之间，并以存放较大物品为宜。400mm 以下只能放置不常用的物品，以避免经常弯腰； ● 操作台上方的柜门，打开时不能碰到老人头部，不能影响操作台的使用，上方柜子的深度宜在操作台深度的二分之一以内（250～300mm）
安全设施	● 厨房应与其他空间具有视线交流，以防突发事件时能及时救护； ● 灶具均应设有安全装置，安装燃气泄漏自动报警和安全保护装置； ● 厨房应能有效排出油烟，还应考虑采用自动火警探测设备或灭火器，以防油燃和灶具起火； ● 选择装修材料时应考虑防火、清洁要求，地面材料要有防滑功能

表格来源：卢琦制作.

（5）卫生间的设计

老年人上厕所的次数较多，因此卫生间最好既靠近卧室也靠近起居空间，以便于全天使用。老年人在夜间上厕所时，明暗相差过大会引起目眩，所以室内最好采用可调节的灯具或两盏不同亮度的灯，开关的位置要适合老年人的需求。

供老人使用的卫生间面积通常应比普通的大些，这是由于许多老人沐浴需别人帮助，因此卫生间浴缸旁不仅应有900mm×1100mm的活动空间供老人更换衣服，还要有足够的面积以容纳帮助的人。与厨房一样，卫生间的地面也应避免高差，更不可以有门槛。如果老人使用轮椅，卫生间面积还应考虑轮椅的通行，并且门的宽度应大于900mm。

卫生间是老人事故的多发地，为防止老人滑倒，浴室内的地面应采用防滑材料，浴缸外也要铺设防滑垫。浴缸的长度不应小于1500mm，高度不应大于380mm，内部深度则不应大于420mm，若采用特殊浴缸，则不受此限制。图7-34表示了专门为不能跨入浴缸的老人所设计的专用浴缸，把浴缸的侧面门打开，将身体移进浴缸，坐好后将侧门关上，再放入热水洗澡；图7-35同样是可以打开的浴缸，但可利用旋转椅子将行动不便的人移入浴缸。浴缸内底部应有平坦的防滑槽，上方应设安全抓杆，在浴缸内还可设辅助设施。对于能够自行行走或借助拐杖的老年人，可以在浴缸较宽一侧加上座台，供老人坐浴或放置洗涤用品；对于使用轮椅的老年人，应在入浴一侧加一过渡台，高度与轮椅及浴缸的高度一致，过渡台下应留有空间让轮椅接近；当仅设淋浴不设浴缸时，淋浴间内应设坐板或座椅。

老人使用的卫生间内宜设置坐式便器并靠近浴盆布置，这样当老人在向浴缸内注水时，亦可作为暂时的休息座位。考虑到老人坐下时双脚比较吃力，坐便器高度应不小于430mm，其旁应设支撑，宜带有加热座圈和热水自动冲洗的功能；乘轮椅的老人所使用的坐便器坐高应为760mm，其前方须有1350mm见方的活动空间，以容轮椅回转。

老年人用的洗脸盆一般比正常人低，高

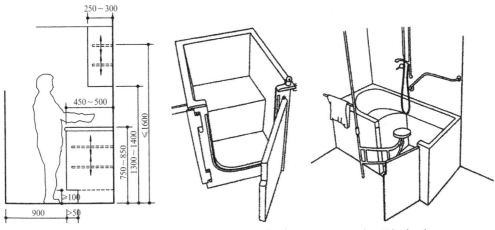

图7-33 厨房操作台及橱柜高度（单位：mm）　图7-34 专用浴缸（一）　图7-35 专用浴缸（二）

度在 800mm 左右，前方必须有 900mm × 1000mm 的空间，其上方应设有镜子；坐轮椅的老人使用的洗脸池下方要留有空间让轮椅靠近。洗脸盆应安装牢固并能承受老人无力时靠在上面的压力。毛巾架应与安全抓杆考虑同样的强度和质量，以防老人突然用作拉手使用。

老年人对温度的变化适应能力较差，在冬天洗澡时冷暖的变化对身体刺激较大且有危险，所以必须设置供暖设备并加上保护罩以避免烫伤。卫生间内应设紧急呼叫装置，一般在浴缸旁设置从顶棚至地面的拉铃，拉绳末端距地不超过 100mm，这样即便老人跌倒在地时仍可使用。

（6）储藏间的设计

老人保存的杂物和旧物较多，需在居室内设宽敞一些的储藏空间。储藏空间多为壁柜式，深度在 450 ~ 600mm 之间，搁板高度应可调整，最高一层搁板应低于 1600mm，最低一层搁板应高于 600mm（图 7-36）。

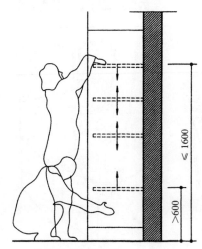

图 7-36　储藏柜高度（单位：mm）

（7）阳台、庭院与走廊的设计

许多老人由于性格爱好或受身体条件的限制，常年在家闭门不出，如果能为他们提供一个可由自己控制的户外区将非常理想。在那里，可以呼吸新鲜空气、改变生活气氛、种植花木、享受阳光、锻炼身体，居住单元中的私人阳台和庭院就是一个能供活动不便的老年人舒适而又安全地观赏室外风景和活动的空间，也是一个可供独处或进行私人交往的空间。在设计上应把它当作室内起居空间的延续，阳台宜有适当的遮盖，庭院也宜有遮阳的地方。地面出入平坦、利于排水，保证轮椅回转的最小净宽 1500mm。老人特别关心安全与高度，因此阳台栏杆应结实、安全，栏板最好用实心的，至少也应采用结实的栏杆加上较大的实心扶手且高度不小于 1050 ~ 1200mm（视具体情况而定）。阳台和庭院还应考虑照明和插座，并在室内设控制开关。

（8）楼梯、电梯

老人居室中的楼梯不宜采用弧形楼梯，不应使用不等宽的斜踏步或曲线踏步。楼梯坡度应比一般的缓和，踏步高度不宜大于 150mm 且不应小于 100mm，宽度不宜小于 280mm，每一梯段的踏步数不宜大于 14 步。踏步面两侧应设侧板以防拐杖滑出；踏面应设对比色明显的防滑条，可选用橡胶、聚氯乙烯等，金属制品易打滑，不应采用（图 7-37）。住宅楼梯间应有自然采光、通风和充足的夜间照明。各楼层数均应利用文字或数字标明，或是用不同的色彩来区别不同的楼层。

对于多层或高层的老年住宅来说，适宜采用速度较慢、稳定性高的电梯，以免引起老年人的不适或突发病症。在轿厢设备的选用上也要注意适合老年人动作迟缓、反应不灵的特点，选择门的开关慢而轻的电梯。考虑到乘轮椅者的使用，电梯轿厢的尺寸应不小于 1700mm×1300mm，门的净宽应大于800mm。轿厢内应设置连续扶手，以保持身体在操作按钮和电梯升降时的平衡。电梯控制面板的高度应适合乘轮椅老人的操作，按钮应采用触摸式，轻触即可反应。表明按钮功能的符号、字体均应中文化，并用突起可触摸的字体，有条件时还应配有盲文和语言提示功能。电梯门对面应安装镜面以利于老人通过镜子看到各楼层信号指示灯及后退时了解背后的情况。轿厢内还应设置电子监控系统以随时注意电梯升降及老年人的身体变化情况。

2）室内细部设计

（1）扶手

老年人在行走、登高、坐立等日常生活起居方面都与精力充沛的中青年人不同，需要在室内空间中提供一些可支撑依靠的扶手。扶手通常设在楼梯、走廊、浴室等处。不同使用功能的空间里，扶手的材质和形式还略有区别，如：浴室内的扶手及支撑应为不锈钢材质，直径 30～40mm，安装牢固足以承受约 50kg 的拉力，扶手位置应仔细设计，位置不当将不仅不利于使用，还可能在人滑倒时造成危险；而楼梯和走廊宜设置双重高度的扶手，上层安装高度为 850～900mm，下层扶手高度为 650～700mm（图 7-38），下层扶手是给身材矮小或不能直立的老年人、儿童及轮椅使用者使用的，必要时还可增加竖向的扶手，以帮助高龄者、残疾人的自立行走。扶手在平台处应保持连续，扶手的结束处应超出楼梯段 300mm 以上，末端应伸向墙面（图 7-39）；扶手的宽度以 30～40mm 为宜，断面要易于老年人抓握，宜设计成 L 形；扶手与墙体之间应有不小于 40mm 的空隙（图 7-40）；扶手的材料宜用手感好、不冰手、不打滑的材料，木质扶手最适宜。为方便有视觉障碍的老年人使用，在过道走廊转弯处

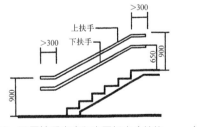

图 7-38 双层扶手高度和水平长度（单位：mm）

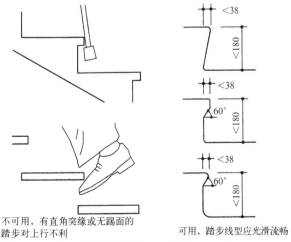

不可用，有直角突缘或无踢面的踏步对上行不利

可用，踏步线型应光滑流畅

图 7-37 老年居室楼梯踏步的形式（单位：mm）

图 7-39 扶手端部处理

的扶手或在扶手的端部都应有明显的暗示，以表明扶手结束，当然也可以贴上盲文提示等（图7-41）。

（2）龙头

水龙头开关的形式应考虑老人用手、腕、肘部或手臂等均能方便地使用，而且不需太大的力气，宜采用推或压的方式。若为旋转方式，则需采用长度超过100mm的长臂杠杆开关，以保证老人方便使用，龙头开关上空需有足够供手、手臂、肩膀活动的空间。冷热水要用颜色加以区分，应注意开关位置的安排，万一使用者不慎跌倒，也不至于撞到开关而发生危险。有条件的情况下，还可以采用光电控制的自动水龙头或限流自闭式水龙头。

（3）把手

门把手的形式多种多样，为了让老人能用单手握住，不应采用球形把手，宜选用旋转臂长大于100mm的旋转力矩较长的把手。此外，扶手式把手也有横向和纵向两种（图7-42），把手的高度应在离地850~950mm之间，最佳高度宜在870~920mm之间。

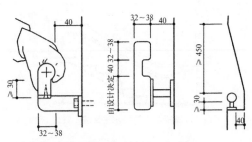

图7-40 扶手断面设计（单位：mm）

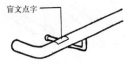

图7-41 扶手端部盲文点字安装位置

（4）开关

为了便于老年人使用，灯具开关应选用面板尺寸较大的开关，电器插座回路的开关应有漏电保护功能。

（5）门窗的处理

门必须保证易开易关，并便于使用轮椅或其他助行器械的老年人通过，避免使用旋转门、弹簧门，宜使用平开门、推拉门。不应有门槛，高差不可避免时应采用不超过1:4坡度的斜坡来处理。门的净宽在私人居室中不应小于800mm，在公共空间中门的宽度均不应小于850mm。门扇的重量宜轻并且容易开启，开启力应在老人开门力量的范围之内，一般室内门不大于1.7kg，室外门不大于3.2kg。公共场所不应采用全玻璃门，以免老年人使用器械行走时碰坏玻璃。

窗具有重要的景观作用。坐在卧室的窗前向外观赏是许多老人日常生活的一部分，有些老人甚至卧床也喜欢向外观望，因此老人卧室的窗口宜低，甚至可低到离地面300mm。窗台进深宜适当增加，一般不应小于250~300mm，以便放置花盆等物品或扶靠观景。窗的构造要易于操作且安全，卧室矮窗台里侧应设置不妨碍视线的、高1050~1100mm的防护栏杆，

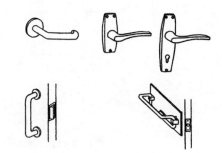

图7-42 适合老年人使用的门把手

使老人有安全感。

（6）地面材质的选择

地面应平坦、防滑，尽量避免室内外过渡空间的高差变化，出入口有高差时，宜采用坡道相连。地面材料应选择有弹性、不变形、摩擦力大且在潮湿情况下也不打滑的材料。一般说来，不上蜡木地板、满铺地毯、防滑地砖等都是可以选择的材料。此外，随着技术的更新，许多新型的地面铺装材料也充分考虑了老年人居住环境的需求：如德国的软胶纤维地板，由多层不同性能的胶垫组成，富有弹性、质地柔软坚韧，能承受压力及减小碰伤程度，适合老人居室使用；而含有碳化硅及氧化铝的安全地板，表面比一般地板粗糙，虽较少用于起居空间，但由于其拥有高度的防滑性能，非常适合于铺设在厨房和卫生间。

（7）自然光线与人工光源

应尽可能使用自然光，例如老人的卧室、起居室、活动室都应该有明亮的自然光线，而人工光环境则需要按基础照明与装饰照明相结合的方案来进行设计。

（8）色彩的应用

老年人视觉系统的特殊性使得他们不喜欢过强的色彩刺激，房间的配色应以柔和淡雅的类似色为主，也可采用凝重沉稳的天然材质。比如可以采用以柔和的壁纸花色为色彩主题的淡雅型配色体系，或是以全木色为主题的成熟性配色体系等。明亮的暖色调给人以热情朝气、生机勃勃的感觉，不但照顾了老年人视力不佳的特点，也从心理上营造出一种温馨、祥和的气氛。而卧室、起居室等主要房间的窗玻璃不宜选用有色玻璃，因为有色玻璃容易造成老年人的视觉障碍并影响视力。

色彩处理应反复推敲。例如，卫生间的洁具在一般家庭或公共场所（如宾馆）可以选择各种色彩，但老年人的卫生洁具却以白色为佳，不宜选用带红或黄的色彩，因为白色不仅感觉清洁，还便于及时发现老年人的某些病变。

另外，在一些需要引起注意的安全及交通标识上，例如楼梯的起步、台阶与坡道及转弯等标识、安全出入口方向、楼层指示、一些重要房间的名称等都应在醒目的位置以鲜亮的色彩标示出来，做到清晰明确、易于辨识。

（9）声响的控制

耳聋是人到老年后经常发生的生理现象，因此在老年人室内设计中，一些声控信号装置，如门铃、电话、报警装置等都应调节到比正常使用时更响一些。当然，由于室内声响增大，相互间的干扰影响也会增加，因此卧室、起居室的隔墙应具有良好的隔声性能，不能因为老年人容易耳聋而忽视了这些细节。

3）其他相关要求

（1）陈设

老人经历了几十年漫长的生涯，积累下许多珍贵的纪念品、照片及其他心爱之物，并希望对别人展示。老人还普遍依恋熟悉的事物，在感情上给予大量的投入。这些事物不仅帮助老人回忆过去，也使老人在回味中得到欢乐、安全感及满足感。因此，在老人的生活空间内应提供摆放这些陈设的地方，如：部分墙面可让老人很容易地张贴或悬挂物品；在集居式老人公寓内不要干涉老人装饰自己的居住生活空间，尽可能让老人使用部分自己原有的家具，并在公共空间内采用老人的作品、手工艺品等来进行装饰，让老人觉得这些空间是属于他们自己的。

（2）智能化老年住宅

建立"智能化老年住宅"是目前住宅建设的发展趋势之一，以老年人家庭为单位，在住宅内部采用先进的家庭网络布线，将所有的家电（电视、空调、安全系统等）相连，以无线或有线的方式组网，完成对室内诸如盗窃、火情、有毒气体等的检测，同时控制各种电器、门、窗等。室内一旦发生异常情况（紧急病人、入室盗窃、失火、煤气泄漏等），各种报警器可以通过无线方式将警情发送到主机，主机判断警情类型后，自动拨号通知相关部门或小区接警中心，以便及时采取措施加以解决。随着智能化设备的推广，"智能化老年住宅"将日趋普及，为老年人提供更方便、更安全的生活环境。

7.3 儿童的室内设计

儿童也属于特殊群体，他们的生理特征、心理特征和活动特征都与成人不同，因而儿童的室内空间是一个有别于成人的特殊生活环境。在儿童的成长过程中，生活环境至关重要，不同的生活环境会对儿童的个性形成带来不同影响。随着社会经济的发展，人们对儿童教育环境、生活环境的重视程度正在不断提升。

7.3.1 儿童成长阶段及人体尺寸

儿童的心理与生理发展是渐进的，这种量与质的变化时刻都在进行。儿童在每个年龄阶段各有其不同于其他年龄阶段的本质的、典型的心理与生理活动特点，至于如何界定儿童期的不同阶段，在医学界、心理学界有不同的划分标准和方法。为了便于研究和实际工作的需要，在这里根据儿童身心发展过程，结合室内设计的特点，综合地进行阶段划分，把儿童期划分为：婴儿期（3岁以前）、幼儿期（3~6岁，主要对应幼儿园阶段的儿童）和童年期（6~12岁，主要对应小学阶段的儿童）。由于12岁以上的青少年的行为方式与人体尺寸可以参照成人标准，因此这里将不做讨论。当然，这种划分是人为的，其实在各阶段之间并没有严格的界限，更不是截然分开，而是连续不间断的，且相互之间有着密切联系。进行这样的划分，只是为了便于设计师了解儿童成长历程中不同阶段的典型心理与行为特征，充分考虑儿童的特殊性，有针对性地进行儿童室内空间的设计创作。

儿童的身体处于迅速生长发育的时期，身体各部分组织器官的发育和成熟都很快。为了创造适合儿童使用的室内空间，就必须使设计符合儿童体格发育的特征，适应儿童人类工效学的要求，因此，儿童的人体尺寸成为设计中的主要参考依据。国家自1975年起，每隔10年就对九市城郊儿童的体格发育进行一次调查、研究，提供了中国儿童的生长参照标准；同时，也颁布了《中国未成年人人体尺寸》GB/T 26158-2010。综合相关数据，可作为现阶段儿童室内设计的参考依据（图7-43、图7-44）。

7.3.2 儿童室内的空间设计

室内空间是儿童成长的主要空间之一，科学合理地设计儿童室内空间，对促进儿童健康成长、培养独立生活能力、启迪儿童智慧具有

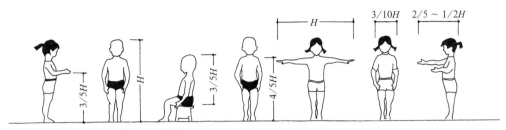

图 7-43 幼儿人体尺寸（3～6岁）

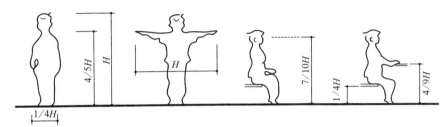

图 7-44 儿童人体尺寸（7～12岁）

十分重要的意义。合理的布局、环保的选材、安全周到的考虑，是每个设计师需要认真对待的内容。下面主要以住宅和学校中儿童最经常使用的室内空间为主，提出基本的室内设计原则和要求。更多的内容可以参考相关的托幼建筑和学校建筑设计资料，在此不再详述。

1）婴儿的室内空间设计

（1）婴儿的特点和行为特征

婴儿期指从出生到 3 岁这一段时间。婴儿躯体的特点是头大、身长、四肢短，不仅外貌看来不匀称，也给活动带来很多不便。研究显示，刚出生的婴儿在视觉上没有定形，对外界也没有太大的注意力，他们喜欢红、蓝、白等大胆的颜色及醒目的造型，柔和的色彩与模糊的造型不易引起他们的注意，因此色彩和造型比较夸张的空间更适合婴儿。

婴儿需要充足的睡眠，尤其是新生儿需要的睡眠时间非常长，要为他们布置一个安全、安静、舒适、少干扰的空间，才能使他们不被周遭环境所影响。幼小的婴儿在操作方面的能力还很弱，他们多通过观看、听声音和触摸来体验这个世界。他们需要一个有适当刺激的环境，喜欢注意靠近的、会动的、有着鲜艳色彩和声响的东西。例如，把形状有趣的玩具或是音乐风铃悬挂在孩子的摇床上方，可刺激孩子的视觉、听觉感官；大幅的动物图像、令人喜爱的卡通人物造型则可以挂在墙上。

（2）婴儿室的设计

由于婴儿的一切活动全依赖父母，设计时要考虑将婴儿室紧邻父母的房间，保证他们便于被照顾。

对婴儿来说，一个充满温馨和母爱的围栏小床是必要的，同时配上可供父母哺乳的舒适椅子和一张齐腰、可移动、有抽屉的换装桌，以便存放尿布、擦巾及其他清洁用品（图 7-45）；其次，还需要抽屉柜和橱柜放置孩子的衣物，用架子或大箱子来摆放玩具（图7-46）；同时，在婴儿室内放几株绿色的植物，具有绿化、美化的功能，但在摆放之前必须详细了解植物有无毒性。

① 安全问题

婴儿大多数时间喜欢在地上爬行，因此，

图7-45 婴儿室的基本家具——婴儿床与换装桌

图7-46 多用途的婴儿室橱柜

大人觉得安全的区域反而潜藏许多致命危险，必须在设计中重新检查婴儿室及居家摆设的安全性。为避免活蹦乱跳的宝宝碰撞到桌脚、床角等尖锐的地方，应在这些地方加装安全的护套；为安全起见，婴儿室内的所有电源插座，都应该安上防止儿童触摸的罩子，房间内的散热器也要安装防护装置；当婴儿室靠近楼梯、厨房或浴室时，最好在这些空间的出入口放置阻挡婴儿通行的障碍物，以保证他们无法进入这些危险场地；橱柜的门在设计时应安装自闭装置，以免在未关闭时，婴儿爬入柜内，如果这时有风吹来把门关上，会造成婴儿窒息。此外，婴儿室窗口要有防护栅栏，以免母亲怀抱婴儿时，婴儿探视窗外不慎跌下；当婴儿会爬时，亦不要将桌椅放在窗下。

② 采光与通风

在设计一个适合婴儿生活的环境时，采光及通风良好是婴儿室的必备要件。房间的光线应当柔和，不要让太强烈的灯光或阳光直接刺激婴儿的眼睛，常用的有布帘、卷帘、百叶窗等。必须考虑室内空气的流通以及温湿度的控制，需要在婴儿室内安装适当的空气及温度调节设备。尤其对小婴儿来说，其自行调节体温的能力较弱，更应随时注意婴儿室的室温是否符合宝宝的需要。最佳室温为25～26℃左右，应避免太冷或太热让婴儿感觉不舒服而导致睡不安宁。

2）幼儿的室内空间设计

（1）幼儿的特点和行为特征

① 生理特点

3岁以后的孩子就开始进入幼儿期了，他们身体各部分器官发育非常迅速，肌体代谢旺盛，消耗较多，需要大量的新鲜空气和阳光。这些对幼儿血液循环、呼吸、新陈代谢都是必不可少的。

②行为特征

幼儿处在发育的早期，这个阶段是感觉活动与智力形成相关联的时期，周围能接触到的环境对他们的认知和情感开发有重要的作用。他们需要较大的空间发挥他们天马行空的奇思妙想，让他们探索周围的小小世界。房间里最好充满各种足以让孩子探索、发挥想象力的设计：比如双层床铺，安一个滑梯；床脚旁加个帐篷，让孩子玩捉迷藏；墙壁上可以布置活动式的几何色块或简单的连续图案，增加孩子认识周围环境的机会。如果条件允许，最好将他们的卧室和游戏室分开，幼儿爱玩的天性决定了他们很难静下心来学习和休息，而告别婴儿期的小孩，既需要有一个安静、舒适的学习环境，更需要有一个自由自在的游戏天地。

③空间感受特点

幼儿对安全的需要是首位的，当他们所处的环境混乱、无秩序时就会感到不安。幼儿的安全感不仅形成于成人给予的温暖、照顾和支持，更形成于明确的空间秩序和空间行为限制，

因此，安全的环境对于幼儿来说是一种有序的、有行为界限的环境。幼儿还有着对领域空间的要求，要求个人不受干扰、不妨碍自己的独处和私密性，他们不喜欢别人动自己的东西，喜欢可以轻松、随意活动的空间。

此外，设计实践还表明：层高对幼儿的心理有重要影响。对于幼儿来说，真正的亲切感仅有1200mm高，他们更喜欢那些能把成人排斥在外的小空间，钻进成人进不去的角落或洞穴般的空间里玩耍是幼儿共同的癖好。小尺度、多选择和富于变化的空间环境更符合幼儿兴趣转移快的特点，能增强他们的好奇心和游戏的趣味，他们力图为自己和伙伴找到或创造一个特殊的地方，发掘出一个具有儿童尺度的小天地。

（2）住宅中的幼儿空间设计

住宅中常用的幼儿空间有：卧室、游戏室、玩具储藏室等，设计的关注要点有：安全要求、采光与通风要求、启迪性要求等，见表7-15。

①幼儿卧室室内设计

为方便照顾并在发生状况时能就近处理，幼儿的卧室最好能紧邻主卧室。最好不要位于楼上，以避免刚学会走路的幼儿在楼梯间爬上

住宅中幼儿空间设计的关注要点　　　　　表7-15

安全要求	●幼儿的床不可紧邻窗户，以免发生意外；最好靠墙摆放，既可给孩子心理上的安全感，又能防止幼儿摔下床； ●桌角或柜角等尖锐的地方应采用圆角设计，所有家具的棱边最好都贴上安全护套或海绵，以保障幼儿的安全； ●为防止幼儿使劲地拉出橱柜抽屉后不小心被砸伤，在设计橱柜时要采用可锁定抽屉拉出深度的安全装置
采光与通风要求	幼儿大部分活动时间都在房间内看书、画画、玩玩具或做游戏等，因此，孩子的房间要尽量朝南向阳。新鲜的空气、充足的阳光以及适宜的室温，有助于孩子的身心健康
启迪性要求	可以针对每个孩子的不同特点，为他们创造一个可以想象的空间，满足他们爱幻想、有理想的特点

表格来源：卢琦制作．

爬下而发生意外。

　　幼儿卧室的家具应考虑使用安全和方便，家具的高低要适合幼儿的身高，摆放要平稳坚固，尽量靠墙壁摆放以扩大活动空间。尺寸按比例缩小的家具、伸手可及的搁物架和茶几能给他们控制一切的感觉，满足他们模仿成人世界的欲望。由于幼儿有各种不同的玩具经常要拿进拿出，他们还喜欢把自己最喜爱的玩具展示出来，所以家具既要有良好的收纳功能又要有一定的展示功能，并可随意搬动，以适应孩子成长所需（图7-47）。

　　幼儿家具应以组合式、多功能、趣味性为特色，讲究功能布局，造型要不拘常规。例如，床的选择除考虑实用功能外，还应兼顾趣味性，可做个小滑梯或小爬梯（图7-48）。设计不要太复杂，应以容易调整、变化为指导思想，为孩子营造一个有利于身心健康的空间。

　　② 幼儿游戏室室内设计

　　爱玩是孩子的天性，对学龄前的幼儿来说，玩耍的地方是生活中不能缺少的部分。游戏室的设计主要强调启发性，用以启发幼儿的思维，所以其空间设计应具有启发性，让他们在空间中能自由活动、游戏、学习，培养其丰富的想象力和创造力，让幼儿充分发展他们的天性（图7-49）。

　　学钢琴的孩子，钢琴前的布娃娃宛如听众在欣赏，使孩子的兴致更高，而粉红色的窗帘

图7-48　幼儿卧室内的趣味性设计

图7-47　满足幼儿尺度的家具

图7-49　活泼有趣的幼儿游戏室

就像舞台的前幕，为孩子揭开音乐生命的第一章；爱读书的孩子，天花板可模拟宇宙太空的自然形态，光线通过吊顶造型的遮挡呈放射状散落下来，千丝万缕似阳光普照，整个空间充满想象的意味，吻合了常看科幻小说的孩子的性格……总之，游戏室的室内设计要结合孩子的特点，启迪、激发他们的兴趣，发挥他们的爱好。

③ 玩具储藏空间室内设计

玩具在幼儿生活中扮演了极重要的角色，其储藏空间的设计也颇有讲究：设计一个开放式的位置较低的架子、大筐或在房间的一面墙上制作一个类似书架的大格子，可便于孩子随手拿到；而将属性不同的玩具放在不同的空间，则可便于家长整理。经过精心设计的储藏箱不仅可进行玩具分类，更可让整个房间看起来整齐、干净，一些储藏箱除了可存放东西外，还能当作小座椅使用，可谓一举两得。为安全起见，储藏箱多有穿孔的设计，以防孩子在玩耍时，躲进里面而造成窒息的危险。

（3）幼儿园中的幼儿空间设计

设计师应该用"孩子的眼光""童心"去设计幼儿园室内空间。设计中宜使用幼儿熟悉的形式、采用幼儿适宜的尺度，根据幼儿好奇、兴趣不稳定等心理，对设计元素进行大小、数量、位置的变化，加上细部处理和色彩变幻，使室内空间生动活泼，让幼儿感到亲切温暖。这里将重点介绍活动空间与储藏空间的室内设计。

① 活动空间的设计

游戏是最符合幼儿心理特点、认知水平、活动能力，最能有效满足幼儿需要、促进幼儿发展的活动。幼儿兴趣变化快，不能安静地坐着，这样的身心特点使他们不可能像小学生那样主要通过课堂书本知识的学习来获得发展，只能通过积极主动地与人交往、动手操作物体、实际接触环境中的各种事物和现象等，去观察、体验、发现、思考，并逐步积累和整理自己的经验。因此，幼儿园室内空间设计最重要的就是要塑造有趣而富有变化的活动空间，让幼儿在游戏中学习和成长（图7-50）。

幼儿充满了对世界的好奇和对父母的依恋，他们比成人更需要体贴和温暖，需要关怀和尊重。"家"对于幼儿来说，意味着安全感和依恋，充满了亲切愉快、和谐轻松的气氛。因此，活动空间应力图建成"幼儿之家"，通过室内环境的设计，创造一种轻松活泼、富有生活气息的环境气氛，增加环境的亲和力。从墙壁、天花吊顶到家具设备都可以成为色彩丰富、充满家庭气氛与趣味的室内空间元素，并让空间显得更加亲切、愉快、活泼与自由。

在对自己活动空间的限定上，即使是年幼的孩子，也具有很活跃的想象力。幼儿总是尽

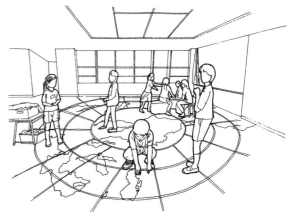

图 7-50 寓教育于游戏中的设计

力凭想象来布置他们的活动空间：他们会移开家具、重新放置坐垫；会用床单把房间隔开，或把线绳绕在门和家具的把手上隔开空间；会搜索空纸箱之类的东西作为房间的家具、隔断……他们总是在为想入非非的游戏制作背景，创作他们想象中的尺度与形式（图7-51）。

② 储藏空间的设计

幼儿园内储藏空间的主要功能是储藏玩具、衣帽、教具与图书。

幼儿的游戏自由度、随意性较大，因而需要为幼儿精心设计一些玩具储藏空间，使他们能根据意愿和需要自由选择玩具、灵活使用玩具，同时根据自己的能力水平、兴趣爱好选择不同的游戏内容。无论是独立式还是组合式玩具柜，都要便于儿童直接取用，高度不宜大于1200mm，深度不宜超过300mm（幼儿前臂加手长），出于安全考虑，不允许采用玻璃门。

衣帽柜的尺寸应符合幼儿和教师使用要求并方便存取。可以是独立式的，也可以是组合式的，高度不超过1800mm，其中1200mm

图7-51 儿童在游戏中的创造性

以下的部分能满足幼儿的使用要求，1200mm以上的部分则由老师存取。

教具柜是存放教具和幼儿作业用的，其高度不宜大于1800mm，上部可供教师用，下部则便于幼儿自取。图书储藏空间供幼儿放置书籍用，以开敞式为主，图书架为满足幼儿取阅的方便，高度不宜大于1200mm。

3）小学儿童的室内空间设计

（1）小学儿童的特点和行为特征

童年期从6岁到12岁左右，这一段时期包括了儿童的整个小学阶段。与幼儿时期具体形象思维不同，小学儿童的思维同时兼具具体形象的成分和抽象概括的成分，整个童年期是从以具体形象性思维为主要形式逐步过渡到以抽象逻辑思维为主要形式的时期。这个时期的儿童喜欢把学校里的作品或与同学们交换来的东西带回家装饰房间，对房间的布置也有自己的主张、看法。这时候孩子的房间不单是自己活动、做功课的地方，最好还能用来接待同学共同学习和玩耍。

（2）儿童居室的设计

让儿童拥有自己的房间将有助于培养他们独立生活的能力。专家认为，儿童一旦拥有自己的房间，他会对家更有归属感、更有自我意识，空间的划分使儿童更自立。

由于每个小孩的个性、喜好有所不同，对房间的摆设要求也会各有差异。因此，在设计时应了解其喜好与需求，并让孩子共同参加设计、布置自己的房间，同时也要根据不同孩子的性格特征加以引导。比如，好动的孩子的房间最好尽量简洁、柔和；性格偏内向的孩子的房间则要活泼一些（图7-52）。对这一年龄段

图 7-52 儿童房间内景

图 7-53 桌椅灵活组合的小学教室

的孩子来说，简单、平面的连续图案已无法满足他们的需求，特殊造型的立体家具会更受他们的喜爱。

（3）儿童教室的设计

教室的室内空间在少年儿童心中是学习生活的一种有形象征，设计要体现活泼轻快却又不轻浮、端庄稳重却又不呆板、丰富多变却不杂乱的整体效果。这一阶段的儿童思维发展迅速，因此教室不仅要有各种空间供儿童游戏，更需要有一个庄重宁静的空间让儿童能静静地思考、探索，以发展他们的思维（图 7-53）。

7.3.3 儿童室内的细部设计

儿童室内空间的细部设计涉及内容很多，如：安全性、色彩、界面、家具、软装饰、灯光、绿色设计等，需要设计师仔细推敲。

1）安全性

儿童生性活泼好动，但缺乏生活常识、自我防范意识与自我保护能力，因此安全性便成为儿童室内空间设计的首要问题。设计时需处处费心，以预防他们受到意外伤害。

（1）门

开门、关门有时会有夹手的情况，所以门的构造应安全并方便开启，设计时要做一些防止夹手的处理。为了便于儿童观察门外的情况，可以在门上设置钢化玻璃的观察窗口，其设置的高度，考虑到儿童与成人共同使用需要，以距离地面 750mm，高度为 1000mm 为宜（图 7-54）。此外，门的把手过高、门过重都会给儿童带来使用上的不便。由于 95% 的 2 岁儿童摸高可达 1150mm，因此常将门把手安装在 900 ~ 1000mm 的范围内，以方便儿

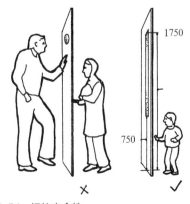

图 7-54 门的安全性

童和成人使用。

对于儿童来说，玻璃门要慎重使用，应尽量避免使用大面积的易碎玻璃门。

（2）阳台与窗

由于儿童的身体重心偏高，所以很容易从窗台、阳台上翻身掉下去。在儿童居室的选择上，应选择不带阳台的居室，或在阳台上设置高度不小于 1200mm 的栏杆，同时栏杆还应做成儿童不便攀爬的形式。

窗的设置首先应保证室内有充足的采光、通风，还应符合儿童心理的要求。为保证儿童视线不被遮挡，避免产生封闭感，窗台距地面的高度不宜大于 700mm（但此时应增设栏杆以确保安全）。落地窗和窗台高度不满足规范要求时，必须增设符合规范要求高度的栏杆，以防止儿童不慎跌落。

窗下不宜放置家具，卫生间里的浴缸也不要靠窗设置，以免儿童攀援而发生危险（图 7-55）。公共建筑内儿童专用空间的窗户 1200mm 以下宜设固定扇，避免打开时碰伤儿童。

在窗帘的设计上也要特别注意安全，最好采用儿童够不到的短绳拉帘，长度超过 300mm 的细绳或延长线，必须卷起绑高，以

免婴幼儿不小心绊倒或当作玩具来缠绕自己脖子导致窒息。

（3）楼梯

对儿童来说，上下楼梯时需要较低的扶手，一般会尽可能设置高低两层扶手，扶手下面的栏杆柱间隔应保持在 80 ～ 100mm 之间，以防幼儿从栏缝间跌下或卡住头部。儿童喜欢在楼梯上玩耍，扶手下面的横挡有时会被当作脚蹬，蹬越上去会发生坠楼的危险，故不应采用水平栏杆。在儿童使用的公共空间内，不宜有楼梯井，楼梯的扶手也不能做成易被儿童当成滑梯的形式（图 7-56）。

若楼梯下能够通行，儿童在玩耍时有可能因疏忽而发生撞头的事故，为此应保持地面到梯段底部的净高有 2200mm。在高度不够的梯段下应设置安全栏杆，以防止儿童进入。

（4）电源开关和插座

非儿童使用的电源开关、插座以及其他设备要安装在儿童不易够到的地方，设置高度宜在 1400mm 以上。近地面的电源插座要隐蔽好并挑选安全插座，即拔下插头，电源孔自动闭合，以防止儿童触电。总开关盒中应安装"触电保护器"。

图 7-55　窗的安全性

图 7-56　楼梯的安全性

2）色彩选择

主要是指对室内墙面、顶面、地面的背景色彩和家具、设施等主体色彩的选择。儿童对色彩特别敏感，环境颜色对他们的成长具有深远影响。色彩选择一般以明朗的色彩为主，创造明快欢愉、简洁轻松的气氛。

儿童喜爱的颜色单纯而鲜明，明快、饱和度高的色彩会带给儿童乐观、向上的感觉，让他们能够时常保持一种健康积极的心理。如橙色及黄色能给孩子带来快乐与和谐，有助于培养乐观进取的心理素质，培养坦诚、纯洁、活泼的性格。鲜艳的色彩除了能吸引儿童的目光，还能刺激儿童视觉发育、提高儿童的创造力、训练儿童对于色彩的敏锐度。

墙面与顶面色彩的整体基调应根据儿童的喜好来决定。墙面的色彩作为整体空间的背景色，应以柔和、雅致的色彩为宜。大红、橘红等过于艳丽的颜色，最好不要在儿童室内空间中大面积使用，它会让儿童更加兴奋，可用作小面积点缀。顶面宜采用反射系数较高的白色或浅色调，以增强光线的反射，并形成柔和的色彩效果。

儿童家具的色彩常作为室内空间的主体色彩，可根据对象的不同个性与喜好进行选择，呈现活泼与明快的气息。家具色彩的合理设计，不仅能烘托出空间气氛、创造视觉效果，还能对儿童进行潜移默化的教育，帮助儿童形成良好的生活习惯。如把抽屉漆成红、桔红、粉红、黄、绿等彩色，有助于物品分类后放入相应的抽屉里，会给儿童带来便利与兴趣，一方面易于儿童记忆取放，另一方面也锻炼了孩子归纳、整理的能力。

3）界面处理

儿童的活动力强，因此儿童室内空间界面处理中宜采用柔软、自然的材料，如原木、织物、壁布等。这些安全、耐用、容易修复且价格适中的材料，既可以为儿童营造舒适的生活环境，也可以解除家长的担忧。表7-16 介绍了儿童室内空间界面设计的建议，图7-57 显示了儿童室内空间的墙面处理。

儿童室内空间界面设计建议一览表　　　　　　　表7-16

地面	● 地面是孩子接触最多的地方，材料要有温暖的触感，便于清洁，不能有凹凸不平的花纹、接缝，以免掉入这些凹缝中的小东西成为孩子的潜在威胁； ● 不宜采用大理石、花岗石、水泥等质地坚硬的材料； ● 不宜采用易生尘螨、不便清洗的地毯； ● 建议采用天然实木地板，配以无铅油漆涂饰，并充分考虑地面的防滑性能
顶面	● 可选用石膏板，有一定的吸潮功能，且保暖性较好； ● 可以采用造型吊顶，如：星星、月亮等图案的造型吊顶
墙面	● 宜选用坚固、耐久、无光泽、易擦洗的材料； ● 可以选用环保、高档的涂料和墙纸，达到颜色鲜艳、无毒无害、易于擦洗，且易于动态变化的效果； ● 可以在墙面上布置白板或软木板，满足孩子涂鸦的天性； ● 建议在墙上预留展示空间，满足孩子的成就感

表格来源：卢琦制作.

图 7-57 儿童室内空间的墙面处理

图 7-58 床铺结合书桌的设计提高了空间利用率

4）室内家具

科学合理的家具设计，有利于儿童身心健康成长，是保证儿童室内空间不断"成长"的最为经济、有效的办法。

（1）床

① 婴儿床

婴儿床要牢固、稳定，四周要有高度达到孩子身高 2/3 以上的床栏，栏杆之间的空隙不超过 60mm，并在床的两侧放置护垫，以避免婴儿不慎翻落床外或身体卡进床栏中。床栏上应有固定的插销并安置在婴儿手伸不到之处。床架的接缝处应设计为圆角，以免刺伤婴儿。床的涂料必须是无铅、无毒且不易脱落，不会使婴儿在啃咬时中毒。

② 儿童床

儿童床的尺寸应采用大人床的尺寸，即长度要满足 2000mm，宽度则不宜小于 1200mm。儿童使用的床垫宜设计成较硬的结构，或者干脆使用硬板，这对孩子的背骨发育有好处。床

的形式可根据居室的大小有所变化，不同的组合方式占据的空间大小就不一样。如将床做在上面，下面做书桌，或将床下面做成衣柜，既可以节省空间，又能扩大儿童居室的活动区域（图 7-58）；如果两人共享一间卧室，不要采用单纯的双层床铺，可以适当变化，图 7-59 就是两种布置方案。

（2）书桌和椅子

对于幼儿来说，家具要轻巧，便于他们搬动，尤其是椅子。为适应幼儿的体力，椅子的重量应小于幼儿体重的 1/10，约 1.5 ~ 2kg 为宜。

儿童桌椅的设计以简单为好，高度与大小应根据儿童的人体尺度、使用特点及不同年龄儿童的正确坐姿来确定所需尺寸。

使用高度可调节的桌椅也是一种常用方法。使用时将椅子调整到脚刚好可以踩到地上的高度，书桌则配合手肘的高度来调整，这样可以让儿童保持端正健康的姿态，有益成长。同时，

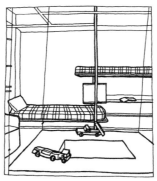

图7-59　两个孩子共用卧室的解决方案　　　　　　　　　　　　　　　　　　　　图7-60　充满童趣的挂衣钩

使用可调节式的家具能配合儿童急速变化的身高，延长家具的使用时间并节约费用。

（3）储物柜

储物柜的高度应适合孩子身高，沉重的大抽屉不适合孩子使用，最好选用轻巧便捷的浅抽屉柜（参阅储藏空间设计的有关内容）。

（4）挂衣钩

儿童居室内利用室内一隅设置挂衣钩，上部还可以设隔板，不仅可存放帽子、手套和悬挂衣物，还可以帮助儿童从小养成良好的生活习惯。挂衣钩的高度在1000～1200mm之间为宜，形式多样，可以结合儿童喜爱的卡通形式，配以鲜明的色彩，既实用又美观（图7-60）。

（5）家具的安全性

家具必须充分考虑安全性。为了保证儿童的安全，家具的外形应无尖棱、无锐角，边角最好修成触感较好的圆角，以免儿童在活动中碰撞受伤。

家具材料以实木、塑料为好，玻璃、镜面不宜用在儿童家具上。尽量不要选用有尖锐棱角的金属家具和胶合板类家具，以免划伤儿童皮肤，而且质量不达标的胶合板所散发的气味对孩子的呼吸道和眼睛有伤害，应该选择实木家具和高质量的、通过国家质量检测的胶合板家具。

儿童家具的结构要力求简单、牢固、稳定。家具很可能成为儿童玩耍的对象，因此，组装式家具中的螺栓、螺钉要接合牢靠，以防止儿童动手拆装；折叠桌、椅或运动器械上应设置保护装置，以避免儿童在搬动、碰撞时出现夹伤。有些发达国家就要求折叠桌、椅必须有保险绳或锁紧开关以资保护。

5）室内软装饰

为了使儿童居室与家具更好地适应儿童成长的需要，可以通过变换织物与装饰品的方法，使居室和家具变得历久常新。织物的色泽要鲜明、亮丽，装饰图案应以儿童喜爱的动物图案、卡通形象、动感曲线图案等为主，以适应儿童活泼的天性，创造具有儿童特色的个性空间。形形色色的鲜艳色彩和生动活泼的布艺，会使儿童居室充满特色。由于儿童的想象力丰富，各种不同的颜色可以刺激他们的视觉神经，而千变万化的图案，则可满足他们对整个世界的想象，这些都是儿童成长中不可缺少的重要环节（图7-61）。

儿童使用的床单、被褥以天然材料的棉织品、毛织品为宜。这类织物对儿童的健康较为有益，而化纤产品，尤其是毛多、易掉毛的产品，会使儿童因吸入较多的化纤、细毛而导致咳嗽或过敏性鼻炎。

6）灯光处理

（1）婴儿室的照明

婴儿容易在夜间哭闹，所以照明设计相当重要。房间内最好同时备有直接型灯具与间接型灯具，父母可依需要灵活选用，使婴儿不会因灯光太强或太弱而感到不舒服。例如：为避免婴幼儿在夜间醒来时，因位于漆黑的房间而惊吓，可以在夜间睡觉时打开光线微弱的间接型灯具；而帮宝宝换尿布时，则可打开直接型灯具。

（2）儿童房的照明

儿童房内应有充足的照明。合适且充足的照明，能让房间充满温暖、安全的感觉，且有助于消除儿童独处时的恐惧感。除整体照明之外，床头须设置一盏亮度足够的灯，以满足大一点的孩子在入睡前翻阅读物的需求；同时备一盏低照度的夜灯，防止孩子起夜时跌倒；在书桌前则必须有一个足够亮度的光源，这样会有益于孩子阅读、游戏、画画或其他劳作。此外，正确地选用灯具及光源，对儿童的视力健康十分重要，最好选用可调节亮度、角度及高低的灯具，以方便使用；一些象形的壁灯、台灯，还能巧妙地表现孩子的性格特点，同时激发他们的想象力（图7-62）。

（3）学习区域的照明

学习区域的照明尤其要注意整体照明与局部照明的合理搭配。人的眼睛不仅注视桌

图 7-61　色彩斑斓的软装饰

图 7-62　精心的照明设计

面，也会观看四周，所以明暗的差别不能太大，如果明暗差异太大则眼睛容易疲劳。通常学习区域的整体照明强度在 100lx 以上，最理想则在 200lx 以上。桌面台灯的亮度在中小学阶段需要 300lx 以上，高中到大学因为文字较小，需达到 500lx 以上。用提高室内整体亮度的方式来达到这种效果是很不经济的，因此，往往采用局部重点照明的方式来进行补充。如果台灯的亮度有 300lx，整体照明有 100lx，那么，桌上的亮度就有 400lx，可以为学习提供一个良好的照明环境。学习用的台灯最好灯罩内层为白色，外层是绿色，这样可以较好地解决照明与保护视力之间的矛盾。

7）环保设计

室内装饰中使用的一些物品和材料往往会产生化学污染，这将严重危害身体尚未发育成熟、各组织器官都十分娇嫩的儿童的健康。由于孩子有将东西放入嘴里的习惯，有些儿童还可能舔墙壁或地面，所以材料（建筑材料和装饰材料）无毒是非常重要的。无论是墙面、顶面还是地面，都应采用无毒、无味的材料，减少有机溶剂中的有害物质对儿童的危害。减少儿童受材料污染危害的可能性，这是设计师在设计开始阶段就必须高度重视的事项。

环保设计涉及的内容很多，可以参阅本书第 3 章、第 10 章等章节中的相关内容及国家的相关标准。提倡儿童室内环境的环保设计正是为了给儿童提供一个健康安全的室内生活空间，必须引起设计师的高度重视。

本章插图来源：

图 7-1 至图 7-3《建筑设计资料集》编委会主编 . 建筑设计资料集（第一集）[M]. 第 2 版 . 北京：中国建筑工业出版社，1994：138，139，142.

图 7-4 至图 7-8（日）荒木兵一郎，藤本尚久，田中直人著 . 国外建筑设计详图图集 3—无障碍建筑 [M]. 章俊华，白林译 . 北京：中国建筑工业出版社，2000：37，48，50，52.

图 7-9 至图 7-12 卢琦 .

图 7-13 至图 7-16（日）荒木兵一郎，藤本尚久，田中直人著 . 国外建筑设计详图图集 3—无障碍建筑 [M]. 章俊华，白林译 . 北京：中国建筑工业出版社，2000：71-73，75-77.

图 7-17 至图 7-18 卢琦 .

图 7-19（日）荒木兵一郎，藤本尚久，田中直人著 . 国外建筑设计详图图集 3—无障碍建筑 [M]. 章俊华，白林译 . 北京：中国建筑工业出版社，2000：66.

图 7-20 至图 7-21 学生作业 .

图 7-22 卢琦 .

图 7-23《建筑设计资料集》编委会主编 . 建筑设计资料集（第一集）[M]. 第 2 版 . 北京：中国建筑工业出版社，1994：149.

图 7-24 至图 7-27（日）荒木兵一郎，藤本尚久，田中直人著 . 国外建筑设计详图图集 3—无障碍建筑 [M]. 章俊华，白林译 . 北京：中国建筑工业出版社，2000：56-59.

图 7-28 至图 7-31 卢琦 .

图 7-32 学生作业 .

图 7-33 卢琦 .

图 7-34 至图 7-35（日）荒木兵一郎，藤本尚久，田中直人著 . 国外建筑设计详图图集 3—无障碍

建筑 [M]. 章俊华，白林译. 北京：中国建筑工业出版社，2000：82.

图 7-36 至图 7-42 卢琦.

图 7-43《建筑设计资料集》编委会. 建筑设计资料集（第三集）[M]. 第 2 版. 北京：中国建筑工业出版社，1994：156.

图 7-44《建筑设计资料集》编委会. 建筑设计资料集（第三集）[M]. 第 2 版. 北京：中国建筑工业出版社，1994：171 和中国建筑工业出版社，中国建筑学会总主编. 建筑设计资料集（第四分册）[M] 第 3 版. 北京：中国建筑工业出版社，2017：24.

图 7-45 至图 7-53 学生作业.

图 7-54 至图 7-56 卢琦.

图 7-57 至图 7-62 学生作业.

第8章
Chapter 8

室内设计与其他相关学科
Interior Design and Related Disciplines

■ 室内设计与人类工效学
Interior Design and Ergonomics
■ 室内设计与心理学
Interior Design and Psychology
■ 室内设计与建筑光学
Interior Design and Architectural Lighting

室内设计是一门综合性学科，既有艺术性，又有科学性；既有实践性，又有理论性。作为一名合格的室内设计师，必须不断学习其他学科的有益知识，使自己的作品具有科学内涵。人类工效学、心理学、建筑物理、建筑构造等学科都与室内设计密切相关，本章主要介绍人类工效学、心理学、建筑光学等学科内容在室内设计中的运用。

8.1 室内设计与人类工效学

人类工效学（又称为人体工程学）是一门独立的学科，其早期偏重于研究如何方便舒适地使用装置复杂的机械及快捷的交通工具，如今则已经把研究兴趣转移到环境领域，体现出从"人—物体系"发展到"人—空间体系"的趋势。人类工效学对于室内设计、建筑设计和工业产品设计都具有重要的影响，如果室内设计缺乏必要的人类工效学知识，则难以创造出完美的内部空间，因此，人类工效学是室内设计师必备的基础知识之一。

8.1.1 人体尺寸及应用原则

人体测量和人体尺寸是人类工效学中的基本内容，各国的研究工作者都对自己国家的人体尺寸作了大量调查与研究，发表了可供查阅的资料及标准，大陆地区目前的国家标准是《中国成年人人体尺寸》GB 10000-88 和《中国未成年人人体尺寸》GB/T 26158-2010，《建筑设计资料集》（第一分册第3版）介绍了一些最新的研究成果，可供设计时查阅。这里仅就人体尺寸的一些基本概念、基本应用原则以及一些相关资料予以介绍。

1）动态尺寸和静态尺寸

人体尺寸可以分成两类，即结构尺寸和功能尺寸。结构尺寸是取自被试者在固定的标准位置的躯体尺寸，也称之为静态尺寸。功能尺寸是在活动的人体条件下测得的，也称之为动态尺寸。二者在室内设计中均有很大的应用价值。

在运用动态尺寸时，应充分考虑人体活动的各种可能性，考虑人体各部分协调工作的情况。例如，人体手臂能达到的范围决不仅取决于手臂的静态尺寸，它必然受到肩的运动和躯体的旋转、可能的弯背等的影响，因此，人体手臂的动态尺寸远大于其静态尺寸，这一动态尺寸在大部分室内设计工程中也更有实际意义。

有关中国人体的静态尺寸，成年人的平均身高男子167cm，女子156cm[1]。中国地域辽阔，人体尺寸亦有所差异。表8-1系按较高、较矮及中等三个级别所列尺寸，可供参考，图8-1为中国中等人体地区人体各部分平均尺寸，表8-2为中国中等人体地区人体各部尺度与身高的比例，表8-3则为世界几个国家成年男子平均身高的比较。

2）人体尺寸的应用

图8-2所示为中国成年男子及女子不同人体身高的百分比。图中涂阴影部分系设计时可供考虑的身高尺寸幅度。从图中可以看到，人体尺寸是在一定的幅度范围内变化的。在设计中究竟采用什么范围的尺寸确实是一个值得探

中国不同地区人体各部平均尺寸[①]　　表8-1

编号	部位	较高人体地区（冀、鲁、辽）		中等人体地区（长江三角洲）		较低人体地区（四州）	
		男	女	男	女	男	女
A	身高（mm）	1690	1580	1670	1560	1630	1530
B	最大肩宽（mm）	420	387	415	397	414	386
C	肩峰点至头顶点高（mm）	293	285	291	282	285	269
D	正立时眼的高度（mm）	1573	1474	1547	1443	1512	1420
E	正坐时眼的高度（mm）	1203	1140	1181	1110	1144	1078
F	胸厚（mm）	200	200	201	203	205	220
G	上臂长（mm）	308	291	310	293	307	289
H	前臂长（mm）	238	220	238	220	245	220
I	手长（mm）	196	184	192	178	190	178
J	肩高（mm）	1397	1295	1379	1278	1345	1261
K	两臂展开宽之半（mm）	867	795	843	787	848	791
L	坐姿肩高[②]（mm）	600	561	586	546	565	524
M	臀宽（mm）	307	307	309	319	311	320
N	脐高（mm）	992	948	983	925	980	920
O	中指尖点高（mm）	633	612	616	590	606	575
P	大腿长度[③]（mm）	415	395	409	379	403	378
Q	小腿长度[④]（mm）	397	373	392	369	391	365
R	足背高（mm）	68	63	68	67	67	65
S	坐高[⑤]（mm）	893	846	877	825	850	793
T	腓骨头的高度（mm）	414	390	407	382	402	382
U	大腿水平长度[⑥]（mm）	450	435	445	425	443	422
V	坐姿肘高[⑦]（mm）	243	240	239	230	220	216

注：①以上人体高度系参考约240万人资料、调查统计2.5万人所得的数据。人体各部尺寸是由实际测量665个不同高度的标准成年人所求得的平均尺寸；
②坐姿肩高系指坐的椅面至肩峰的垂直距离；
③大腿长度系指大腿抬起时，大腿上端转折处至膝盖中点的距离；
④小腿长度系指膝盖中点至内踝的距离；
⑤坐高系指正坐时椅面至头顶的垂直距离；
⑥大腿水平长度系指坐时膝窝至臀部后端的水平距离；
⑦坐姿肘高系指正坐时肘关节至椅面的垂直距离。
表格来源：《建筑设计资料集》编委会.建筑设计资料集（第一集）[M].第2版.北京：中国建筑工业出版社，1994：6.

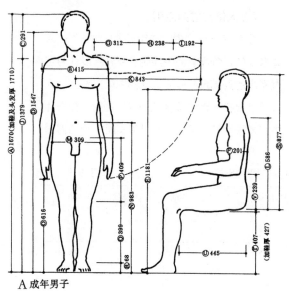

A 成年男子

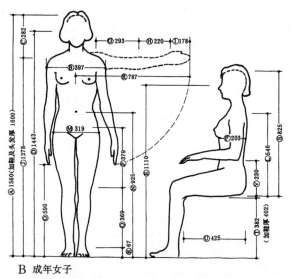

B 成年女子

图 8-1　中国中等人体地区人体各部分平均尺寸（单位：mm）

人体各部尺度与身高的比例（按中等人体地区）　表 8-2

部位	百分比	
	男	女
两臂展开长度与身高之比	102.0	101.0
肩峰至头顶高度与身高之比	17.6	17.9
上肢长度与身高之比	44.2	44.4
下肢长度与身高之比	52.3	52.0
上臂长度与身高之比	18.9	18.8
前臂长度与身高之比	14.3	14.1
大腿长与身高之比	24.6	24.2
小腿长与身高之比	23.5	23.4
坐高与身高之比	52.8	52.8

（身高 =10

表格来源：《建筑设计资料集》编委会 . 建筑设计资料集（第一集）[M
第 2 版 . 北京：中国建筑工业出版社，1994：6.

几个国家成年男子平均身高的比较　表 8-3

国家	中国	独联体	日本	美国
平均身高（mm）	1670	1750	1600	1740

表格来源：《建筑设计资料集》编委会 . 建筑设计资料集（第一集）[M
第 2 版 . 北京：中国建筑工业出版社，1994：6.

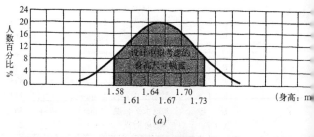

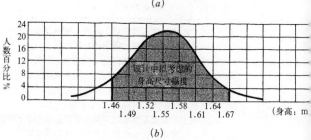

图 8-2　中国成年人不同人体身高的百分比
（a）成年男子；（b）成年女子

讨的问题。学者们经过研究一般认为，对于不同情况可按以下三种人体尺寸来考虑：

第一种情况：按较高人体高度考虑的空间尺寸，例如：楼梯顶高、栏杆高度、阁楼及地下室净高、个别门洞的高度、通道和淋浴喷头高度、床的长度等，这时可采用男子人体身高幅度的上限 1.74m 再另加鞋厚 20mm。

第二种情况：按较低人体高度考虑的空间尺寸，例如：楼梯的踏步、碗柜、搁板、挂衣钩及其他空间置物的高度、盥洗台、操作台、案板的高度等，这时可采用女子人体的平均高度 1.56m 再另加鞋厚 20mm。

第三种情况：一般建筑内使用空间的尺寸可按成年人平均高度 1.67m（男）及 1.56m（女）来考虑。例如：剧院及展览建筑中考虑人的视线以及普通桌椅的高度等。当然，设计时亦需另加鞋厚 20mm。[2]

3）活动空间的尺寸

活动空间的尺寸也是室内设计中经常涉及的内容，图 8-3 所示为人体基本动作尺寸，该尺寸可作为各种空间尺度的主要依据。遇特殊情况可按实际需要适当增减。

图 8-4 为人体活动所占空间尺寸。图中活动尺寸均已包括一般衣服厚度及鞋的高度。这些尺寸可供设计时参考。至于涉及一些特定空间的详细尺寸，则可查阅有关的设计资料或手册。

8.1.2　人类工效学与家具

人类工效学与家具设计具有十分密切的关系，有时甚至可以说具有决定性影响。由于人的一生中，大量时间是坐着活动的（休息、工作、开会、就餐等），因此这里以座椅为例，介绍人类工效学在家具选择和设计中的运用。

由于人在休息和工作中身体的姿势不同，因此座椅按用途可以分为休息椅、工作椅和多功能椅三类，下面以休息椅和工作椅为例，提出人类工效学的设计原则。

1）休息椅的设计原则

按人类工效学对人在休息椅上各种姿势的分析和研究，可以归纳成以下几点供选择及设计时参考。

第一，休息椅应保证脊柱保持正常形状，椎间盘上的力最小，并且背部肌肉有最大可能的放松；

第二，休息椅最舒适的位置和尺寸随不同活动而改变，且有少量的个人变化。故休息椅应能调节几种尺寸，调节范围参见表 8-4 及图 8-5；

第三，休息椅应有一个带有凸出腰垫的靠背，它在胸椎高度处略呈凹状。坐下时腰垫的主要支承点应在坐面以上垂距 8 ~ 14cm 处，

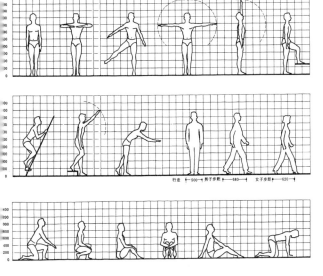

图 8-3　人体基本动作尺寸（单位：mm）

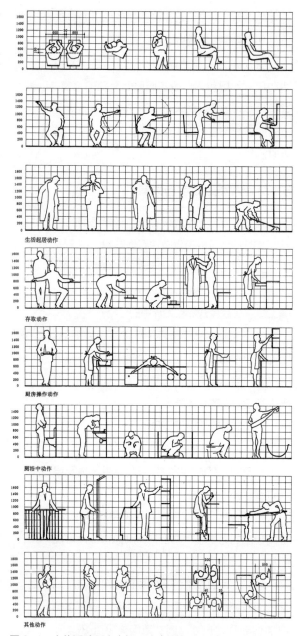

图 8-4　人体活动所占空间尺寸（单位：mm）

具有多种调节位置的休息椅的
调节范围　　　表 8-4

名称	调节范围
坐面坡度 SW	16° ～ 30°
靠背坡度 RW	102° ～ 115°
坐面高度 SH	34 ～ 50cm
坐位深度 ST	41 ～ 55cm
腰垫主要支承面在与坐面接触点以上的垂直调节范围	6 ～ 18cm
椅子靠手的高度 AH	22 ～ 30cm

表格来源：杨公侠著．建筑·人体·效能：建筑工效学 [M]．天津：天津科学技术出版社，2000：71.

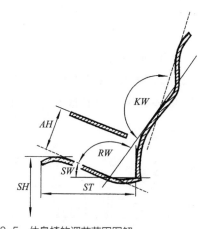

图 8-5　休息椅的调节范围图解
SH—坐面高度；AH—靠手高度；SW—坐面坡度；RW—靠背坡度（坐面与靠背间的夹角）；KW—头枕坡度；ST—坐位的深度

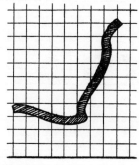

图 8-6　理想休息椅的轮廓线（方格网为 10×10cm）

于骶骨的上缘和第五个腰椎高度处（图 8-6）；

第四，休息椅应有很好的铺垫和饰面，将大部分体重分布在臀部较大的面积上，坐垫应将体重分布在直径 6 ～ 10cm 的圆形面积内较为适宜；

第五，不能调节的休息椅，宜采用下列尺寸：坐面高度 *SH* 39 ～ 41cm，坐位深度 *ST* 47 ～ 48cm，坐面坡度 *SW* 20°～ 26°，靠背和坐面间的夹角 *RW* 105°～ 110°。[3]

2）工作椅的设计原则

工作椅是另一类使用非常频繁的椅子，通过实验研究，工作椅的设计原则可归纳为以下几条：

第一，工作椅应有良好的稳定性，四条腿之间的距离至少应与坐位的宽度和深度相同；

第二，工作椅应允许使用者的手臂自由活动；

第三，工作椅必须将其作为工作台的组成部分来统一考虑，因此从坐面至桌面的距离宜为 27 ～ 30cm，坐面至桌面的下缘至少有19cm 的间距；

第四，坐面应为平的或略呈凹状，前半部分向后倾斜3°～ 5°，后三分之一略向上倾斜，且坐面的前缘应做成圆角；

第五，坐面的宽度和深度建议均为40cm；

第六，高的靠背，其高度约为自接触点垂直向上 55 ～ 60cm，带有略呈凸状的腰垫，并于胸高处略呈凹状，这样可以使背部的肌肉放松；

第七，如果喜欢使用带腰部支托的工作椅，则需较多的调节，并有较软的弹性。腰部支托高 20 ～ 30cm，宽 30 ～ 37cm。靠背及腰部支托在水平方向略凸出一些，半径约80 ～ 120cm；

第八，坐面的高度可采用下列数值：不可

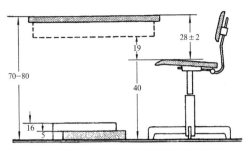

图 8-7　工作椅、工作台及踏脚高度的建议尺寸（单位：cm）

调节且无踏脚时，为 38 ～ 40cm；不可调节但有踏脚时，为 45 ～ 48cm；坐位的调节范围为 38 ～ 53cm；

第九，坐面和靠背最好有铺垫和饰面，躯体埋在坐垫中的深度不大于 2 ～ 3cm，饰面材料应有良好的透气（包括透汗水）性能；

第十，图 8-7 中踏脚仅提供高度，其形状应经过设计，使脚能舒适地踏在上面，踏脚的坡度可为 23°～ 27°。[4]

8.1.3　人类工效学与室内物理环境

随着生活水平的提高，人们越来越重视室内物理环境的舒适性。室内物理环境包括视觉环境、热环境、声环境、嗅觉环境和触觉环境等，其中很多内容都与人类功效学密切相关。

1）室内视觉环境

室内视觉环境是室内设计领域中十分重要的内容，其本身是一门很丰富的学问，它涉及环境和视觉信息，知觉过程、照明研究和颜色研究等多方面的内容。本书的不少章节已经应用了很多有关室内视觉环境的资料与研究成果，这里仅介绍一下有关视域的信息，以供设计时考虑。

关于水平视域，人的单眼视角极限94°。双眼看物体时，左右眼视角极限各为62°，即左右眼合计124°。眼睛轻松看东西的范围是左右各30°，即左右眼合计60°。识字的最大范围是左右各5°～10°，即左右眼合计10°～20°。精确视力范围为左右各0.5°，即左右合计1°，如图8-8所示。

人向下的视域比水平视域要窄得多，向上的视域也很有限。视野的上限50°～55°，下限70°～80°，见图8-9。[5]图8-10和图8-11则进一步显示了视觉下视的最佳位置和商品展示的不同位置，可以供设计师参考。

2）室内热环境及空气质量

室内的温度、湿度情况直接影响人体舒适度，空气质量情况则直接影响人体健康，为此，研究人员提出了一些标准，见表8-5。在不使用空

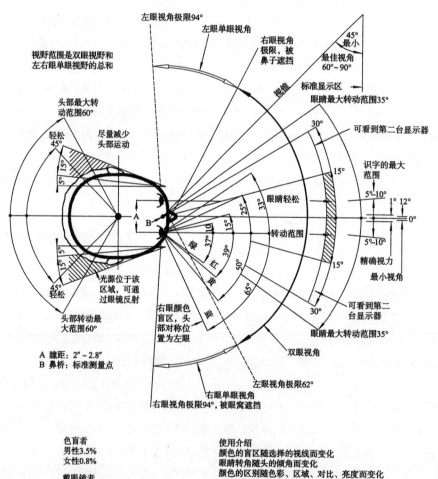

图8-8　视觉的水平方向与视角

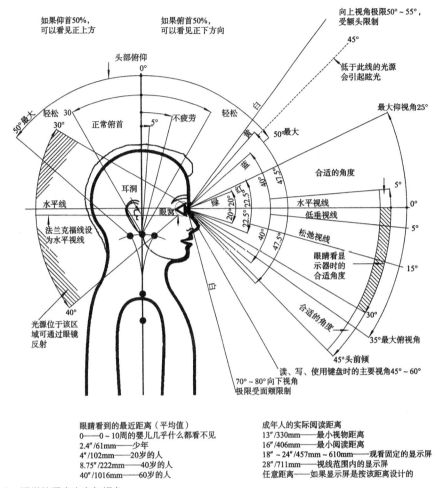

图 8-9 视觉的垂直方向与视角

调的情况下，当周围的温度高于或低于这些标准时，人们往往会感到不舒适，人体会通过皮肤进行散热或吸热，同时还可以通过减少或者添加所穿的衣服来进行调节。在使用空调的情况下，表中的数值就常常成为空调设计的主要依据。随着健康意识的提高，人们对室内空气质量日益关注，表8-5 中的内容都须在设计中落实。

3）室内声环境

室内声环境设计是一门相当专业的学问，

国家制定了《民用建筑隔声设计规范》GB 50118-2010 作为声学设计的依据。在影剧院等工程项目中，声学效果尤其重要，需要由专业的声学工程师负责设计。

在大量普通室内设计项目中，主要涉及隔绝噪声和避免过长的混响时间，室内设计师应该具有一定的声学知识。关于控制混响时间，首先，应尽量避免采用容易导致声音聚焦的空间形态，如：要谨慎使用穹顶造型；其次，尽

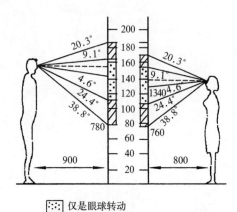

图例：
:::::: 仅是眼球转动
////// 头部和眼球均转动

在站立的自然状态下,视线均习惯于偏向水平方向的下方,因此商品可考虑按此斜向陈列

图8-10 视觉下视的最佳位置

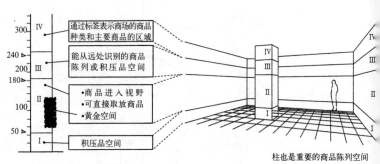

柱也是重要的商品陈列空间

图8-11 商品展示的位置

室内空气质量标准   表8-5

序号	参数类别	参数	单位	标准值	备注
1	物理性	温度	℃	22 ~ 28	夏季空调
				16 ~ 24	冬季采暖
2		相对湿度	%	40 ~ 80	夏季空调
				30 ~ 60	冬季采暖
3		空气流速	m/s	0.3	夏季空调
				0.2	冬季采暖
4		新风量	m^3 (h · 人)	30[①]	
5	化学性	二氧化硫 SO_2	mg/m^3	0.50	1 小时均值
6		二氧化氮 NO_2	mg/m^3	0.24	1 小时均值
7		一氧化碳 CO	mg/m^3	10	1 小时均值
8		二氧化碳 CO_2	%	0.10	日平均值
9		氨 NH_3	mg/m^3	0.20	1 小时均值
10		臭氧 O_3	mg/m^3	0.16	1 小时均值
11		甲醛 HCHO	mg/m^3	0.10	1 小时均值
12		苯 C_6H_6	mg/m^3	0.11	1 小时均值
13		甲苯 C_7H_8	mg/m^3	0.20	1 小时均值
14		二甲苯 C_8H_{10}	mg/m^3	0.20	1 小时均值
15		苯并 [a] 芘 B (a) P	ng/m^3	1.0	日平均值

续表

序号	参数类别	参数	单位	标准值	备注
16	化学性	可吸入颗粒物 PM$_{10}$	mg/m³	0.15	日平均值
17		总挥发性有机物 TVOC	mg/m³	0.60	8 小时均值
18	生物性	菌落总数	cfu/m³	2500	依据仪器定[②]
19	放射性	氡 ^{222}Rn	Bq/m³	400	年平均值（行动水平[③]）

① 新风量要求≥标准值，除温度、相对湿度外的其他参数要求≤标准值；
② 见该规范中的附录 D；
③ 达到此水平建议采取干预行动以降低室内氡浓度。

表格来源：GB/T 18883-2002. 室内空气质量标准 [S].

量避免大面积使用硬质材料；此外，可以在侧界面、顶界面上适当采用一些吸声材料，表 8-6 是常见的多孔吸声材料。

关于减少噪声，首先，可以将产生噪声和振动的房间（如设备房等）集中布置，尽量远离需要安静的房间，同时，对其采取隔声、隔振、吸声措施，尽量减少对其他功能区域的影响；其次，选用品质优良的设备，减少噪声和振动；此外，可以采取一些具有隔声和吸声作用的措施，如在轻质隔墙内放置吸声材料，设置声闸、隔音门、浮筑地板等。

关于常见室内空间的允许噪声级、空气隔声性能、撞击声隔声标准等，《民用建筑隔声设计规范》GB 50118-2010 都分别提出了要求，

表 8-7 ～表 8-11 就列举了旅馆建筑的相应要求（其中，特级指五星级以上旅游饭店及同档次旅馆建筑，一级指三、四星级旅游饭店及同档次旅馆建筑，二级指其他档次的旅馆建筑），以供设计人员参阅。

4）室内嗅觉环境

为了保持室内良好的嗅觉环境，首先要解决通风问题。清新的空气能使人感到心旷神怡，微微的自然风能使人心情愉快。如果长期待在没有通风或者空气质量不佳的房间中，则必然影响人的身心健康，产生不良后果。表 8-5 对室内各种不良气体的含量都做了规定，可以作为通风设计的依据。

在室内设计中，尤其需要关注厨房、厕所、

多孔吸声材料的基本类型 表 8-6

材料种类		常用材料
纤维材料	有机纤维材料	纯毛地毯、加涂层木丝板
	无机纤维材料	玻璃棉、岩棉、无纺布、化纤地毯、矿棉吸声板
颗粒材料		陶土吸声砖、膨胀珍珠岩吸声砖
泡沫材料		聚氨酯泡沫塑料、泡沫玻璃、泡沫陶瓷
金属材料		发泡纤维铝板

表格来源：柳孝图编著，建筑物理 [M]. 第 3 版 . 北京：中国建筑工业出版社，2010：336.

旅馆室内允许噪声级　　　　　　　　　　　　　表 8-7

房间名称	允许噪声级（A 声级，dB）					
	特级		一级		二级	
	昼间	夜间	昼间	夜间	昼间	夜间
客房	≤ 35	≤ 30	≤ 40	≤ 35	≤ 45	≤ 40
办公室、会议室	≤ 40		≤ 45		≤ 45	
多用途厅	≤ 40		≤ 45		≤ 50	
餐厅、宴会厅	≤ 45		≤ 50		≤ 55	

表格来源：GB 50118–2010. 民用建筑隔声设计规范 [S].

旅馆客房墙、楼板的空气声隔声标准　　　　　　表 8-8

构件名称	空气声隔声单值评价量 + 频谱修正量	特级（dB）	一级（dB）	二级（dB）
客房之间的隔墙、楼板	计权隔声量 + 粉红噪声频谱修正量 R_w+C	>50	>45	>40
客房与走廊之间的隔墙	计权隔声量 + 粉红噪声频谱修正量 R_w+C	>45	>45	>40
客房外墙（含墙）	计权隔声量 + 交通噪声频谱修正量 R_w+C_{tr}	>40	>35	>30

表格来源：GB 50118–2010. 民用建筑隔声设计规范 [S].

旅馆客房之间、走廊与客房之间以及室外与客房之间的空气声隔声标准　　表 8-9

房间名称	空气声隔声单值评价量 + 频谱修正量	特级（dB）	一级（dB）	二级（dB）
客房之间	计权标准化声压级差 + 粉红噪声频谱修正量 $D_{nT,w}+C$	≥ 50	≥ 45	≥ 40
走廊与客房之间	计权标准化声压级差 + 粉红噪声频谱修正量 $D_{nT,w}+C$	≥ 40	≥ 40	≥ 35
室外与客房	计权标准化声压级差 + 交通噪声频谱修正量 $D_{nT,w}+C_{tr}$	≥ 40	≥ 35	≥ 30

表格来源：GB 50118–2010. 民用建筑隔声设计规范 [S].

旅馆客房外窗与客房门的空气声隔声标准　　　　表 8-10

构件名称	空气声隔声单值评价量 + 频谱修正量	特级（dB）	一级（dB）	二级（dB）
客房外窗	计权隔声量 + 交通噪声频谱修正量 R_w+C_{tr}	≥ 35	≥ 30	≥ 25
客房门	计权隔声量 + 粉红噪声频谱修正量 R_w+C	≥ 30	≥ 25	≥ 20

表格来源：GB 50118–2010. 民用建筑隔声设计规范 [S].

旅馆客房楼板撞击声隔声标准　　　　　　　　　表 8-11

楼板部位	撞击声隔声单值评价量	特级（dB）	一级（dB）	二级（dB）
客房与上层房间之间的楼板	计权规范化撞击声压级 $L_{n,w}$（实验室测量）	<55	<65	<75
	计权标准化撞击声压级 $L'_{nT,w}$（现场测量）	≤ 55	≤ 65	≤ 75

表格来源：GB 50118–2010. 民用建筑隔声设计规范 [S].

浴室等辅助空间的嗅觉环境，确保其具有相应的通风开口有效面积或者机械通风设施。

在排除不良气体的同时，有些气味则对人体有益，如：有些花卉的香味等，可以结合使用者的爱好适当加以运用。

5）室内触觉环境

人体皮肤上有许多感觉神经，它有冷、热、痛等感觉，皮肤还具有一种恒温的功能，热时可以出汗散热，冷时则皮肤收缩（如起鸡皮疙瘩）。因此，在室内设计中，如何处理好触觉环境也是需要考虑的问题。

一般情况下，人们喜欢在室内环境中使用质感柔和的材料（如织物），以获得一种温暖感。在硬质装饰材料中，木材使用十分普遍，这固然有木材易于加工、价格适中的优点，但更主要的是木材及其木制品具有一种温暖柔和的触觉感受。在室内家具方面，真皮沙发、布艺沙发、木质与软垫结合的沙发等都比较受欢迎，究其原因，亦主要是由于它们能给人一种触觉上的舒适感。

8.2 室内设计与心理学

心理学是一门研究人的心理活动及其规律的科学，心理学内容丰富，在建筑设计、室内设计中具有广泛的用途，很多设计师已经在自身的设计实践中尝试运用心理学的知识，本书的不少章节也都运用了心理学的研究成果，这里主要介绍心理需要层次论、环境知觉、人际距离、私密性、领域性以及好奇心理对室内设计的影响等内容。

8.2.1 心理需要层次论

人的心理需要层次论是心理学家马斯洛（Abraham Maslow）提出的，他把人的需要大体上分为六个层次，即生理的需要、安全的需要、相属关系和爱的需要、尊重的需要、自我实现的需要、学习与美学的需要。[6] 他认为人的需要依次发展，当低层次的需求满足以后，就追求高一层次的需求。尽管学术界对马斯洛的观点有不同的看法，但其影响力依然很大。

生理的需要（physiological needs）是人的需要中最基本、最强烈、最明显的一种，人们需要食物、饮料、睡眠、氧气和住所，这是人类最基本的需求。对于室内设计而言，必须首先考虑并满足人的基本生理活动的需要，如：提供睡眠、进餐的场所等。

安全的需要（security needs），首先涉及遮风挡雨、防盗、防火、防恐等安全问题，然后是个人独处和个人空间的需要，也就是指：当人们希望与别人相处或希望个人独处时，环境能为他提供选择的自由。因此，在进行室内设计时，应充分考虑这种需要。当人的这种需要得不到满足时，人们就会发现自己处于"不安全""拥挤"的情境之中，人的心理就会处于一种应激的状态，造成精神上的重负与紧张，严重者可以导致疾病。

相属关系和爱的需要（affiliation needs）主要表现为：人追求与他人建立友情，在自己的团体中求得一席之地。因此在室内设计中，如何营造供人交流、供人交往的环境氛围是设计师值得认真考虑的问题。

尊重的需要（esteem needs）一般可以分成两类——自尊和来自他人的尊重。自尊包括：获得信心、能力、本领、成就、独立和自由等的愿望。来自他人的尊重包括：获得威望、承认、接受、关心、地位、名誉和赏识等。经过仔细设计的内部空间应有助于使用者获得自尊和来自他人的尊重。

　　自我实现的需要（actualization needs）一般是指人类有成长、发展、发挥潜力的心理需要。室内设计师在与业主的交流中，就应该充分了解业主的职业追求、发展目标等方面的信息，通过设计语言将其表达出来，实现业主的心理需求。

　　学习与美学的需要（learning and aesthetic needs）是人类的高层次追求，"美"有助于人们更健康、更正直。对于室内设计师而言，追求美、努力营造美好的内部空间是义不容辞的责任，有助于满足人们的精神需求。

　　人的一生处于不断的追求之中，往往一个欲望得到满足之后，另一个欲望就产生了。在现代社会，人的基本生理需求已经基本得到满足，因此更需要注意满足人的高层次需求，通过设计创造理想的内部环境，实现人的精神追求。

8.2.2　环境知觉

　　学术界在环境知觉方面已经具有不少研究成果，对室内设计具有较大实用价值的有：简化与完形、图形与背景、注意力的限度等内容。

　　1）简化与完形

　　人的知觉具有简化与完形的功能，以便在复杂的环境中有效地处理信息（图8-12、图8-13）。它可以使人们以一种简便的方式感知环境中的重要部分，而忽略较次要的部分。这个机制会使人们忽略空间中的一些微小差别，对空间的形状、尺度产生完形，正如有关学者指出："一个成85°或95°的角，其

多于或少于直角的那个度就会被忽略不计，从而被看成一个直角；轮廓线上有中断或缺口的图形往往自动地被补足或完结，成为一个完整连续的整体，稍有一点不对称的图形往往被视为对称的图形等。"[7]这一结论告诉我们：在室内设计中过于微差的变化是不易被人们察觉的，因此，既没有必要故意制造这些微差，也没有必要为了消除这些微差而消耗大量的人力物力。图8-12就显示知觉的简化和完形功能会倾向于把图形看成一个圆形，而不是12个点。图8-13则说明：眼睛倾向于把不完整的形态看成连续的、完整的。

　　2）图形与背景

　　人在感知对象时，总是会把某些物体视为图形，把某些物体视为背景。图形是人们注意的焦点，而背景则是图形的衬托。在室内设计中，希望被使用者关注的对象应该作为图形来

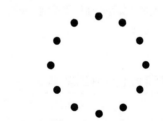

图8-12　知觉的简化和完形功能首先倾向于把图形看成一个圆形，而不是12个点

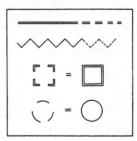

图8-13　眼睛倾向于把不完整的形态看成连续的、完整的

处理，而不希望被关注的对象应该作为背景来处理，如：墙面一般作为背景来处理，而挂在墙上的装饰画经常作为图形来处理。学者们经过研究，指出了如下九种容易形成图形的主要条件，可以供室内设计人员参考：

第一种：小面积比大面积易于成为图形，当小面积形态采用对比色时尤其引人注目；

第二种：单纯的几何形态易于成为图形；

第三种：水平和垂直形态比斜向形态易于成为图形；

第四种：对称形态易于成为图形；

第五种：封闭形态比开放形态易于成为图形；

第六种：单个的凸出形态比凹入形态易于成为图形；

第七种：动的形态比静的形态更易于成为图形；

第八种：整体性强的形态易于成为图形；

第九种：奇异的或与众不同的形态易于成为图形。[8]

3）注意力的限度

人的注意力是有限度的，有人曾经做一个实验：在路上撒了一把五颜六色的小石子，人们看一眼后能记住多少呢？研究结论告诉我们：人们的注意力不超过六七个，一旦超过这个数字，正确率就低于60%。[9]

人类的这种注意力限度对于室内设计师具有很大的启示。室内设计师在空间组织时，不宜过于复杂，特别是在一些流线的交叉处，要尽量便于人们做出准确的判断；在处理造型元素时，也不宜过于复杂，要掌握分寸，考虑到人们视觉注意力的限度。

8.2.3　人际距离

人们发现：人与人之间总是保持着一定的距离，人好似被包围在一个气泡之中。这个神秘的气泡随身体的移动而移动，当这个气泡受到侵犯或干扰时，人们会显得焦虑和不安。这个气泡是心理上个人所需要的最小的空间范围，心理学家萨默（Robert Sommer）将这个气泡（bubble）称为个人空间（personal space）。[10]为了度量这一个人空间的范围，学者们做了很多实验，研究人员指出：在中国，女性与男性接触时平均人际距离是1340mm，女性与女性接触时平均人际距离是840mm。男性与女性接触时平均人际距离是880mm，男性与男性接触时平均人际距离是1060mm，图8-14。[11]

霍尔（Edward Hall）对人际距离做了更深入的而研究，提出了至今仍有很大影响力的研究成果（表8-12），为建筑师、室内设计师的空间组织和空间划分提供了依据。当然，霍尔的研究成果主要基于北美白人中产阶级，事

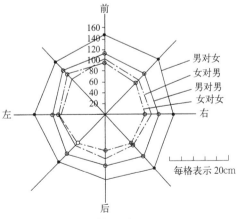

图8-14　中国个人空间示意图

霍尔的人际距离一览表　　　　　　　表 8-12

类型	距离（cm）			行为特点
亲密距离 intimate distance	近端	0 ~ 15	爱抚、格斗、耳语、安慰、保护的距离，这时嗅觉和放射热的感觉是敏锐的，其他感觉器官基本上不发挥作用	表示爱情的距离或仅仅是特定关系的人才能使用的空间距离。 当然在拥挤的车厢内，不相识的人也被聚集到这一距离内，但此时人们会感到不自在，处于忍受状态之中
	远端	15 ~ 45	和对方握手或接触对方的距离	
个人距离 personal distance	近端	45 ~ 75	可以用自己的手足向他人挑衅的距离	常适合于关系亲密的友人或亲友。 也可适用于工作场所，如顾客与售货员之间的距离亦常在这一范围内
	远端	75 ~ 120	可以亲切交谈、清楚地看对方的细小表情的距离	
社交距离 social distance	近端	120 ~ 210	在这个距离内，可以不办理个人事情。是同事们在一起工作或社会交往的距离	是同事们在一起工作或社会交往的常用距离。 超出这一距离后，交往就比较困难了
	远端	210 ~ 360	在这一距离内，人们常常会相互隔离、遮挡。即使在别人面前继续工作，也不会感到没有礼貌	
公共距离 public distance	近端	360 ~ 750	敏捷的人在 3.6m 左右受到威胁时，就能采取逃跑或防范行动	此时人们之间的沟通主要依靠视觉、听觉，面部表情的细致变化难以识别。 人们往往需要提高嗓门，辅以姿势表达
	远端	> 750	很多公共活动都在这一距离内进行	

表格来源：陈易整理制作.

实上，个人空间距离与种族、年龄、性别、个性、文化背景、风俗习惯、经济水平等因素密切相关；与具体工程项目特点、具体空间的要求、使用者的工作状态、使用者的相互关系等因素紧密相连，需要结合实际情况，灵活运用。

8.2.4　私密性和领域性

私密性（privacy）和领域性（territoriality）是心理学中与建筑设计、室内设计密切相关的概念，对设计实践影响很大，值得介绍。

1）私密性

私密性是指"对接近自己的有选择的控制"[12]，它既包含了"控制"，也包含了"开放"，人们可以根据自己的需要，控制自己的社会交往程度。私密性是一类重要的心理需求，良好的私密性有助于进行休息思考、有助于提高工作效率，有助于提高人们的空间使用满意度。

不同的环境有不同的私密性要求，即使在同一空间中，不同区域也有不同的私密性要求。一般情况下，可以把空间划分为公共空间、半公共半私密空间、私密空间三类，以满足人们对私密性的不同要求（表 8-13）。

在室内设计中，可以通过适当的空间限定和空间组织，形成公共空间——半公共半私密空间—私密空间的区分，如图 8-15 通过入口接待区、会议会客区、开放式办公区、个人办公室形成了丰富的空间层次，也满足了不同的私密性要求。表 8-14 则显示通过不同高度的隔板来满足办公室内不同的私密性需求。当然除了隔板高度之外，隔板的透明程度、材料肌理也会影响私密性。

2）领域性

领域性也是心理学中经常使用的概念，对城市设计、建筑设计、室内设计具有广泛的影

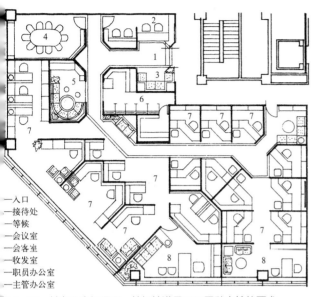

一入口
一接待处
一等候
一会议室
一会客室
一收发室
一职员办公室
一主管办公室

图 8-15 某办公空间平面，较好地满足了不同私密性的要求

响。在室内设计中，"领域性"一般指人们希望限定或控制某一内部空间范围的愿望。

本书第四章论述的空间限定方式，亦可以理解成为是一种领域性的要求，通过设立、围合、覆盖、凸起、下沉、悬架、造型元素变化的方式来限定某一空间，满足人们领域性的要求。

除此之外，可以通过布置一些个人用品来加强空间的领域性。如：在住宅、公寓、个人办公室内可以布置一些个人喜欢的图片、照片、物品，显示个人对空间的控制和占有，强化空间的领域性；在教室、开放式办公室等空间内可以布置某一人群喜欢的图片、照片、物品，显示这一人群的认同感，强调空间的领域性。

室内设计中常见的三类不同空间　　　　　　　　　表 8-13

种类	空间特点	常见类型
公共空间	这类空间中较少考虑私密性，往往不设限制，环境较为嘈杂。当然即使在公共空间中，有时也有一定的私密性要求	门厅、大堂、中庭、酒吧、咖啡馆、超市等
半公共半私密空间	既鼓励人们交流，又有一定的私密性要求。可以通过一些设计手段（如：设置视线遮挡等）来保障人们的私密性要求	起居室、半开放办公室、阅览室、接待室、教师休息室等
私密空间	一般指仅对个人或若干人开放的空间，往往具有封闭、安静的空间特点	卧室、浴室、个人办公室等

表格来源：陈易制作.

不同高度隔板对私密性的影响　　　　　　　　　表 8-14

隔板高度（mm）	私密性情况	使用情况
1200 以下	低于人坐姿时的视线高度，基本无视线遮挡	
1200	与人坐姿时的视线高度基本一致，人站立时没有视线遮挡，有一定的私密性	常常作为办公桌隔板的高度
1200 ~ 1400	基本可以超过人坐姿时的高度，提高了私密性	也常作为办公桌的隔板高度
1600	一般情况下，人站立时也有视线遮挡	
1800 及以上	超过人体高度，视线遮挡很强，私密性更高	常作为房间的隔板，如果到顶就成为隔墙了

表格来源：陈易制作.

8.2.5　交往的社会性

　　人是社会性动物，交往时涉及诸多心理学方面的内容，学者们已对此进行了大量研究，总结出不少成果，尤其是关于人在使用室外公共空间的心理偏好方面已经积累了大量资料。如表 8-15 是人们选择户外座位时的心理倾向，完全可以供室内设计师参考借鉴。

　　图 8-16 是国外某医院老年妇女病房区休息厅使用情况调研结果。图 8-16（a）中的家

人对户外座位的选择倾向一览表　　　　　　　　　　　　　　　　表 8-15

直板式	● 适于不认识的人使用，可以观看发生在正前方的事情； ● 坐在上面的两个人可以转成谈话的方向，但是免不了会互相碰到膝盖； ● 不适合一群人交往，站着的人会阻塞人行道路		
单独式	● 适合于一个人或（依尺寸而定）2 ~ 4 个互不相识的人使用。通过背向而坐，他们之间可以互不干扰； ● 由于尺寸限制和难以转身，不适于两人交流。不适于群体使用		
单独转角式	● 转角可容纳两个人交谈而不发生膝盖碰撞； ● 在两端的人不容易交谈，但可以满足四个人交谈的需要； ● 如果仍有几个人要站着，对于一小群人的交流来说，这种形式比直板式和单独式的要好。站着的那些人不会阻塞邻近的通道		
多重转角式	最佳，可以满足多种需求		
环形	● 适于互不相识的人使用。曲线让邻近的人微微偏离开，有助于减少干扰； ● 两个人可以进行交谈，但由于他们转身的方向与曲线相背，不如直板式舒服。对于参与会话的第三人来说就更糟了，他必须侧身来谈话（弧线越弯曲，情况越严重）。不适于群体交往		

表格来源：陈易制作，参自：徐磊青.人体工程学与环境行为学 [M].北京：中国建筑工业出版社，2006：151.

具布置规划整齐,易于管理和清洁,然后却不符合老人的使用爱好;图 8-16(b)中的家具布置虽然有些混乱,但却气氛活跃,符合老人们的使用习惯,每人似乎都可以找到自己喜欢的座位,或闲聊、或看杂志、或做手工……满足了人们不同的心理需求。

图 8-17 显示围绕一张长方形餐桌的 6 种

交往联系方式。研究人员发现:6 个座位中,F—A 之间的联系最多,通常比 C—B 多两倍;C—B 之间的联系又比 C—D 多三倍;其他几种方式几乎没有发生联系。[13] 表 8-16 则显示了一张长方形桌子边上有 6 个座位,当学生们从事不同活动时,如何与同伴选择座位的意向。

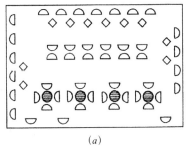 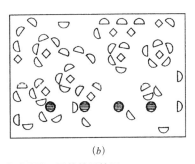

图 8-16　国外某医院老年妇女病房区休息厅两种家具布置方式导致不同的使用效果
(a)家具布置规划整齐,却不太符合老人的爱好;(b)家具布置有些随意,受到老人的欢迎

不同活动选择座位的百分比调查表(此次新的)　　　表 8-16

活动类型	选择座位的百分比(%)(● — 座位,× — 人)			观察结论
合作	51	25	19	相当一部分人选择肩并肩的坐法,这样便于阅读、核对资料、使用工具等
谈话	46	42	11	选择 90° 邻角、面对面的坐法较多,既便于眼光接触,也可以保持眼光的自由度
竞争	41	20	18	希望彼此保持距离,多选择面对面的坐法。既有一定私密性,又可以激发竞争意识
各干各的	43	32	13	往往选择距离最远的座位,可以保持秘密,减少目光接触

表格来源:陈易制作,参自:李道增.环境行为学概论 [M].北京:清华大学出版社,1999:32.

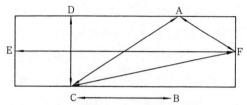

图 8-17 长方形餐桌的 6 种交往联系方式分析

8.2.6 好奇心理

好奇是人类普遍具有的一种心理状态，好奇心理导致的探索新环境的行为，对于室内设计具有重要影响。如果设计师能够别出心裁，诱发人们的好奇心，那么就可以满足人们的心理需要，加深人们对该室内环境的印象，使之回味无穷。对于商业建筑，好奇心理引起的探索新环境的行为可以导致人们延长在室内空间行进和停留的时间，有助于发生一系列消费行为，从而实现业主的目标。著名心理学家柏立纳（Daniel Berlyne）通过实验指出：人们总是把更多的时间用在表 8-17 中右侧的图形上，即：布局的不规则、材料的数目、成分的多样性、复杂性、怪物等五个特性，这五个特性容易引起人们的好奇心。[14]

在设计实践中，设计师已经自觉或不自觉地运用了上述因素，取得较好的效果。图 8-18 是朗香教堂，设计师采用了不规则的平面布局和空间处理，如：平面由许多奇形怪状的弧形墙体围合而成；有的墙体也不垂直于地面，略作倾斜状；各墙面上"杂乱"地开了许多大小不一、形状各异、"毫无规律"的窗洞；教堂屋顶下凹……整幢建筑极端地不规则，给人留下

好奇心理及其在室内设计中的运用策略　　　表 8-17

	右侧的图形容易引起人们的好奇心	在室内设计中的常见运用对策
布局的不规则		● 可以采用不规则的平面布局、不规则的立面设计； ● 可以通过不规则布局的柜台、家具等打破原有的规则布局
材料的数目		可以增加某种元素（如：隔断、构件、陈设、铺地……）重复出现的次数，以引起人们的注意
成分的多样性		● 可以是形状或形体的多样性； ● 可以是设计方法的多样性
复杂性		● 可以是平面形式和空间形式的复杂； ● 可以通过隔断、家具等形成复杂的空间效果； ● 可以把不同风格的物体并置，产生复杂的效果
怪物		● 可以使空间造型与众不同； ● 可以通过尺度的故意变化，形成强烈的特点； ● 可以采用奇特新颖或富有内涵的陈设或艺术品，引起人们的好奇心

资料来源：陈易制作，参考自：杨治良，罗承初编写. 心理学问答. 兰州：甘肃人民出版社，1986：181.

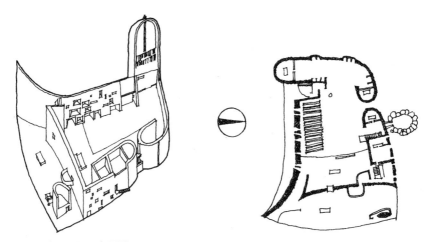

图 8-18　朗香教堂平面图及内景图

图 8-19　设有重复货架的服装店

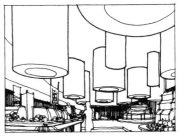

图 8-20　造型独特、重复出现的下垂
灯具

深刻印象。

　　图 8-19 为一服装商店，经营者采用了形式独特的货架，并多次重复出现，以此唤起顾客的好奇心理，吸引人流。图 8-20 则通过几个造型独特、重复出现的下垂灯具吸引人们的注意力。

　　加拿大多伦多伊顿中心（Toronto Eaton Centre）是利用多样性的佳例（图 8-21），设计师将纵横交错的步廊、垂直升降梯、自动扶梯统一布置在巨大的拱形玻璃顶棚下，两侧有立面各异的商店和形态色彩各异的广告，加上在中庭空中悬挂的飞鸟雕塑，构成了丰富多彩

的室内环境，充分诱发了人们的好奇心理和浓厚的观光兴趣。

　　图 8-22（a、b）是西班牙巴塞罗那的米拉公寓（Casa Milà），公寓平面很不规则，非常复杂，内部空间曲折蜿蜒，变化多端，令人激动好奇。图 8-23 则在一个比较简单的室内空间中，通过运用隔断、家具等进行再次空间限定，形成了复杂的空间效果。这种办法对原有结构没有太大影响，却可以形成富有变化的空间，常受到设计师的青睐，使用十分广泛。

　　表 8-17 中的"怪物"可以理解成为"新

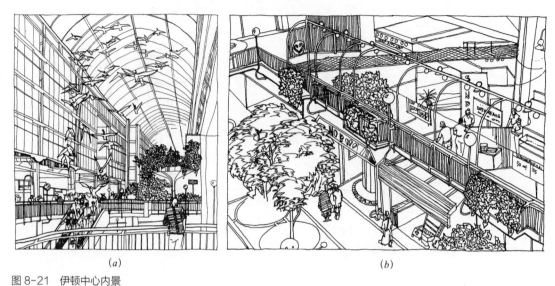

图 8-21　伊顿中心内景
（a）丰富多彩、充满活力的内部空间；（b）多种多样的店面、招牌和标识

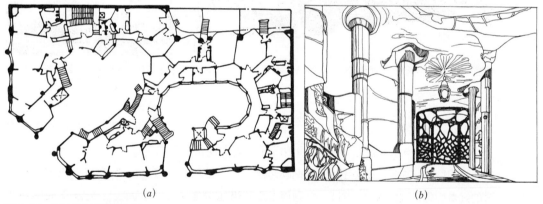

图 8-22　米拉公寓平面及内景
（a）平面图；（b）门厅内景

奇之物"，亦即：平时不太看到的空间效果或物体。图 8-24 的青少年服饰店，采用了一副夸大了尺寸的垒球手套，其变形的尺度给人一种刺激，使人觉得好奇，增加了吸引力。图 8-25 在墙上挂置了一幅装饰画，画面为一人向外窥视的姿态，很具戏剧性，激发起人们的好奇心理，有一种必欲一睹为快的心理。图 8-26 所示的空间采用了变幻莫测的曲线和曲面，整个内部空间充满神秘、幽深、新奇、动荡的气氛，具有很强的吸引力。

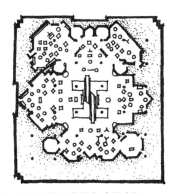

图 8-23　运用隔断和柜台组合的空间

图 8-24　夸大了尺度的垒球手套

图 8-25　有趣的装饰画激起人们的好奇心理

图 8-26　变幻新奇的室内空间使人充满好奇心

8.3　室内设计与建筑光学

　　建筑光学与室内设计具有紧密的联系，建筑光学是一门相当专业的学问，在"建筑物理"课程有全面的论述。室内光线有二大来源，即：天然采光与人工照明。天然采光与建筑设计的关系比较密切，在室内设计中，主要通过设置遮阳、窗帘、导光设置等方法，或者通过内隔墙开窗开洞等方法，调节控制进入室内空间的光线。由于受可设置窗/洞位置的限制及天气状况的影响，天然光无法完全满足室内空间任意时刻的光照需求。

　　人工照明设计，是室内设计中的重要内容，这里予以重点介绍。关于照明的一些基本概念，如：光通量、照度、亮度、眩光、光效、显色指数、色温等，在"建筑物理"课程中已有详细介绍，限于篇幅，不再赘述。目前在一些艺术性、功能性要求较高的工程项目中，室内照明由专业的照明设计师承担，建筑师/室内设计师、电气工程师和灯具厂商与之配合；在一些艺术性要求不太高、功能简单的工程项目中，室内照明设计可由建筑师/室内设计师、电气工程师、灯具厂商合作完成，建筑师/室内设计师负责室内光环境的构思、灯具的选择和布置等，电气工程师负责照度计算、电路和控制系统设计等内容，灯具厂商则提供相关产品的资料，各方专业人员共同努力，完成照明设计工作。

8.3.1 室内常用光源

室内照明首先涉及光源。应根据光效、显色性、色温、启动时间、寿命等技术指标，以及室内空间的功能、特点、气氛要求等综合考虑，来选择适宜的光源。表 8-18 非常简要地介绍了常见电光源的名称及主要技术指标，表 8-18 则是《建筑照明设计标准》GB 50034-2013 中关于光源选择的一般原则。

表 8-18 说明：从光效而言，传统光源中，高压钠灯光效最高，主要用于道路照明；其次为金属卤化物灯，包括石英内胆金卤灯和陶瓷内胆金卤灯两类，室内、室外都可以应用，与石英金卤灯相比，陶瓷金卤灯显色性更好、发光效率更高、寿命更长，在寿命周期内的色偏移小，且有更适合室内使用的低功率光源。因

此，在对显色性有较高要求的室内，如商店、体育场馆，多采用陶瓷金卤灯。石英金卤灯则多用于预算有限、对显色性无特殊要求的室外照明场所；荧光灯光效与金属卤化物灯光效大体水平相同，在荧光灯中，稀土三基色荧光灯光效最高、显色性好；高压汞灯光效较低，显色性差，目前已很少使用；卤钨灯和白炽灯光效最低，但显色性好，且由于它的发光光谱为连续光谱，在同等强度下，对人眼和皮肤的光生物 / 光化学刺激小，可为某些光敏性皮肤患者提供更安全的室内人工照明。新型节能光源 LED 由于其高效、节能、长寿命、体积小、响应快及亮度 / 色温可调等优点，已成为目前最常用的室内照明光源。

此外，光纤和激光在室内照明中也有所运用。光纤照明是利用全反射原理，通过光纤将光源发生器所发出的光线传送到需照明的部位进行照明的一种照明技术。其特点是装饰性强，可变色、可调光；安全性好，光纤本身不带电，

各种光电源的主要技术指标 表 8-18

光源种类	额定功率（W）	光效（lm/W）	显色指数（Ra）	色温（K）	寿命（h）
普通照明用白炽灯	10 ~ 1500	7.3 ~ 25	95 ~ 100	2400 ~ 2900	1000 ~ 2000
卤钨灯	60 ~ 5000	14 ~ 30	95 ~ 100	1000 ~ 2000	1500 ~ 2000
普通直管荧光灯	4 ~ 200	60 ~ 70	60 ~ 72	全系列	6000 ~ 8000
三基色荧光灯	28 ~ 32	93 ~ 104	80 ~ 98	全系列	12000 ~ 15000
紧凑型荧光灯	5 ~ 55	44 ~ 87	80 ~ 85	全系列	5000 ~ 8000
荧光高压汞灯	50 ~ 1000	32 ~ 35	35 ~ 40	3300 ~ 4300	5000 ~ 10000
金属卤化物灯	35 ~ 3500	52 ~ 130	65 ~ 90	3000/4000/5600	5000 ~ 10000
高压钠灯	35 ~ 1000	64 ~ 140	23/60/85	1950/2200/2500	12000 ~ 24000
高频无极灯	55 ~ 85	55 ~ 70	85	3000 ~ 4000	40000 ~ 80000
发光二极管（LED）灯	任意	55 ~ 100	65 ~ 90	2700/3000/4000	25000 ~ 35000

注：近年来 LED 照明技术发展迅速，目前 LED 光源色温为全系列，且光效已超过 100lm/W。
表格来源：标准编制组. GB 50034-2013 建筑照明设计标准实施指南 [M]. 北京：中国建筑工业出版社，2014：28.

不怕水、不易破损，体积小，柔软、可挠性好，无热量；维护方便，使用寿命长。光纤照明常用于高级别墅、酒吧、专卖店的装饰照明，也适合作为博物馆、美术馆中对光敏感的展品照明。光纤的缺点是传光效率较低，光纤表面亮度低，不适合要求高照度的场所。

激光是通过激光器所发出的光束，激光束具有亮度极高、单色性好、方向性好等特点，利用多彩的激光束可组成各种变幻的图案，是一种较为理想的动态照明手段，多用于商业建筑的标志照明、橱窗展示照明、公共空间的表演场所，可有效地渲染热烈的气氛。

近年来，有机发光二极管 OLED 也开始运用在某些高端室内领域，OLED 使用有机聚合材料作为发光二极管中的半导体材料，与 LED 光源相比，它具有更轻薄、可自由弯曲等优点，使灯具设计更为自由，受空间限制更少。除用作功能性照明外，还可用于制作室内艺术灯具及灯光艺术装置，被认为有可能成为下一代照明光源。

8.3.2　室内常用灯具

灯具既有照明功能作用，又有装饰作用。市场上的灯具种类繁多，每年都有新产品出现，限于篇幅，仅介绍最常用的灯具。灯具的分类方法很多，可依据灯具的功能、形状、安装状态、使用光源（表 8-20）、使用目的、使用场所等来进行分类。

照明光源的选择原则　　　　　　　　　　　　　　　　　表 8-19

设计标准条文（3.2.2）	条文细化说明
灯具安装高度较低的房间，宜采用细管直管形三基色荧光灯	● "细管"指灯管管径 ≤ 26mm； ● 灯具安装高度较低，即：灯具安装高度低于 8m； ● 直管形三基色荧光灯具有光效高、寿命长、显色性好等特点； ● 适用于办公室、教室、会议室、诊室等，以及轻工、纺织、电子、仪表等生产场所
灯具安装高度较高的房间，应按使用要求，采用金属卤化物灯、高压钠灯、高频大功率细管直管荧光灯	● 灯具安装高度较高，即：灯具安装高度高于 8m； ● 金属卤化物灯显色性好、光效高、寿命长，应用广泛； ● 高压钠灯光效更高、寿命更长、价格较低，但显色性差，可用于道路照明或者对显色性要求不高的场所，如有些车间、仓库等； ● 高频大功率细管直管荧光灯高光通、寿命长、显色性高，可瞬时启动
商店营业厅的一般照明宜采用细管直管形三基色荧光灯、小功率陶瓷金属卤化物灯；重点照明宜采用小功率陶瓷金属卤化物灯、发光二极管灯	● 宜用细管直管形三基色荧光灯代替粗管荧光灯，以节约能源； ● 小功率陶瓷金属卤化物灯光效高、寿命长、显色性好，可用于商店照明； ● LED 具有光线集中，光束角小的特点，更适合于重点照明
旅馆建筑的客房宜采用发光二极管灯或紧凑型荧光灯	比白炽灯和卤钨灯光效高、寿命长，用于旅馆客房节能效果明显
照明设计不应采用普通照明白炽灯，对电磁干扰有严格要求，且其他光源无法满足的特殊场所除外	出于建筑节能的要求，一般场所不应采用普通照明白炽灯，但在特殊情况下，其他光源无法满足要求时，应采用 60W 以下的白炽灯

表格来源：GB 50034–2013. 建筑照明设计标准 [S].

8.3.3 室内照明设计

室内光环境设计已经成为一个专业性很强的领域，需要同时满足使用功能要求、经济环境要求、艺术效果要求（表8-21），其中，艺术效果要求最难实现，是决定空间照明效果好坏的关键所在，需要设计师反复构思推敲，与其他专业设计人员紧密配合。

从设计步骤而言，室内照明大致涉及如下主要步骤，见表8-22。

室内照明设计是一项融艺术与技术一体的工作，良好的照明设计既依赖于室内设计师的直觉、艺术素养和设计经验，也可以通过专业的软件模拟进行判断。目前常用的软件

按使用光源分类的常用灯具及特点　　　　　表8-20

	优点	不足	适用场所
白炽灯具	体积小、调控光容易、受环境温湿度影响小、投资省、色温低、显色性好、光生物 / 光化学安全性好	光源光效低，寿命短，发热量高	● 普通白炽灯具：住宅等场所； ● 卤钨灯具：住宅、商店等场所，主要用于展示物的重点照明
荧光灯具	与白炽灯灯具相比，光源光效高、寿命长、光色种类多，可提供大面积均匀扩散光	对环境温湿度较敏感，调光需特殊镇流器	● 直管荧光灯灯具：常用于办公室、图书馆、教室等场所，灯具设计注重眩光控制和灯具效率； ● 节能灯具：由于所配光源体积小、光效高、光色选择多、可与白炽灯互换，用途广泛，运用在住宅、商场、办公等各类建筑中
高强气体放电灯具（HID）	与上面两种灯具相比，光源光效更高，寿命更长，尺寸较直管荧光灯灯具小，且使用费用低、受环境温湿度影响较小	初始投资高，光源价格高，维护费高，需镇流器，易产生噪声，开启后需较长时间才能完全点亮，外壳破损后内管发出的紫外线辐射对人体有害	● 中、大功率的 HID 灯多用于高大空间的一般照明（多为悬挂式）和墙泛光照明； ● 小功率的陶瓷金卤灯具可替代卤钨射灯作为展示照明用灯
LED 灯具	光源寿命长、启动快、功耗低、色温范围广、光源可有色彩变化，且可与灯具直接整合	技术还在不断进步之中	其形式和安装与其他传统光源区别不大，风格更为多样化，在室外和室内都可运用，使用范围最广。目前已广泛替代了白炽灯、荧光灯、金卤灯等其他灯具

表格来源：严永红制作.

室内光环境设计的要求　　　　　表8-21

	需要考虑的内容	实现途径
使用功能要求	色温、显色性、照度、亮度、均匀度、稳定性、眩光控制、室内各表面亮度比等	可以遵照相关照明设计规范的要求
经济环境要求	安装、运行、维护、能耗、投资、使用寿命、对环境的影响、回收等	一般可以通过量化的数据满足要求
艺术效果要求	与使用对象的关系，与建筑风格、室内空间风格的关系，与设计构思的关系，需要塑造的情绪及气氛等	取决于设计人员的艺术素养和经验

表格来源：严永红制作.

室内照明设计阶段表 表 8-22

	主要步骤	主要内容
照明方案设计	调研阶段	● 了解使用功能、业主的要求、投资等情况； ● 现场调研空间的特点或目前使用状况； ● 类似案例调研
	概念构思	● 对室内照明的艺术效果进行构思、推敲； ● 确定大致的照明方式、照明种类，确定光在空间中的分布形式等内容
	选择光源	● 确定合适的照度、色温等要求； ● 选择恰当的光源
	布置灯具	● 从功能性、艺术性、经济性等方面出发，选择合适的灯具； ● 初步确定灯具的布置方式
	计算模拟	● 计算照度、亮度等是否符合相关规范、标准的要求； ● 通过计算机软件，模拟室内光环境的效果
	反馈调整	根据计算及模拟效果，调整构思概念、光源选择、灯具选择与布置等内容
	确定方案	经过多次计算、模拟、讨论、评审后，确定照明设计方案
照明施工图设计	灯具布置	绘制灯位图、绘制安装大样，充分考虑与室内设计的结合
	灯具选型	确定灯具、光源类型、灯具型号等，编制灯具选样书
	电气计算	电气工程师完成计算及相关的电气设计图纸
	工程概算	根据图纸编制照明工程概算
施工调试	现场试验	进行现场样灯燃点实验，根据实际效果对灯具选型、安装位置、安装方式进行调整
	安装配合	指导施工单位完成灯具的安装、调试等

表格来源：严永红制作.

有：DIA lux、AGI 32、Light Star、Lumen Micro、Autolux、Inspire 等，这些软件各有优缺点，可以根据需要和习惯选择使用。

8.3.4 商业空间照明设计

为了使读者对室内照明设计有较深入的了解，这里选择比较有代表性的商业空间，从室内设计的角度介绍照明设计的概念构思。

在商业空间照明设计时，首先需要明确商业空间的照明要求、照度标准、照明分类，主要部位的照明方法，然后才能进行构思和设计。

1）商业空间的照明要求和照明标准

商业空间室内照明的目的是：通过恰当的照明手法来突出商品和营造良好的空间氛围，吸引顾客进入商店，并产生购买意愿，因此商店照明设计应注意以下问题：

第一，吸引顾客的注意力：尽量通过照明设计，使顾客留下强烈的第一印象，吸引顾客进入商店。

第二，创造良好的空间氛围和正确的视觉导向：通过照明营造舒适的商业氛围，对顾客产生积极的心理影响，刺激顾客的购买欲；通过合理的亮度分布、照明方式、光色变化，巧妙地完成视觉导向功能，帮助顾客找到所需的商品；重点照明应突出商品的特点，完美表现商品的形状、质感、色彩和光泽，利用照明增加商品的附加价值。

第三，实现照明的整体性和可变性要求：照明应配合整体的销售策略；照明设计应与室内设计的整体风格统一协调，使顾客留下深刻的整体印象；照明设计应能适应销售策略变化和季节更迭等各种变化。

关于商业空间的照明标准，《建筑照明设计标准》GB 50034-2013 中有明确的规定，见表8-23。

2）商店照明的分类

按照《建筑照明设计标准》GB 50034-2013，照明方式应符合以下规定：工作场所应设置一般照明；当同一场所内的不同区域有不同照度要求时，应采用分区一般照明；对于作业面照度要求较高，只采用一般照明不合理的场所，宜采用混合照明；在一个工作场所内不应只采用局部照明；当需要提高特定区域或目标的照度时，宜采用重点照明。

根据上述标准的要求，商店照明基本上由一般照明、重点照明和装饰照明三部分组成，这三部分如果配合恰当，就能产生良好的照明效果。

（1）一般照明

一般照明的目的是：为室内空间提供一定的照度，使室内空间的风格得以体现。一般照明与商店所在区位、营业状态、商品内容、陈列方式等有关，需要满足一定的均匀度要求，同时要考虑与重点照明照度之间的比例关系。如果一般照明的照度偏高，则容易导致重点照明的照度随之过高，不利于节能。一般照明不仅应重视水平面照度，还应注意垂直面照度。

（2）重点照明

重点照明的目的是：照亮重点商品和店内的主要场所，可以根据商品的特征采用不同的照明方式对其进行照明，以突出商品的立体感、

商店建筑照明标准值　　　　　　　　　　表 8-23

房间或场所	参考平面及其高度	照度标准值（lx）	UGR	Uo	Ra
一般商店营业厅	0.75m 水平面	300	22	0.60	80
一般室内商业街	地面	200	22	0.60	80
高档商店营业厅	0.75m 水平面	500	22	0.60	80
高档室内商业街	地面	300	22	0.60	80
一般超市营业厅	0.75m 水平面	300	22	0.60	80
高档超市营业厅	0.75m 水平面	500	22	0.60	80
仓储式超市	0.75m 水平面	300	22	0.60	80
专卖店营业厅	0.75m 水平面	300	22	0.60	80
农贸市场	0.75m 水平面	200	25	0.40	80
收款台	台面	500（指：混合照明照度）	—	0.60	80

注：UGR（统一眩光值）、Uo（均匀度）、Ra（一般显色指数）
表格来源：GB 50034-2013. 建筑照明设计标准 [S].

表面质感、光泽及色彩等。重点照明的设计要点是：

第一，照度应为一般照明的 3 ~ 5 倍；

第二，利用高亮度光源突出商品表面的光泽；

第三，以强烈的定向光突出商品的立体感和质感；

第四，利用色光突出特定的部位和商品。

（3）装饰照明

装饰照明的目的是：利用各种照明装饰手段来烘托商业气氛，表现商店独特的个性，使顾客留下深刻的印象。装饰照明的手法很多，视商店的性质、空间特征、室内设计风格而定，形式多样。装饰照明不能替代一般照明或重点照明，尤其不能与一般照明混同起来。

3）商店各部分的照明方法

商店内各部分的照明要求各不相同，需要采用不同的方法。

（1）标识及橱窗照明

顾客对商店的第一印象是由标识和橱窗来实现的，标识和橱窗的照明目的是：使商店有别于毗邻的店铺，且具有吸引力；引起顾客的兴趣，诱导顾客入店；给顾客留下持续的好印象。

标识照明的方式较多，常用的有：霓虹灯标志、灯箱标志、投光广告、变色霓虹灯、LED 标志、激光等。尽量使标识牌明亮大方、色彩鲜明、易于识别，当然照明的方式应该与商店的性质、档次相符。

商店的橱窗可大致分为封闭式橱窗、半开放式橱窗、开放式橱窗三类，其特点和照明方式见表 8-24。

（2）店内环境照明

营业厅是商店内最重要的区域，营业厅一般可分为：前导区、营业区、收银处、顾客休闲区等几个区域。表 8-25 是关于前导区、收银处、顾客休闲区环境照明的简介。

营业区是商店内最为重要的区域，通常来说，一般照明、重点照明及装饰照明在这个区域均占有一定的比例，商品的重点照明是该区域照明的核心问题。

① 营业区一般照明

营业区的一般照明形式多样，视商店的

商店橱窗及照明特点　　　　　　　　　　　　　　　表 8-24

种类	橱窗特点	照明特点
封闭式橱窗	背部不透明，阻断了通往店内的视线，可将顾客的注意力集中到橱窗内的重点商品上。 从商品展示的角度来看，封闭式橱窗的展示效果好，可展示的商品种类也更多	便于隐藏各种照明设施，照明方式灵活，容易形成很好的艺术效果
开放式橱窗	无背板或背板为玻璃等透明材料，不对顾客的视线产生遮挡，更有利于店内气氛的传递	灯具一般隐藏在顶棚或展品附近的地台中。可利用店内明亮的光线作为一般照明，用隐藏在顶棚等处的灯具来形成重点照明
半开放式橱窗	局部有背板，且背板的高度往往在 1.5m 以下，兼具了封闭式与开放式橱窗的优点	照明方式较为灵活

表格来源：严永红制作．

前导区、收银处、顾客休闲区的环境照明　　　　　表 8-25

前导区照明	● 与商店的一般照明一致，有时也采用分区一般照明的形式； ● 一般将灯具布置在顶棚上，形成较为均匀的前导区照明； ● 也可在一般照明的基础上，采用局部强调照明的方式来适当地突出前导区，但其整体亮度应低于营业区
收银处照明	● 要求有较高的照度和良好的显色性，以便看清钱物和票据； ● 收银处的标志应该比较醒目，便于顾客寻找，可使用小型自发光灯箱和 LED 等形式
顾客休闲区照明	● 形成令人轻松的气氛，照度可以低于营业厅内的其他区域； ● 照度均匀度可适当降低，可选用较低色温的光源，注意控制眩光； ● 可以配合布置一些可供观赏的植物或小品，也可布置一些字画、雕塑等艺术品，这些植物或艺术品可作为顾客休闲区的重点照明对象

表格来源：严永红制作.

类型而定。如：超市，多采用排列整齐的荧光灯具或工矿灯来提供均匀、高照度的营业区照明；百货公司的营业厅则多采用造型简洁的吸顶灯，或采用反光顶棚、发光顶棚加吊灯等形式。上述两种类型的商店，空间尺度较大、消费档次大众化，因此，营业厅的一般照明设计比较注重室内照明的均匀度、整体照度和节能效果，宜采用投资省、效率高的灯具、光源，目前运用最多的是各类 LED 灯具，此外，小功率陶瓷金卤灯、节能灯、荧光灯等都是较为适宜的选择。

对于专卖店等档次较高的商店来说，无论是联营式专卖店（位于大商场中），还是独立式专卖店，其一般照明的处理均有别于普通商场和超市。此时，室内照明的均匀度和照度值已不是设计的重点，取而代之的是照明质量和照明效果，注重照明的个性化、艺术化。因此，较少采用单一的照明方式，多采用分区一般照明的方式。从形式上看，往往巧妙隐藏灯具，并能提供柔和的反光照明；吊顶的形式和材料也较为多变。

营业区的顶面色彩，既可以采用有较高反射率的浅色，以提高顶棚及整个室内空间的亮度；也可以采用深色甚至是黑色的顶面设计，此时可采用直接型吊灯或工矿灯来提供一般照明，其设计意图是：弱化室内顶部照明，强化室内壁面及平面照明（也即商品主要陈列区），以便更有效和快速地将顾客视线引导至重点商品陈列处。

② 营业区重点照明

商品陈列处的重点照明是营业区照明的核心部分，根据商品的特点，选择适当的光源和灯具，对欲表现的商品用灯光加以渲染，以增强其感染力。重点照明的方式及选用的灯具、光源一般根据商品材质、表面质感、色彩及陈列方式而定。

如服装、面料等织物，其照明方式多采用投光灯（射灯）从正面照射的方式；如织物为羊毛、呢绒等面料，宜选用光线扩散性强、方向性弱的荧光灯对其进行照射，可使面料显得更紧密与柔和；如织物为丝绸或其他表面光滑的面料，则可选用光线指向性强的卤钨灯、小型金卤灯进行照明，以更好地表现出面料本身的质感。

对于玻璃、水晶等透明饰品的照明，可视室内气氛的不同，选择使用不同入射角度的灯光。从物品的斜上方投射，效果自然、完整；从物品的下方投射，可产生轻盈的感觉；光线平行于物品进行横向照射，可强化其立体感和表面光泽；如果从物品的背面进行照射，则可突出物品的透明感和轮廓美。

重点照明选用的灯具以固定在吊顶上的轨道射灯或嵌入式射灯较为常见；常用光源以LED、卤钨灯、小型陶瓷金卤灯为主。还有紧凑型节能轨道灯，也可用于均匀度要求较高的大面积壁面展品的重点照明。

重点照明须注意以下几个问题：

第一，塑造立体感。主光源和辅助光源的强度应有一定的比例，且应形成适当的阴影，方可恰如其分地塑造出立体商品的体量感和质感。

第二，选择合适的光色。低、中、高色温的光源可分别营造出浪漫温馨、明朗开阔、凉爽活泼的光环境气氛；重点照明所营造的气氛应与商店一般照明及装饰照明所产生的气氛相协调。因此，在光源光色的匹配上应认真地进行考虑，既可选用色温相近的光色，也可选用色温相异的光色。但如果不同色温的光源数量接近，则反差不宜过大，以免产生混乱感，破坏整体气氛。

第三，注意光源的显色性。对于商店内的大部分商品来说，为了真实地反映出商品的固有色彩，应选用高显色指数的光源，一般 Ra应在 80 以上，在使用卤钨灯的情况下，Ra 可达 100。以往在对某些食品如肉类、水果等进行照明时，常采用色光照明，以加强物品的某种色彩，使之看上去显得更加新鲜；但这种手法易使顾客有受骗的感觉，因此，目前已很少采用。

第四，灵活运用设计手法。应根据被照商品的特点，有针对性地运用各种照明手法，以突出商品的特点、营造特殊的氛围。

③ 营业区装饰照明

营业区的装饰照明主要指：安装在室内六个面上的各种装饰性照明，常见的方式有：装饰性吊灯、吸顶灯、壁灯、发光地面、局部光雕等；使用的光源除了有传统的节能灯、荧光灯管外，还有陶瓷金卤灯、LED、光纤、OLED 等新型光源。其中，LED 和光纤由于色彩和造型灵活多变，正受到越来越广泛的欢迎。

本章主要注释：

（1）《建筑设计资料集》编委会 . 建筑设计资料集（第一集）[M]. 第 2 版 . 北京：中国建筑工业出版社，1994：7.

（2）同上 .

（3）杨公侠著 . 建筑·人体·效能：建筑工效学 [M]. 天津：天津科学技术出版社，2000：71-72.

（4）同上书，78-79.

（5）徐磊青编著 . 人体工程学与环境行为学 [M]. 北京：中国建筑工业出版社，2006：106.

（6）李道增编著 . 环境行为学概论 [M]. 北京：清华大学出版社，1999：15.

（7）夏祖华，黄伟康编著 . 城市空间设计 [M]. 南京：东南大学出版社，1992：30.

（8）徐磊青编著.人体工程学与环境行为学 [M].北京：中国建筑工业出版社，2006.116.

（9）同上书，115.

（10）徐磊青，杨公侠编著.环境心理学 [M].上海：同济大学出版社，2002：93.

（11）徐磊青编著.人体工程学与环境行为学 [M].北京：中国建筑工业出版社，2006：139.

（12）同上书，165.

（13）同上书，144.

（14）杨治良，罗承初编写.心理学问答.兰州：甘肃人民出版社，1986：181.

本章插图来源：

图 8-1 至图 8-4《建筑设计资料集》编委会.建筑设计资料集（第一集）[M].第 2 版.北京：中国建筑工业出版社，1994：6-9.

图 8-5 至图 8-7 杨公侠著.建筑·人体·效能：建筑工效学 [M].天津：天津科学技术出版社，2000：70，79.

图 8-8 至图 8-11 徐磊青编著.人体工程学与环境行为学 [M].北京：中国建筑工业出版社，2006：107，108，110，111.

图 8-12 至图 8-13 徐磊青，杨公侠编著.环境心理学 [M].上海：同济大学出版社，2002：19.

图 8-14 徐磊青编著.人体工程学与环境行为学 [M].北京：中国建筑工业出版社，2006：139.

图 8-15 张绮曼，郑曙旸主编.室内设计资料集 [M].北京：中国建筑工业出版社，1991：27.

图 8-16 李道增编著.环境行为学概论 [M].北京：清华大学出版社，1999：30-31.

图 8-17 徐磊青编著.人体工程学与环境行为学 [M].北京：中国建筑工业出版社，2006：144.

图 8-18 张绮曼、郑曙旸主编.室内设计资料集 [M].北京：中国建筑工业出版社，1991：154.

图 8-19 陈易.

图 8-20 张绮曼、郑曙旸主编.室内设计资料集 [M].北京：中国建筑工业出版社，1991：196.

图 8-21 至图 8-22 张绮曼主编,郑曙旸副主编.室内设计经典集 [M].北京：中国建筑工业出版社，1994：146-147，62-63.

图 8-23 至图 8-25 陈易.

图 8-26 张绮曼、郑曙旸主编.室内设计资料集 [M].北京：中国建筑工业出版社，1991：191.

第9章
Chapter 9

交通工具内装设计
Interior Design for Vehicles

■ 基本原则
Basic Principles

■ 交通工具内部空间布局
Interior Spatial Layout for Vehicles

■ 交通工具内部界面设计
Interior Surface Design for Vehicles

■ 交通工具内部家具设计
Furniture Design for Vehicles

■ 交通工具内部环境质量
Internal Environmental Quality for Vehicles

■ 交通工具内部人性化设计
Human-Centered Design of Interior Space in Vehicles

大部分情况下室内设计的对象都是陆地建筑物的内部空间，其实不少交通工具的内部空间，其装饰设计也遵循室内设计的基本原则。广义的交通工具范围很广，本章初步介绍具有完整内部空间的常见交通工具，如：飞机、船舶、汽车和轨道交通车辆等的内部空间装饰设计，简称交通工具内装设计。

9.1 基本原则

与建筑物的室内设计相比，交通工具内装设计是一类特殊的室内设计，涉及学科多、技术交叉性强，与交通工具的工艺设计、结构设计等内容密切相关，需要具备多方面的专业知识。交通工具内装设计一般要注意安全性原则、舒适性原则、合理性原则、科技性原则等要求。

9.1.1 安全性原则

交通工具往往在高速状态下运动，安全性十分重要，内装设计中必须首先考虑安全性的因素，一般涉及稳性、固定、防碰撞、防振动、防火灾等要求，见表 9-1。图 9-1 则显示了某

交通工具内装设计中经常涉及的安全因素　　　　　　表 9-1

稳性	● 主要涉及：尽可能降低重心、尽可能均布荷载； ● 尽量把重的东西布置在下面，降低重心，避免头重脚轻。在船舶内装设计中，越靠上层的舱室的装修材料和家具往往要求越轻； ● 应该尽量做到前后、左右的内装荷载均布，这在飞机和船舶中尤其重要。如果难以做到荷载均布，则应采用压载方法调平，以确保安全
固定	● 速度越快的交通工具，内装中的固定要求越高。许多交通工具中的家具往往与装修界面固定在一起； ● 除了家具之外，较重的物品最好也处于固定状态，否则在急加速和急减速时容易对乘员造成伤害
防碰撞	交通工具的颠簸、急加速、急减速会造成乘员不由自主的晃动，因此，界面装饰和家具基本都采用圆滑过渡，几乎没有锐角和直角的物件；在材质选择上亦应避免硬度过大的材料，以免造成人员伤害
防振动	交通工具的振动不可避免，因此，应预先考虑到振动因素并加以防范，如：应选用具有防振功能的灯具，顶部行李舱也应有防滑落措施等
防火灾	● 一般有主动防火措施和被动防火措施两类； ● 主动防火措施，如：尽可能采用不燃或难燃装饰材料，对少量布料、木材等可燃材料要进行阻燃处理，对电气线路采用金属包裹保护等； ● 被动防火措施，指：一旦产生火灾后，要尽量避免火势蔓延并尽快扑灭火灾，为此，需要设置防火分区、疏散通道、信息指示、消防报警系统、自动排烟灭火系统等

表格来源：王红江制作．

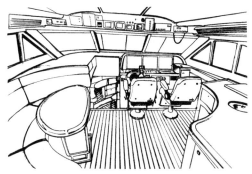

图 9-1 某游艇内部的防碰撞家具

游艇内部家具的圆角处理，以免碰撞时造成人员伤害。

9.1.2 舒适性原则

现代交通工具除了出行功能外，往往兼有移动商务、娱乐休闲等功能，因此必须考虑舒适性。

不同用途的交通工具对舒适度具有不同的要求，例如：超级游艇和私人商务机是极少数人拥有的奢侈品，有身份象征的意义，对于豪华和舒适度的要求很高；豪华邮轮就是海上的超五星级宾馆，如同小型浮动城市，舒适度要求也很高；短距离的大众交通工具（城市地铁、公交车等）的舒适度可以相对低一些，以满足高效率的大客流运输为主。

舒适度涉及很多方面，有些需要经济投入，如：采用宽敞的空间、选用高档的材料、细部的精工细作等；有些则可以通过仔细设计而达到舒适的效果，如：符合人类工效学的座椅、和谐的色彩搭配和光环境设计、恰当的私密性等等。内部空间物理环境（如：温湿度、空气质量、声环境等）也会影响人们的舒适感，需要引起重视。

9.1.3 合理性原则

交通工具内装的造价一般均高于陆地建筑物的室内装修。例如大型豪华邮轮，其单位面积造价就远远超过陆上五星级酒店；超级游艇、私人商务机一般属于奢侈品，造价往往不是主要考虑的因素。对于大众交通工具的内装设计，必须控制造价，可以通过合理选择设备、合理选择材料、批量生产等方式，控制造价。

首先，选择高质量的材料有助于降低后期成本。交通工具一般运行在多变复杂的环境中，对于材料的质量要求很高。采用高品质、易更换的材料能够降低维护成本。

其次，在内装设计中要尽量选用轻质材料和设备。交通工具的装修自重越重，整体的加速性和燃油经济性越差，有效荷载也越小。所以，要尽量选用高强度、低重量的合金材料、复合板材等。

最后，平衡重心也有助于降低运营成本。在船舶设计中，一旦出现左右或者前后重量不均，就需要通过采用固定的铁块压载或活动的水压载调平，增加了油耗。因此，平衡重心有助于做到自然均衡或少依靠压载调节，从而提高了燃油经济性，增加了有效荷载，降低了运营成本。

9.1.4 科技性原则

交通工具内装设计分空间造型设计、界面装饰设计以及工程分析设计等。空间造型设计先于界面装饰设计，而工程分析设计则贯穿于空间造型设计和界面装饰设计的全过程，涉及结构、材料、强弱电、给排水、暖通空调、声学等多学科门类。在设计过程中，往往需要通过数字和实体模型不断验证和修改设计。需要特别强调的是：交通工具内装设计中，艺术必须依托于科技，必须在遵循科学技术要求的前提下进行艺术创作，否则很可能根本无法完成设计。

1）注重人类工效学

人类工效学在交通工具内装设计中具有广泛的应用价值，可以保证使用者能更健康、更高效、更愉快、更安全地工作和生活，表9-2概括了人类工效学在交通工具内装设计中的主要运用领域。

2）重视绿色技术

与陆地建筑物一样，交通工具内装设计中也需要关注绿色、低碳等内容。内装设计师可以参考绿色建筑设计的相关原则、标准和技术，结合交通工具的特点加以运用。

尽量避免空间浪费，用足用好每一寸空间就是最好的绿色设计；尽量避免过度装饰，减少不必要的装饰构件和设备配置也是最重要的绿色设计。

尽量采用体现"3R 原则"（reduce, reuse & recycle）的内装材料和构造方式，尽量使用可再生材料或可再利用材料，采用模块化生产，以便于回收和维护；采用便于拆解再利用的材料连接方式，尽量减少材料设备的运输距离等。

尽量采用高效率的空调系统，增加门窗的密封性能，增加界面材料的保温性能，采用节能型灯具等方式也是绿色环保的重要手段。在大型交通工具中可以考虑采用中水回用系统，减少生活用水的携带量，减少能耗。同时在可能的条件下，可以考虑使用太阳能和风能等可再生能源。

3）关注新型材料

交通工具内装材料有其特殊的要求，必须充分考虑轻质、防火、防腐、工业化生产等要求，需要不断关注和研发新型内装材料。

新型材料主要出现在合金材料和新型塑料材料领域；新工艺主要出现在材料的模具成型、表面处理和连接方式上；新构造主要包括材料的收头、过渡处理，应用多种材料组成新型复合板材等。图9-2的复合岩棉板就是一种新型的船舶舱室内装材料，它和硅酸钙板、超细玻璃纤维等材料一起成为船舶内装的常用主要材料，集合了保温隔热和装饰性能，且防火性能好、安装简便。

人类工效学在交通工具内装设计中的主要应用领域　　　　　　表 9-2

	分类	具体内容	涉及人员
1	人机界面	各类操控台、工作家具的合理性将直接影响驾驶安全、操作安全	驾驶者、工作人员
2	作业流程	涉及：空间布局、功能分区、流线组织等内容，有助于提高工作效率，降低疲劳程度	工作人员
3	空间环境	涉及：空间尺度、家具尺度、温湿度、通风、照明、声环境、色彩等内容	工作人员、乘客

表格来源：王红江制作.

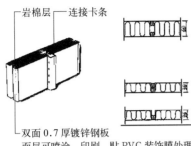

岩棉层 — 连接卡条

双面 0.7 厚镀锌钢板
面层可喷涂、印刷、贴 PVC 装饰膜处理

图 9-2　复合岩棉板

9.2　交通工具内部空间布局

内部空间布局是交通工具内装设计中最重要的设计环节，也是最复杂的环节之一。交通工具一般受到体积和面积的限制，内部空间非常紧凑，对空间利用率要求很高；在船舶等大型交通工具中，面积制约相对较少，往往可以有较为丰富多彩的空间形态。

9.2.1　平面功能布局

空间布局往往首先从平面布局开始，平面布局确定后，空间也就基本成型了。批量生产的交通工具一般都采用相同或相似的空间布局，但私人游艇、私人商务机等高端定制交通工具往往需要根据买家要求单独思考空间布局。一般情况下，平面功能布局大致需要考虑以下几个方面的内容：

1）确定功能分区

设计师应该充分了解和熟悉交通工具内部空间使用时的功能模块，在此基础上，与委托方反复沟通，理清各功能模块的定位和要求，然后进行功能分区。以图 9-3 的空客 A380 为例，其内部整体空间量和空间形状都是固定的，

设计师首先要决定分几层，每层的工作区和乘客区有哪些，位置在哪里比较合理。在乘客区又包括了不同等级的舱室、辅助配套的餐厅、酒吧、卫生间、交通空间等。每个功能分区都有明确的使用目标，要充分考虑各分区使用者的要求。

2）确定对应的面积和尺寸

合理分配面积需要高度的设计技巧和丰富的设计经验，需要熟悉各类规范对面积的要求，也需要具有人类工效学的经验数据。一般情况下，高级别的功能模块往往占有较多的每座面积和较大的尺寸，例如：飞机头等舱每个座位的尺寸和面积远大于经济舱。图 9-4 是空客 A380 商务舱和头等舱内景，可见其不同的舒适程度和豪华程度。

交通工具的空间尺寸通常小于相应的陆地建筑，空间相对狭小，例如：根据《内河船舶乘客定额与舱室设备规范》（船规字 [1995]708号）的要求：第一、二类大型客船，其乘客舱室的净空高度不小于 2.0m；第一、二类中、小型客船和第三、四类大型客船的乘客舱室

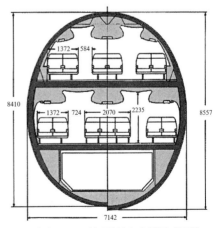

图 9-3　空客 A380 剖面构造和主要尺寸示意

净空高度应不小于 1.9m。[1]这些尺度都是下限，条件允许时可以放大。上图 9-3 的空客 A380 客舱断面尺寸，虽然走道区高度可以超过 2.2m，但座位区上空扣除行李舱空间后还是显得比较压抑的。

家具和作业面的尺寸是更具体的细节尺寸，与人类工效学的研究数据密切相关。人类工效学设计基准包括最佳值、最小值和最大值，在交通工具内部，由于空间紧凑，往往会采用最小值来设计家具，例如一般最佳单人床尺寸为 2000mm×900mm，但在车船上，1900mm×700mm 的单人床尺寸也经常使用。

3）确定空间序列和空间限定手段

在大型交通工具中，需要把众多不同大小和形状的空间组织在一起，这就涉及空间序列的问题。与陆地建筑物类似，各舱室可以用走廊串联，也可以围绕公共大厅布置，还可以相互连接组成套间。巧妙的空间序列不但可以大大优化功能布局，还可以创造跌宕起伏的空间变化。交通工具内部空间与建筑物内部空间的空间限定手段类似，也有设立、围合、覆盖、凸起、下沉、悬架、肌理色彩和灯光变化等手段。这些手段可以单一应用，也可以组合应用，以形成不同的功能分区和空间序列。图 4-37 就显示了豪华邮轮内部丰富的空间变化，图 4-38 则是私人游艇的空间组织，活泼自由，富有特色。

4）可变空间设计

可变空间是挖掘交通工具空间潜力的重要手段，也是体现设计师巧妙利用空间的能力的重要途径，空间的可变性往往通过改变界面和家具来实现。

方法一，改变空间量。可以通过一些构件的变化，来增加空间量。图 9-5 显示了 smart

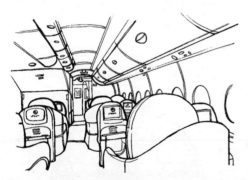

图 9-4 空客 A380 商务舱和头等舱内景（左侧为商务舱，右侧为头等舱）

图 9-5 smart 的巧妙改装

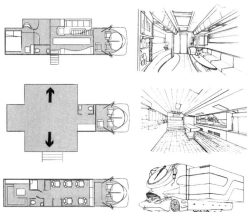

图 9-6　豪华房车 EleMMent 的内部布局变化

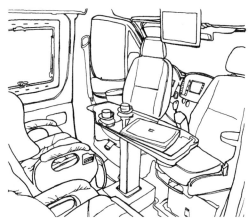

图 9-7　中欧房车通过茶几升降和座椅转动形成的交流空间

的巧妙改装，不但改变了空间量，而且改变了车辆外观；图 9-6 则是豪华房车 EleMMent 的内部布局变化，可以满足多种不同功能的需求。

　　方法二，改变空间形态。在空间总量一定的前提下，往往可以通过移动、旋转、升降家具或构件设备等手段来创造多用途的柔性空间。图 9-7 的中欧房车就是利用茶几升降和前排座椅转动，创造出一个四人的交流空间。

9.2.2　交通流线设计

　　在大型功能复杂的交通工具中，交通流线设计是一项重要内容，需要综合考虑人流组织、空间模块组织、空间序列、安全疏散等要求。合理的流线设计可以提高空间利用率，缩短人们的步行距离，减少工作人员的疲劳强度，达到安全、有序的目标。

1）水平流线

　　水平流线主要包括人在大型交通工具内部水平走动的路线，既包括工作人员的流线，也包括乘客的流线。图 9-8 是船长三号浦江游船的各层平面，可以看出其每个楼层的交通组织都十分明晰便捷，主流线铺地都做了特殊处理便于辨识，主入口处进厅相对宽敞便于人流集散；对于不希望游客到达的驾驶室、甲板带缆区，通过半高的腰门来分隔；面积较大的游客舱室都设置了双门便于疏散。在设计中，对客船防火分区、楼梯数量、疏散通道宽度等也都按照规范要求做了设计。

　　水平流线还具有引导视觉变化、调节情绪、满足好奇心的功能。经过巧妙设计的走廊和通道不但不会使人产生单调压抑感，而且还可能带来愉悦的心理感受。

2）垂直流线

　　垂直流线主要体现在电梯、楼梯和坡道设计上。垂直流线应该与水平流线自然衔接，形成有序的立体交通体系。

　　楼梯应尽量竖向重叠设置，既方便寻找，又节省空间。楼梯的角度、踏步的尺寸等数据一般与陆地建筑物类似。图 9-8 的船长三号浦

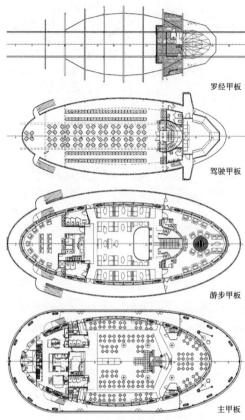

罗经甲板

驾驶甲板

游步甲板

主甲板

图 9-8 船长三号浦江游船的各层平面布局图

9.2.3 空间布局与结构的匹配

　　飞机、船舶、火车和汽车四大类交通工具由于运行环境不同，其内部空间形态和结构方式本身也有很大区别。从共性上看，交通工具基本都采用高强轻质材构成整体骨架和表皮支撑系统，再配以高强轻质板材构成除门窗外的表皮围护结构。在内饰层与外围护层中间的空腔内，则填塞保温隔热材料或隔声吸声材料。

　　它们之间的不同点是：从剖面形状看，飞机机舱为接近圆形（图 9-3）；船舶以主甲板最宽处为界，水上呈现正梯形结构，水下呈现倒梯形结构；火车和汽车车厢基本接近上小下大的梯形结构；从体量看，大型船舶空间最大，小汽车空间最小。从材质上看，除了一些小型游艇采用玻璃钢船体结构外，其他交通工具主要以钢或合金材料构成主要框架和围护结构。内装设计师只有熟悉不同交通工具的内在结构，才能设计出与之相匹配的内部空间。

　　作为内装设计师，应该对交通工具的结构和构造有清晰的了解，与其他相关专业的设计师一起，尽早讨论优化内部空间布局，并整合各专业的要求，才能取得事半功倍的效果。

9.3 交通工具内部界面设计

　　交通工具内部空间的界面常为不规则面，还有不少双曲面，同时，内部空间界面的装饰材料基本实现了全工业化安装制作，因此其设计有一定的特殊性。

　　江游船共有三个游客可到达的楼层，除室内主楼梯外，室外走廊和阳光甲板之间通过两个外楼梯垂直贯通，既方便分散客流，又便于紧急情况下的快速疏散。

　　电梯多出现在大型船舶上，有时双层大型客机内也会出现电梯。交通工具内的电梯一般采用专用电梯，和陆地电梯不同，需要能承受一定范围的横摇和纵摇。

　　坡道由于占地过大在交通工具中使用不多，但短坡道使用较多，主要用于同层小高差的过渡处理，以满足无障碍设计的要求。

9.3.1 界面功能设计

交通工具内舱界面一般分为工作界面和普通装修界面两类，工作界面的设计涉及大量专业性很强的功能要求，有不少操作设备，需要各专业人员共同配合才能完成，图 4-50 和图 4-51 即是车辆的工作界面。交通工具内舱的普通装修界面中也包括了不少功能设计，例如对控制按钮的整合，对水、电、风设备的一体化安装等等，充分熟悉这些设备和操作面板的性能是做好界面设计的必要条件。

交通工具与外部接触的界面一定要做好保温处理，因为交通工具外壁通常为金属材质，导热系数高，往往需要在内部先铺设保温隔热材料后再做装饰面层。

9.3.2 界面材料选择

与陆地建筑物相比，交通工具内装材料的选择面较窄，比较关注：质轻、高强、防腐、绿色环保的要求，需要具有较好的吸声、隔热、防火性能，便于工业化生产和安装等要求。当然，也应该关注材料的色彩、肌理等美学因素。

收头和过渡是选择材料时需要考虑的又一

个因素。收头是界面形态结束端（开头端）的处理方式，过渡是不同形态或不同材质之间的连接方式。良好的收头和过渡设计既能满足功能要求，又能形成很好的美感，体现出设计的精细感。在交通工具内装设计中，收头和过渡的部位很多，需要在选择材料时就加以考虑。

1）金属材料

金属材料强度高，防火性能好，多用于交通工具结构、表皮和设备。表 9-3 是常用的金属材料一览表。

2）非金属材料

非金属材料是交通工具内装材料的主角。非金属材料种类多，质量轻，选择余地大，价格也比较可控，表 9-4 是常见的非金属材料简介表。

9.4 交通工具内部家具设计

交通工具内部家具分采购安装和现场制作两大类，其工业化程度很高，多由配套厂商专门定制生产。现场加工家具往往与内装界面一体化而不需要额外固定，采购安装型家具则需要有额外的固定装置。

交通工具内装设计常用金属材料简表　　　　　　　　　　表 9-3

种类	简介	使用部位
钢材	连接方式包括焊接、铆接、螺栓连接、黏接、卡接等；成型方式有折边、冲孔、冲压、铸造、锻打等。交通工具多用特种钢，例如船用钢板或汽车钢板等。钢材进行电镀、喷塑、烤漆、氧化等多种表面处理后也可直接用于装饰	可以用于内部结构，也可以用于装饰面层
装饰不锈钢	有镜面、雾面、拉丝面、蚀刻、印刷等多种表面处理方式	可以用于多部位、多场合
其他合金材料	性能优于纯金属，使用很广。轻质的超硬铝合金已成为高速列车和飞机制造的关键材料	可以用于多部位、多场合

表格来源：王红江制作.

交通工具内装设计常用非金属材料简表　　　　表 9-4

	类型	特点	备注
内饰塑料	聚丙烯（PP）类材料	多用于仪表板、门内饰板等大型内饰部件和汽车保险杠、挡泥板等外装部件。近年来，由于 PP 的改性及工艺进步，大有替代 ABS 和 PVC 而成为内饰主要塑料材料的趋势	塑料具有低成本、轻量化的特点，近年来有机高分子材料发展迅速，很多塑料制品已经开始取代金属制品运用在交通工具上。塑料制品在加工、装配、使用过程中可能会挥发出 VOC，需引起注意
	聚氨酯（PU）类材料	可以获得不同的密度、弹性、刚性等物理性能，因此，已大量替代玻璃纤维保温材料、木材、传统橡胶制品等，可大量用于仪表板、扶手、门内饰等成型构件，还可以用于人造皮革。在国外，由于受到动物保护协会的影响，加之技术的发展，PU 合成革的应用已经超过了天然皮革。半硬质 PU 泡沫塑料具有质量轻、强度高、导热系数低、耐油、耐寒、防振隔声等特点，被广泛作为交通工具的座椅坐垫和内饰缓冲材料使用	
	丙烯腈–丁二烯–苯乙烯共聚物（ABS）类材料	品种多，表面处理效果好，价格低，因此广泛运用于交通工具内饰	
	片状模塑料（SMC）	在交通工具中使用广泛，玻璃钢就是典型代表。玻璃钢轻、硬、不导电、强度高、耐腐蚀，可以代替部分钢材制造机器零件和汽车、船舶外壳等。在内饰面板和家具座椅中也广泛应用	
内饰织物		能提供柔和温暖的触感。选择恰当颜色、图案和肌理的内饰织物能提升内部空间的舒适性和美观性，广泛应用于座椅、界面内饰板、窗帘等处	需重视阻燃处理，且应易于清洁
内饰玻璃		广泛应用于交通工具的门窗。汽车前挡玻璃是热弯成型的钢化夹胶玻璃，保证遭受冲击后不会形成伤人的玻璃碎片雨；高铁和飞机的窗玻璃都是双层中空玻璃，具有良好的隔热隔音性能；磁悬浮列车的外窗玻璃还有延时功能	种类很多，表面有多种工艺处理手法，但均需采用安全玻璃，且确保安装牢固
内饰木材	一般天然木材	天然材质，能给人亲近自然的感觉。一些中高端轿车、游艇常用胡桃木和花梨木做内饰点缀材料，具有纹理优美、不易变形的优点。大面积使用时多采用实木贴皮方式，收口线脚可用全实木。在大型豪华邮轮中，木饰面常用于墙面和地面装饰	使用木材需重视防火处理；在船舶中，还需注意防潮处理
	防腐木	经过防腐、防蛀处理后，常常用于露天甲板地面，性价比较高	
	仿木材料	价格经济，应用较广，有时效果逼真，可与实木媲美	
内饰真皮	天然皮革	表面质感可以进行工艺处理。动物不同部位的皮革的效果有所不同，一般背部皮革的使用价值较高	多用于高级座椅、沙发、饰面板、方向盘等处
	再生皮和 PU 合成革	价格经济，使用更加广泛	

表格来源：王红江制作.

9.4.1 汽车、轨道交通车辆、飞机内的家具

汽车、轨道交通车辆、飞机内的家具一般以座椅为主。汽车内的驾驶座椅和乘客软质座椅基本都由三部分构成：骨架部分、发泡弹性填充物和外观包覆层。骨架大部分采用金属材料，有些已采用冲压成型的复合材料替代。发泡弹性填充物目前较多使用 PU 泡沫塑料，外观包覆层一般采用真皮、人造革或纤维织物。

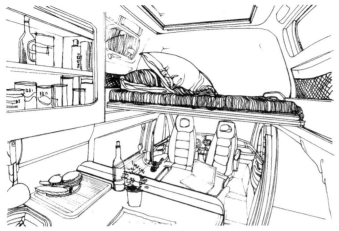

图 9-9 房车内的各类家具及紧凑布置

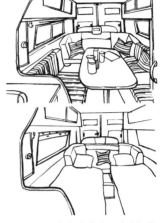

图 9-10 房车内沙发和床之间的
快速转换，以及可升降的茶几

汽车座椅可灵活调节角度和位置，具备一定的可变性。

　　空间较大的房车由于具备一定的居住功能，除了座椅外，还有茶几、操作台、床等家具。房车家具通常与生活设备进行一体化整合设计，且通过很强的可变性来满足多功能空间的需求，如图 9-9 显示了房车内的各类家具及紧凑布置，图 9-10 表示了房车内沙发和床之间的快速转换以及可升降的茶几。

　　航空座椅的耐燃性、耐冲击性要求更高，一般由专业厂家生产。由于乘客绝大部分时间都坐在座位上，所以座椅的舒适性要求也很高，且常常附加娱乐休闲设备。在座椅间距方面，需要同时平衡舒适性要求、安全疏散要求和空间利用率要求。

　　短距离的城市轨道交通车辆的座椅一般采用金属或塑料材质整体成型工艺制作，便于清洁。高速铁路车厢内的座椅舒适度要高于城市轨道交通车辆，其制作材料和工艺与汽车座椅

类似，其高等级车厢的座椅舒适性已经与航空座椅不相上下（图 9-11）。

9.4.2 船舶家具设计和选型

　　船舶内装设计涉及的家具种类较多，按功能可分为：桌、椅、床、柜、架等；按主材可分为：木制家具、塑料家具和金属家具等；按安装方法可分为：固定家具和移动家具。

图 9-11 京沪高铁头等舱内的可调节座椅

游艇内部空间一般较小，所以多采用与内装一体化的多功能家具，图4-42显示了私人游艇内与装修界面一体化的家具处理。豪华邮轮空间相对较大，速度也不是很快，可部分采用陆上的可移动家具，以便于体现不同的设计风格。

船舶家具在选择时，需要注意以下几点：

第一，防火性：对设有限制失火危险舱室内的家具，要采用不燃材料或难燃材料。虽然木制家具更具温馨感，但金属家具无疑防火性能更佳；

第二，防摇性：风浪会导致船体摇晃和振动，因此，船用家具需要考虑固定措施；还要有防噪设计，例如抽屉要有自锁装置以防止滑落或产生噪音；台面边缘通常设置10～20mm的高档条以防止物品掉落；

第三，防撞性：家具应采用圆角，确保撞击人员时的安全性；

第四，紧凑性：船舶内舱空间宝贵且空间形状不规则，所以，家具尺寸一般相对偏小，且常常兼顾多种功能；

第五，轻质性：减轻家具重量有助于增加有效荷载，也有助于节能。在船舶设计中，越上层的家具最好越轻，以增加稳性。轻型合金材料和蜂窝复合板在船用家具中应用较广。

9.5 交通工具内部环境质量

这里简要介绍交通工具内部空间的物理环境质量和视觉环境质量，具体而言，主要包括内部卫生指标、内部色彩环境、内部光环境、内部声环境等，其中有些内容涉及其他专业的范畴，有些则与内装设计密切相关。

9.5.1 内部卫生指标

随着生活水平的提高，人们越来越关注自身的健康问题。交通工具内部空间一般比较狭小，且往往处于封闭状态，卫生问题直接影响人体健康，为此，国家有关部门提出了相应的卫生指标及限值要求，见表9-5。

9.5.2 色彩环境

交通工具内装设计中，一般倾向于采用有助于扩大空间感、有助于减少压抑感、有助于体现文静感觉的色彩。陆地建筑物室内设计中的用色原则也基本适用于交通工具内装设计。

1）汽车内饰色彩搭配

一般以和谐的类似色作为主调，中高明度、低彩度的暖色系被广泛使用在车内软装和座椅部分，而深灰、银灰等无彩色系被广泛用于地面、中控区。

中高级车内倾向采用调和的稳重色彩，有时直接保留一些自然材料的本色，如：图4-50是奔驰车的内饰；经济型小车或运动型轿车则倾向于以丰富明快的色彩搭配体现青春和活力，如图4-51所示的汽车内饰即是一例。

2）飞机内饰色彩搭配

飞机内饰界面多采用大面积柔和明快的浅灰色，既可以反射柔和的灯光，又可以减少狭小机舱的压抑感。地毯颜色较重，可烘托出座椅的色彩，且比较耐脏。座椅颜色可根据不同航空公司的喜好调整，但基本采用低彩度中低明度的面料或皮革。地毯和座椅通常是协调的类似色。

在私人商务机上，可以根据客户性格定制

公共交通工具主要卫生指标及限值要求一览表　　　　表 9-5

物理因素	室内温度	冬季采用空调	16 ~ 20℃
		夏季采用空调	26 ~ 28℃
	相对湿度	带有集中空调通风系统	40% ~ 65%
	风速		不宜大于 0.5m/s
	采光照明	利用自然采光	自然采光系数不宜低于 1/8
		有阅读需求的照度	不应低于 100lx
	噪声	客舱环境噪声	宜小于 70dB（A 计权）
空气质量	新风量、二氧化碳	有睡眠、休憩需求的	新风量不应小于 30m³/（h·人）
			二氧化碳浓度不应大于 0.10%
		其他情况	新风量不应小于 20m³/（h·人）
			二氧化碳浓度不应大于 0.15%
	细菌总数	有睡眠、休憩需求的	不应大于 1500CFU/m³ 或 20CFU/m³
		其他情况	不应大于 4000CFU/m³ 或 40CFU/m³
	一氧化碳、可吸入性颗粒物、甲醛、苯、甲苯、二甲苯	一氧化碳	≤ 10mg/m³
		可吸入性颗粒物 PM₁₀	≤ 0.15mg/m³
		甲醛	≤ 0.10mg/m³
		苯	≤ 0.11mg/m³
		甲苯	≤ 0.20mg/m³
		二甲苯	≤ 0.20mg/m³
	臭氧、总挥发性有机物、氡	臭氧	≤ 0.16mg/m³
		总挥发性有机物 TVOC	≤ 0.60mg/m³
		氡（²²²Rn）	≤ 400Bq/m³
	氨		≤ 0.20mg/m³

表格来源：GB 37488-2019. 公共场所卫生指标及限值要求 [S].

色彩搭配方案，色彩可以更有变化，更显温馨高雅，如图 4-56。

3）轨道交通车辆内饰色彩搭配

城市地铁和轻轨的不同线路一般都有不同的标志色以便于人们快速识别，这些标志色也被广泛运用于车体色带、车厢内的座椅等部位，进而与车站标示牌和空间装饰色一起构成统一的色彩系统。

轨道交通车辆内部配色主要分地面、侧面、顶面和座椅几部分。其中地面多采用塑胶材质和地毯，颜色偏耐脏的中低明度低彩度色彩；侧面、顶面多采用明亮的浅灰色系，既可二次反射灯光，又给人以整洁感；座椅色彩比较灵活，可冷可暖，但通常是较沉稳的中明度色彩，彩度比地面略高，但要考虑耐脏和易清洁等因素。

地面行驶的轨道交通车辆一般有大面积采光窗，车厢内光线充足，所以在一些高等级车厢内，可以采用类似家庭居室的中明度暖色系配色。

4）船舶内饰色彩搭配

船舶空间更大，更接近于建筑，在配色上自由度也更大。大型船舶具有许多不同功能的空间单元，在配色上应该结合功能进行考虑，例如工作场所可以偏重于强调色彩的功能性，不同的管道可以采用不同的色彩，以分别代表油、水、气等不同供应系统，便于人们识别和维护；在生活场所中，睡眠空间可以以安静明快的低彩度高明度色彩为主；餐饮空间可以适当增加暖色以刺激食欲；娱乐休闲空间可以搭配少量高彩度色彩以活跃气氛。图 4-58 是某豪华邮轮接待大厅，高饱和度的色彩和暖色灯光营造出热烈、欢快的气氛，使旅客对海上之旅充满期待。

无彩色系具有很强的调和性，与任何彩色都可以协调。高明度的浅灰色系对光线反射系数高，容易给人以明快感，常被作为主色调广泛应用于内舱内饰设计，例如海军舰艇常用的舰艇灰，就是一种略偏冷的浅灰色，给人冷静沉稳感。在此基础上，如能适当点缀一些具有调和感的彩色系，就会大大活跃气氛。一般不能在一个舱室内出现太杂乱的色彩搭配，也尽量不要采用等面积的对比色。在明度差异上，宜采用上轻下重的设置，家具和墙面地面色彩要有一定的明度差，以便于相互衬托。

9.5.3 光环境

光线具有塑造空间的神奇力量，已经越来越受到设计界的高度重视。交通工具的光环境包括天然采光（通过玻璃）和人工照明（主要包括日常照明、应急照明等）两类，人工照明的基本要求与陆地建筑物室内设计相似，不同

交通工具对光环境有一些特别的要求。

1）汽车内饰光环境设计

轿车空间较小，行车时车内多保持关灯状态，内饰灯光主要包括普通照明顶灯、阅读灯、进出门灯、踏步灯、行李舱灯、化妆镜灯和环境灯。环境灯主要包括仪表板、开关按钮、门拉手等背景光和辅助光，多采用 LED 光源。

房车空间更接近一个小家庭空间，因此在光环境考虑上更灵活，常采用暗藏灯带和射灯来烘托气氛。

2）飞机内饰光环境设计

机舱内饰照明主要包括漫反射的背景光带和旅客局部照明的阅读灯，大型客机如 A380 公共空间还安装了嵌入式小筒灯和射灯，以补充漫反射背景光照度的不足。漫反射灯带暗藏于装饰界面的缝隙，光线被浅色材质二次反射后虽然损失了部分照度，但给人柔和感。阅读灯多采用石英射灯或 LED 光源，小范围定向照明，不影响他人。机舱内饰照明整体光色为暖白光，色温在 3000 ～ 4000K 范围。图 4-60 是空中客车 A380 的上下层楼梯，其照明设计结合曲面造型和温馨的色彩，装饰性很强。

3）轨道交通车辆内饰光环境设计

地铁和轻轨车辆光环境设计的照度高于飞机，色温略高，突出明亮感和高效感。长距离的高铁车厢光环境和飞机内舱有很大的相似之处，但其自然采光相比飞机更加充裕。

4）船舶内饰光环境设计

船舶内装情况较为复杂，水上部分舱体外侧可开水密窗采集自然光线，水下部分和大部

分内舱主要依赖人工照明。船舶内饰光环境设计可参考陆上建筑的相应房间，但要注意以下几点：

首先，要充分考虑安全性的要求。在存在可燃性气体和粉尘的危险场所，要使用船用防爆灯；在露天或半露天的甲板上要使用船用防水型灯具；要考虑灯具的抗振动性能等等。在地面高差变化处，也应该通过照明予以提示，以策安全；

第二，考虑到船舶摇晃和层高不高，较少采用吊灯，吸顶灯也多采用扁平式；活动的台灯和落地灯要考虑适当固定；

第三，可充分利用船舶结构部件，如暴露的立柱、横梁等做成反光柱或反光梁，将功能性和装饰性完美统一；

第四，有些船舶（如：城市内的游船），可以考虑外部泛光照明，通过内光外透和外部装饰照明营造艺术效果，为夜晚增添一份水上的风景线。

巧妙的光环境设计能够为船舶内舱塑造特定的气氛，图 4-64 就是通过不同的光色营造不同的空间氛围，使空间充满变化。

9.5.4　声环境

交通工具内部空间的噪声主要来源于动力设备，也包括高速行驶过程中的轮胎路面摩擦声、风的噪声、浪花的拍打声等，当然室外噪声也不可忽视。交通工具内部空间中的噪声难以完全消除，但应该努力控制，尽量为人们创造一个相对安静的出行环境。

1）声源控制

声源控制是从源头上控制噪声的产生，这是最直接有效的手段。以汽车为例，可以采取措施降低发动机进排气系统的噪声，可以采取隔振、阻尼处理等措施减少声源物体的振动，可以采取增加消声器减小噪声等办法。

2）传播途径控制

可以在噪声传播路径上采用隔声、隔振等处理措施，例如使用断桥或柔性阻尼材质连接以减少固体传声，或者采用密封的高密度物质减少空气传声。

对于空气噪声，可以在内饰设计中选用性能良好的隔声材质和隔声构造，以降低噪声。车船和飞机内饰设计中，常采用复合隔声结构。在交通工具钢板外层和隔声垫内层之间，常填充一层发泡或纤维材料，声波通过这层物质时，会被其共振效果损耗掉大部分能量，从而达到降噪和保温的双重目的（图 9-12）。隔声屏障要尽可能封闭，即使很小的漏洞也会大大降低隔声性能。

固体传声主要是振动传递，最简便有效的方式是采用阻尼垫，涂敷了阻尼材料的结构能通过阻尼材料的黏性内摩擦将部分机械能转化为热能，从而到达减振消声的目的。

3）吸声处理

常用的吸声材料有开孔 PU 泡沫、玻璃纤维、各类纤维毡、聚酯纤维吸音棉等。当声波通过这些多孔性材料时，由于流阻的作用产生摩擦，使声能的一部分被纤维所吸收，阻碍了声波的传递，具有上述特点的三棉（超细玻璃棉、陶瓷绵、岩棉）就广泛应用于船舶的吸声和隔热。

常用吸声构造包括：在穿孔板和墙壁间形成共振空腔的构造，或使声波通过狭窄通道进

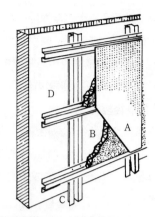

A—面层装饰板；B—保温隔热层；C—龙骨构造层；D—外层结构

图 9-12　舱室保温隔声构造示意图

入封闭空腔内共振的构造，都可以大大消减声能；不透气的薄板、薄膜材料，与背后的封闭空腔一起，可以形成板状吸声构造，当声波撞击板面时就便发生振动，板的挠曲振动将吸收的部分入射声能转化为热能。

薄壁共振构造对低频吸声尤其有效，而疏松多孔材料主要吸收中高频噪声。此外，悬挂空间吸声体和吸声帘幕也是较为灵活的吸声方式，且具有一定的装饰效果。

使用吸声材料时一定要注意材料的燃烧性能等级，尽量使用不燃材料。织物面料和皮革也具有一定的吸声作用，对于座椅面料，最好采用具有一定孔隙率的面料或皮革，以便于声波穿透而被里面的发泡层吸收。

9.6　交通工具内部人性化设计

体现人性化设计要求，关注使用者的需求和体验，不仅适用于陆地建筑物的室内设计，同样也适用于交通工具内饰设计。

9.6.1　信息传达设计

从固定的平面图形到交互的多媒体信息，现代交通工具内部充满了人、机、空间三者之间的信息传达，信息传达设计的本质是选择合适的信息媒介和传达方式，使沟通更有效、更具美感。高度信息化是未来交通工具发展的主要趋势，信息传达设计也愈发重要。对于内饰设计而言，必须充分考虑到这方面的需求，对各类信息终端和设备进行巧妙整合和布置，形成便于观看、美化有序的内部环境。图 9-13 是宾利车对个人信息终端的有机整合，图 9-14 是飞机座位上的各类附带小设备。

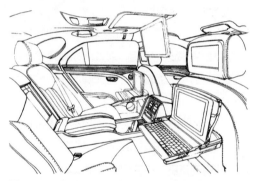

图 9-13　宾利车对个人信息终端的有机整合

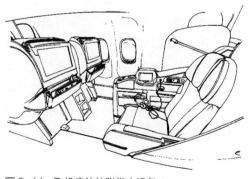

图 9-14　飞机座位的附带小设备

1）平面图形设计

空间环境中的图形设计应该结合具体的环境特点进行设计，使之成为空间环境的有机组成部分，表9-6介绍了交通工具内饰设计中常见的平面图形。

2）多媒体信息设计

相对平面图形而言，多媒体信息传达具有动态性，在单向传播和交互传播两种模式中，交互传播占据较大比重，表9-7介绍了其常见的种类和功能。

9.6.2 无障碍设计

交通工具的无障碍设计原理基本与陆地建筑物相同，但仍有一些特点。如：由于空间比较狭小，一般无法采用建筑物中常用的坡道，常通过安装轮椅升降器，以解决轮椅使用者的上下问题；在列车室内设计中，各车厢间采用无高差的地面和宽大的移动感应门，以保证行为障碍者的无障碍通行；在豪华邮轮中，则通过垂直电梯达到无障碍设计的目标。

在通道和卫生间设计中，一般无法设置宽大的走廊和残障人士专用卫生间，通常在通道和卫生间中加装大量可抓握的拉手，以方便老人和残障人士，也为正常人在摇晃环境中提供抓手。

考虑到视觉或听觉障碍人群的使用，在重要信息发布时，一般同时提供视觉图像（如：屏幕图像、疏散灯闪烁等方式）和声音信号（喇叭、报警声等）。

交通工具内饰设计中常见的平面图形简介表　　　　表 9-6

种类	功能
导向图形	指示方向和位置，如指导逃生和寻找厕所等，往往可以从交通工具的平面图中了解各个功能分区、疏散路线、安全出口的位置等信息
解释图形	说明某些装置和设备，或对行为提出要求，如飞机上的服务召唤按钮、车辆上照顾老弱病残孕的爱心专座标志等
装饰图形	烘托气氛，体现艺术氛围，往往与界面材质有机融合
平面广告	交通工具内部经常设置广告，优秀的平面广告除了具有商业功能外，也具有很强的艺术性

表格来源：王红江制作.

交通工具中多媒体信息及功能简介表　　　　表 9-7

类型	简介
发布运行状态	为旅客提供交通工具的位置、速度、到站情况、外部天气状况等运行状态信息，发布媒介多为滚动屏幕、动态灯箱等
发布广告	有单向发布和双向互动两种，如：地铁上的移动电视是单向发布的；出租车座椅后背的触摸液晶屏幕就是乘客可以选择的。此外在娱乐节目中，植入式广告也比较普遍
娱乐和工作	目前，交通工具已经成为一个移动的信息平台，在空间转换的同时完成工作和娱乐已经成为常态。高级轿车、房车、游艇、豪华邮轮、高铁、飞机等交通工具都安装有完善的视听娱乐设备，为枯燥的旅途增添乐趣，同时为商务人士提供高效的移动办公环境，在旅行途中可以与地球上任何地点的人进行高清视频通话和文件传输

表格来源：王红江制作.

9.6.3 细节设计

交通工具内部空间狭窄，细节设计尤其重要，不但体现出对使用者的关怀，也体现出设计品味和档次。

1）卫生间、厨房、吧台设计

卫生间和厨房是充满设计细节的地方，尤其在交通工具中，空间紧凑，设备一般都比较小，空间利用率很高。如图9-15中的高铁卫生间，一个可折叠翻板位于马桶上方，大大方便了家长为婴儿替换尿片。图9-16是中欧房车卫生间，其特制马桶可以旋转一定角度，这样就可以靠墙安装，节省了宝贵空间。

房车、游艇、商务机基本都会设置小型吧台或迷你厨房，提供冰箱、微波炉等必要设备

为旅客提供服务。考虑到整洁和放置物品，吧台内嵌小水斗通常会采用滑动盖板进行遮挡。图9-17是某游艇的厨房一体化家具，整合了多种设备和功能。

2）把手和衣帽钩设计

在走道、卫生间、门等处都需要设置把手，在把手、拉手的设计中，应该把功能和造型完美地结合起来。对于某些把手，例如飞机和地铁紧急出口处的操作把手还常设有遮挡玻璃罩，以防止乘客的误操作。

衣帽钩也是细节之一，一般安装在列车车厢窗户旁、卫生间门后或厕间隔断上，有时仅考虑衣帽的重量，有时需要考虑挂包的重量。

3）窗帘设计

窗帘设计主要起到遮挡阳光和烘托空间气

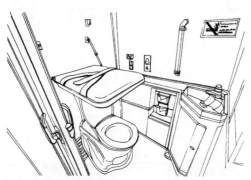

图9-15　高速列车卫生间

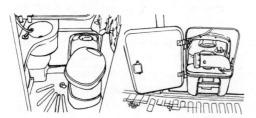

图9-16　中欧房车卫生间内可旋转的小马桶和可抽取的粪便柜

图9-17　某游艇的厨房一体化家具

氛的作用，部分房车窗帘还附带纱窗设计。飞机主要采用抽拉式遮阳板而很少采用窗帘。列车、大客车、房车和船舶因为窗户大且多，多采用布帘或带轨道外框的回弹卷帘来遮光。设计布帘时，要注意对窗帘轨道的暗藏处理。

4）阅读灯和插座设计

交通工具中的阅读灯多采用方向性很强的石英射灯或 LED 光源，可由乘客单独控制。房车、船可参考陆地建筑物设置台灯或壁灯作为阅读灯，在灯具选用上，小巧节能的 LED 阅读灯已十分普遍。

插座设计应该充分考虑使用需求，小汽车多配置 12V 点烟器插座，可通过连接配件为手机和笔记本电脑供电；很多国家的高速列车、飞机已经在座位处设置了普通电源插座，大大方便了个人信息终端的使用；船舶和房车也按需求配置了大量普通电源插座。

5）小物品放置设计

交通工具的小物品放置要注意整洁、收纳有序，同时要注意物品固定，避免滑落。图 9-18 是可嵌入智能手机的方向盘，方便了驾驶者。图 9-19 中游艇踏步与储物空间的结合也独具匠心。

本章主要注释：

（1）船规字 [1995]708 号 . 内河船舶乘客定额与舱室设备规范 [S].

本章插图来源：

图 9-1 至图 9-19 王红江 .

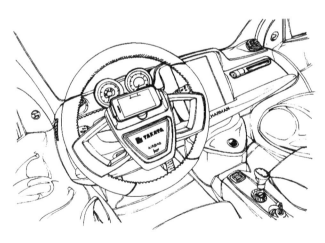

图 9-18　可嵌入智能手机的方向盘设计

图 9-19　游艇踏步和储物空间的结合

第10章
Chapter 10

室内设计的发展趋势
Trends in Interior Design

■ 关注健康的趋势
Wellness-Focused Design
■ 关爱生态的趋势
Ecological and Green Design
■ 注重整体的趋势
Environmental Integration
■ 传承文化的趋势
Cultural Inheritance
■ 融合科技的趋势
Technology Fusion
■ 强调个性的趋势
Emphasis on Individuality

20 世纪 60 年代以来，正统的现代主义建筑理论不断受到挑战与质疑，随之而来的是整个设计界表现出一种多元化的倾向。当前室内设计界，各种观点和学说不断涌现，表现出百花齐放、百家争鸣的倾向。在众多的设计趋向中，关注健康、关爱生态、注重整体、传承文化、融合科技、强调个性是得到大部分人认同的主要发展趋势。

10.1 关注健康的趋势

随着生活水平的不断提升，"健康"已经成为人们最为关注的议题。2015 年国家卫生和计划生育委员会发布了《中国居民营养与慢性病状况报告（2015 年）》，指出："在造成人体疾病与带来人体不健康的各类因素中最重要的要素之一便是建筑环境。"同时，数据显示：在人的一生中，平均有 86.9% 的时间是在室内环境中度过，因此室内环境的好坏对于人体健康影响巨大。[1]

2016 年 10 月中国政府提出了《"健康中国 2030"规划纲要》，提出了"以普及健康生活、优化健康服务、完善健康保障、建设健康环境、发展健康产业为重点"的规划思路。[2]由此可见，"健康"问题已经得到国家层面的高度重视，

"建设健康环境"已经列入国家的战略部署。

"健康"问题涉及诸多学科的知识。为了更好地解决建筑中的健康问题，国际 WELL 建筑研究所（IWBI）在大量研究的基础上，于 2014 年 10 月正式发布了世界上第一部完善的健康建筑标准：WELL 建筑标准 1.0。2015 年 3 月，该标准正式引入中国。WELL 建筑标准将人体细分为 11 个系统：心血管系统、消化系统、内分泌系统、免疫系统、皮肤系统、肌肉系统、神经系统、生殖系统、呼吸系统、骨骼系统、泌尿系统。针对不同的系统，WELL 标准进行了详细分析，提出了影响健康的相关因素。同时，WELL 建筑标准从空气（air）、水（water）、营养（nourishment）、光（light）、健身（fitness）、舒适（comfort）、精神（mind）等七个类别（concept）提出了相应的改善人体健康的条款（feature），亦即：设计策略。[3]WELL 建筑标准自诞生以来，在世界各国得到了广泛的运用，表现出强大的影响力。

中国建筑学会于 2017 年 1 月发布了《健康建筑评价标准》T/ASC 02-2016。从中国国情出发，提出了健康建筑的评价标准。该标准主要从空气、水、健身、舒适、人文、服务等六方面提出了详细的评价标准，同时还设有

"提高与创新"条款。这些条款既可以用于评价健康建筑，也可以用于指导健康建筑的设计实践。表10-1～表10-3就是整理后的健康建筑评价标准条款一览表。

表10-1是关于空气、水的健康评价条款，表10-2是关于舒适、健身的健康评价条款。

上述两表中的条款都以现有的国家标准为依据，具有明确的量化数据，操作性很强，可供设计师在实践中参照执行。此外，还设置了与人文、服务等有关的条款（表10-3），其中有些内容与社区管理、社区服务有较大的关系，体现出健康建筑应该与健康社区相结合的思想。

健康建筑评价标准部分条款（空气、水）　　　　　　　　表10-1

	类别	小类	条款
空气	控制项		● 典型污染物（甲醛、TVOC、苯系物等）浓度达标； ● 控制室内颗粒物（$PM_{2.5}$、PM_{10}）浓度； ● 室内使用的建筑材料应满足现行相关国家标准的要求； ● 木与塑料家具的有害物质限值应达标
	评分项	Ⅰ污染源	● 对能散发的污染物采取隔离与排气措施； ● 保障厨房的排风要求； ● 外窗、幕墙应有较好的气密性； ● 室内装饰装修材料中的有害物质达到相关国家标准的限值要求； ● 家具和室内陈设品的有害物质达到相关国家标准的限值要求
		Ⅱ浓度限值	● 室内颗粒物（$PM_{2.5}$、PM_{10}）的浓度达标； ● 室内空气中放射性物质和 CO_2 的浓度达标
		Ⅲ净化	● 设置空气净化装置
		Ⅳ监控	● 设置空气质量监控与发布系统； ● 地下车库设置与排风设备联动的 CO 浓度监测装置； ● 调查室内空气质量主观评价
水	控制项		● 生活饮用水水质达标； ● 非传统水源、游泳池、采暖空调系统、景观水体等的水质达标； ● 给水水池、水箱等储水设施应定期清洗消毒； ● 避免室内给水排水管道结露和漏损
	评分项	Ⅰ水质	● 合理设置直饮水系统； ● 生活饮用水水质指标优于现行国家标准； ● 集中生活热水系统供水温度不低于 55℃，且有抑菌、杀菌措施； ● 给水管道使用铜管、不锈钢管
		Ⅱ系统	● 各类给水排水管道和设备标识明确； ● 设有淋浴器的卫生间采用分水器配水或其他免干扰措施； ● 淋浴器设置恒温混水阀； ● 卫生间采用同层排水方式； ● 厨房和卫生间分别设置排水系统； ● 卫生器具和地漏合理设置水封
		Ⅲ监测	● 制定水质检测的送检制度； ● 设置水质在线监测系统

表格来源：陈易、李品制作，参自：T/ASC 02–2016.健康建筑评价标准 [S].

健康建筑评价标准部分条款（舒适、健身）　　　　　　表 10-2

类别	小类		条款
舒适	控制项		● 主要功能房间的室内噪声级达标； ● 噪声敏感房间的隔声性能达标； ● 天然光光环境达标； ● 照明光环境达标； ● 建筑外围护结构内表面温度应不低于室内空气露点温度，屋顶和东西外墙内表面温度达标
	评分项	I 声	● 建筑所处场地的环境噪声优于现行国家标准； ● 降低主要功能房间的室内噪声级； ● 噪声敏感房间与相邻房间的隔声性能良好； ● 人员密集的大空间应进行吸声减噪设计； ● 对建筑内产生噪声的设备及其连接管道进行有效的隔振降噪设计
		II 光	● 充分利用天然光； ● 照明控制系统可按需进行自动调节； ● 控制室内生理等效照度； ● 营造舒适的室外照明光环境
		III 热湿	● 室内人工冷热源热湿环境满足现行国家标准要求； ● 合理采用自然通风等被动调节措施达到人体适应性热舒适的要求； ● 主要功能房间空气相对湿度达标； ● 主要功能房间的供暖空调系统可基于人体热感觉进行动态调节
		IV 人体工程学	● 卫生间平面布局合理； ● 主要设备屏幕的高度及与用户之间的距离可调节； ● 桌面高度和座椅可自由调节
健身	控制项		● 健身运动场地面积达标； ● 设置免费健身器材的台数达标
	评分项	I 室外	● 设有室外健身场地； ● 设置专用健身步道，设有健身引导标识； ● 鼓励采用绿色与健身相结合的出行方式
		II 室内	● 建筑室内设有免费健身空间； ● 设置便于日常使用的楼梯； ● 设有可供健身或骑自行车人使用的服务设施
		III 器材	● 室外健身场地免费健身器材的数量达标； ● 室内免费健身器材的数量达标

表格来源：陈易、李品制作，参自：T/ASC 02–2016. 健康建筑评价标准 [S].

在评价过程中，还设置了"提高与创新"项，以鼓励用户采用标准更高的健康指标、采取更多符合健康设计原则的措施，取得更为理想的健康环境效果。主要内容包括：室内空气质量优于现行国家标准；允许不保证 18 天条件下，室内 PM2.5 日平均浓度不高于 25μg/m^3；设有小型农场并运转正常；建立个性化健身指导系统，为 50% 以上的建筑总人数制定运动方案；设置与健康相关的互联网服务；采取符合健康理念，促进公众身心健康、实现建筑健康

健康建筑评价标准部分条款（人文、服务） 表 10-3

	类别	小类	条款
人文	控制项		● 室内和室外绿化植物应无毒无害； ● 建筑室内和室外的色彩协调；公共空间与私有空间明确分区；建筑主要功能房间有良好的视野且无明显视线干扰； ● 场地与建筑的无障碍设计达标
人文	评分项	Ⅰ 交流	● 合理设置室外交流场地； ● 合理设置儿童游乐场地； ● 合理设置老年人活动场地； ● 设置公共服务食堂并对所有建筑使用者开放
		Ⅱ 心理	● 合理设置文化活动场地； ● 营造优美的绿化环境，增加室内外绿化量； ● 入口大堂中有植物或水景布景，有休息座椅，有放置雨伞的设施； ● 设有用于静思、心理咨询等的心理调整房间
		Ⅲ 适老	● 充分考虑老年人的使用安全与方便； ● 建筑内设置无障碍电梯； ● 具有医疗服务和紧急救援的便利条件
服务	控制项		● 应制定并实施健康建筑管理制度； ● 应向业主展示气候及气象灾害预警的信息； ● 餐饮厨房区设置应规范； ● 餐饮厨房区有虫害控制措施并定期检查； ● 垃圾箱、垃圾收集站（点）不应污染环境
	评分项	Ⅰ 物业	● 物业管理机构获得有关管理体系认证； ● 采用无公害的病虫害防治技术； ● 在关键场所禁止吸烟； ● 餐饮厨房区制定清洁计划，定期清除废弃物和消毒； ● 空调通风系统和净化设备定期检查和清洗； ● 进行健康建筑运行质量满意度调查
		Ⅱ 公示	● 开发健康建筑信息服务平台并无偿提供相关信息； ● 规范预包装食品和致敏物质信息的标示； ● 散装食品的容器或外包装上具有明确的各类信息标示
		Ⅲ 活动	● 开展健身宣传，举办促进生理、心理健康的讲座和活动； ● 定期举办亲子、邻里或公益活动； ● 为建筑使用者和管理者提供免费体检服务； ● 成立书画、摄影、茶艺、舞蹈等兴趣小组
		Ⅳ 宣传	● 编制健康建筑使用手册； ● 宣传健康生活理念

表格来源：陈易、李品制作，参自：T/ASC 02-2016.健康建筑评价标准 [S].

性能提升的其他创新，并有明显效益。

《健康建筑评价标准》T/ASC 02-2016 要求参评项目首先应该满足绿色建筑的要求，同时，参评项目必须满足所有"控制项"的要求。在此基础上，才能通过所有"评分项"的得分之和，判定健康建筑的等级。目前，参照绿色建筑的评价方法，将健康建筑分为三星级、二星级、一星级共三个层次。

总之，健康设计是未来建筑设计、室内设计的主要发展趋势之一，是设计师必须考虑的

室内设计中关爱生态的 3R 原则及相应的设计方法一览表　　　表 10-4

3R 原则	细化原则	具体设计方法
Reduce（减少各种不良影响的原则）	减少对人体健康的危害	● 谨慎选择建筑材料和装修材料； ● 确保室内环境中的有害物质含量达到相关国家标准中的限值要求 ● 保证工作人员在室内环境中的健康状态； ● ……
	减少对自然环境的伤害	● 尽可能采用简洁的设计语言，减少材料消耗、能源消耗； ● 尽可能考虑满足多种室内功能变化的可能性； ● 尽可能采用"软装饰"的方法（即：以家具、陈设等内含物为主的装饰方法），以增加变化的可能性和减少材料消耗； ● 尽可能做到建筑设计与室内设计的一体化设计； ● 尽可能利用天然采光、自然通风等方式，减少能源消耗； ● 尽可能采用高效节能的设备； ● 尽可能使用内含能量低的建筑材料和装修材料； ● 尽可能采用可再生能源，如尽可能使用太阳能热水器、太阳能光伏电池等； ● ……
Reuse（再利用的原则）	旧建筑再利用	● 旧建筑的更新、改造有助于大大减少资源消耗和能源消耗，同时有助于减少废弃物，还有助于文化传承； ● 新建项目也应考虑未来的适应性调整； ● ……
	材料、设备等的再利用	● 应尽量再利用原有的材料、构件、设备、家具等； ● 在选择新材料、新设备时，需要考虑今后被再利用的可能性； ● ……
Recycle（循环利用的原则）	水体的循环利用	● 雨水的再利用； ● 灰水（中水）的利用； ● ……
	材料的循环利用	● 废弃材料的回收再利用； ● 其他废弃物的回收再利用； ● ……

表格来源：陈易制作.

内容，是实现"以人为本"思想的必要途径。

10.2　关爱生态的趋势

"可持续发展"（Sustainable Development）是当今人类社会发展的必然趋势，这一概念形成于 20 世纪 80 年代后期。尽管关于"可持续发展"概念有诸多不同的解释，但大部分学者都承认《我们共同的未来》一书中的解释，即："可持续发展是既满足当代人的需要，又不对后代人满足其需要的能力构成危害的发展。"[4] 这种发展战略是不同于传统发展战略的新模式，"可持续发展战略旨在促进人类之间以及人类与自然之间的和谐"[5]，它有助于真正解决当今世界能源危机、环境危机等一系列难题。

"可持续发展"首先强调发展，强调把社会、经济、环境等各项指标综合起来评价发展的质量，而不是仅仅把经济发展作为衡量指标。同时亦强调建立和推行一种新型的生产和消费方式。无论在生活上还是消费上，都应当尽可能有效地利用可再生资源，少排放废气、废水、废渣，尽量改变那种依靠高消耗、高投入来刺激经济增长的模式。

其次，可持续发展强调经济发展必须与生态保护相结合，做到可再生资源的持续利用，实现眼前利益与长远利益的统一，为子孙后代留下足够的生存和发展空间。可持续发展要求人类学会尊重自然，爱护自然，把自己作为生态系统中的一员，与自然界和谐相处，彻底改变"人主宰世界"的错误观点。

实现可持续发展，涉及人类文明的各个方面。建筑是人类文明的重要组成部分，建筑物及其内部环境不但与人类的日常生活密切相关，同时其建设、运行和维护过程又需要消耗大量的能源和材料，因此如何在建筑及其内部环境设计中贯彻可持续发展的原则就成为十分迫切的任务。1993 年国际建筑师协会第 18 次大会号召全世界建筑师把环境和社会的可持续性列入建筑师职业及其责任的核心。[6] 由此可见：关爱生态、推动世界的可持续发展正是当代设计师义不容辞的责任。

目前，国内外都在探索如何在建筑设计和室内设计中贯彻可持续发展原则，简要来说，主要表现为"3R 原则"和整合设计的原则。

10.2.1　3R 原则

"3R 原则"就是指：减少各种不良影响的原则、再利用的原则和循环利用的原则。希望通过这些原则，实现减少对自然的破坏、节约能源资源、减少浪费的目标，达到人与自然的和谐共生，保持自然的健康。3R 原则是目前各国设计师普遍遵循的设计原则，表 10-4 列举了室内设计中体现 3R 原则的常用设计方法。

10.2.2　整合设计原则

国内外设计界都认可：实现 3R 原则需要采用"整合设计"（integrated design）的理念，即把业主、各专业的设计人员、施工单位、材料供应商、未来使用者、物业管理、政府管理部门等组织起来，一起讨论，最终提出兼顾各方要求的关于生态设计的最佳选择。"整合设计"可以从建筑设计的初始阶段就引入 3R 的理念，通过不同专业之间的反复协商，最终确保更好地实现保护自然、保护生态的目标。位于墨西哥科斯特海边（Sea of Cortez）南贝佳（Baja）半岛的卡梅诺住宅（Camino Con Corazon）就是一例。

这一地区气候干热，阳光充足，偶有飙风和暴雨。业主期望设计一栋不同寻常的住宅，既朝向海景，又可以尽量利用自然通风，不用空调降温。为了实现上述目标，建筑师综合采取了建筑布局、建筑设计、室内设计等方面的设计手段，巧妙地实现了这一目标，见图 10-1～图 10-5。

在炎热地区设计住宅，隔热措施十分重要，

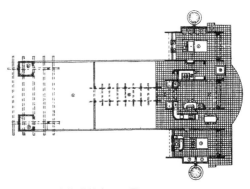

图 10-1　卡梅诺住宅平面图

图 10-2　住宅外观图

图 10-3　住宅背立面图

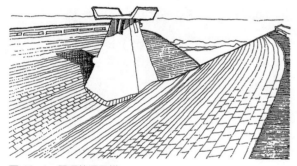

图 10-4　屋顶的通风塔

图 10-5　通透的内部空间

设计师对住宅的屋顶设计进行了大胆的尝试，采用了一个鱼腹式桁架系统，然后顶面覆以钢筋混凝土板；下侧桁架弦杆采用板条和水泥抹灰，形成一个可自然循环的双层通风屋顶。空气通过屋顶两头的网格进入，从女儿墙内的出口和屋顶中心的烟囱流出。中空部分可以隔热，侧面用网格封口，既可使空气通过，又可防止鸟儿在内部筑巢。这样形成的屋顶一方面解决了通风、降温问题，同时也是很好的艺术构件，形成了独特的外观效果，达到了艺术与功能的统一。

为了尽可能地利用自然通风，建筑师在内部空间处理上亦作了不少努力。整幢住宅分三部分：会客、起居娱乐、主人卧室。这三部分均可向海边、阳光和风道开门，只需打开折叠式桃花芯木门和玻璃门，就可使整栋建筑就变成一个带顶的门廊。

住宅的三个部分之间以活动隔门间隔，天气热时可以打开隔门通风，凉时或使用需要时可以关上，形成独立的空间，使用十分方便灵活。为了强化通风效果，建筑围墙、前门也均为网格形式，利于海风通过，又能形成美丽的光影效果。

在卡梅诺住宅设计中，设计师还考虑到屋顶雨水的收集问题。两片向上翘起的屋顶十分有利于收集雨水，屋顶两端还设置了跌水装置，可以让雨水落到地面的水池中，实现雨水的循环使用和重复使用。[7]

创作出"关爱生态"的建筑及其内部环境是目前设计界普遍认可的设计趋势，是人类在面临生存危机情况下所进行的探索。卡梅诺住宅在这方面进行了较为全面的尝试，尤其体现出被动式设计的魅力，其经验具有很好的借鉴意义。事实上，在中国的大量传统建筑中亦有不少符合可持续发展理论的佳例，西北地区的窑洞就是实例。

如今，中国面临着能源紧缺、资源不足、污染严重等一系列问题，发展与环境的矛盾日益突出。作为一名设计师，完全有必要贯彻关爱生态的思想，借鉴人类历史上的一切优秀成果，用自己的巧妙设计为人类的明天作出贡献。

10.3　注重整体的趋势

"环境"并不是一个新名词，但将"环境"的概念引入设计领域的历史则并不太长。从范围的大小来看，环境可以分成三个层次，即宏观环境、中观环境和微观环境，它们各自有着不同的内涵和特点。

宏观环境的范围和规模非常之大，其内容常包括太空、大气、山川森林、平原草地、城镇及乡村等，涉及的设计行业常有：国土规划、区域规划、城乡规划、风景区规划等。

中观环境常指社区、街坊、建筑物群体及单体、公园、室外环境等，涉及的设计行业主要是：城市设计、建筑设计、室外环境设计、园林设计等。

微观环境一般常指各类建筑物的内部环境，涉及的设计行业常包括：室内设计、工业产品设计等。

上述三个层次共同组成了一个大系统，各个层次之间存在着互相制约、互相影响、相辅相成的关系，通过互相协调、互相补充、互相促进，最终达到有机匹配，共同创造出完美的整体环境。

10.3.1　室内环境与室外环境的整合

微观环境对人们的生存行为有着举足轻重的影响，绝大多数人在一生中的绝大多数时间里都与微观环境发生着最直接最密切的联系。然而尽管如此，必须认识到微观环境只是整个环境系统中的一份子，它必须与中观环境、宏观环境互相协调。

对于室内空间而言，必然会与周边的建筑、绿化、公园、城镇等环境发生各种关系，只有充分注意它们之间的有机匹配，才能创造出真正良好的内部环境。设计师应该善于从室外环境中汲取灵感，以期创造富有特色的内部环境。事实上，室内设计的风格、用色、用材、门窗位置、视觉引导、绿化选择等方面都与室外环境存在着紧密关系。据说贝聿铭先生在踏勘香山饭店的基地时，就邀请室内设计师凯勒（D. Keller）先生一起对基地周围的地势、景色、邻近的原有建筑等进行仔细考察，商议设计中的香山饭店与周围自然环境的联系，充分反映出贝先生强烈的环境整体观。图10-6～图10-8是香山饭店的平面图、外观图和中庭内景图，从中可以看到：建筑设计、景观设计、室内设计的互相协调，建筑的中轴线也是室外景观的中轴线，也是中庭（溢香厅）的中轴线，通过运用对景等设计手法，室内与室外融于一体，共同构成一个完整的整体。

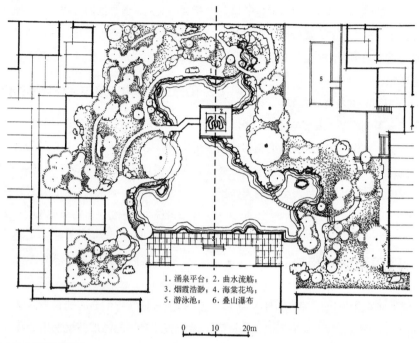

1. 涌泉平台; 2. 曲水流觞;
3. 烟霞浩渺; 4. 海棠花坞;
5. 游泳池; 6. 叠山瀑布

0   10   20m

图 10-6 香山饭店平面图

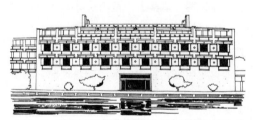

图 10-7 香山饭店外观效果

图 10-8 香山饭店内景溢香厅

10.3.2 室内空间与建筑整体的结合

　　室内设计与建筑设计存在着千丝万缕的联系。室内空间的形状、大小、门窗开启方式、空间与空间之间的联系方式，乃至室内设计的风格等，都与建筑设计存在着密切的关系。当然室内设计的质量也直接影响着建筑物的使用与品位。

　　一般而言，室内设计应该延续建筑设计的风格，二者共同构成一个统一的整体。贝聿铭先生设计的埃弗逊美术馆（Everson Museum of Art）就是一例（图 10-9、图 10-10）。该美术馆强调的是厚重、浑厚的风格，强调雕塑般的实体感，其内部空间突出的也是这种浑厚的效果。美术馆的微观环境与中观环境达到了浑然一体的境界。

图 10-9　埃弗逊美术馆外观

图 10-10　埃弗逊美术馆中央大展厅内景

即使在出租的建筑物中，其公共空间的室内设计也往往表现出与建筑设计风格的一致性。如：很多出租的写字楼，在大厅、电梯厅、走廊等公共空间，室内设计往往尽量保持与建筑风格的一致，共同形成整体的风格。当然，各个出租办公空间的室内设计风格，则常常由各使用单位自行决定。

总之，室内设计是环境系统中的一个组成部分，坚持从环境整体观出发有助于创造出富有整体感、富有特色的内部环境。

10.4　传承文化的趋势

在现代主义建筑运动盛行的时期，设计界曾经出现过一种否定传统、否定地域特点的思潮。随着时代的推移，人们已经认识到这种脱离历史、脱离地域传统的观点是不成熟的，是有欠缺的。人们认识到：只有研究事物的过去，了解它的发展过程，领会它的特有时空条件，才能更全面地理解它的全貌，也才能有助于进行设计构思，否则就可能陷于凭空构想的境地。因此，约在 20 世纪 60 年代之后，设计界开始倡导尊重历史文化和地域特色，这种趋势一直延续至今，始终受到人们的重视。

10.4.1　注重历史文脉和地域特色

传承文化的趋势要求设计师尽量把时代感与历史文脉、地域特点有机地结合起来，尽量通过现代技术手段而使古老传统重新活跃起来。这种设计思想在建筑设计和室内设计领域内得到了强烈的反映，在室内设计领域常常表现得更为详尽。特别是在生活居住、旅游休闲和文化娱乐等室内环境中，带有乡土风味、地方风格、民族特点的内部环境往往比较容易受到人们的欢迎，因此室内设计师亦比较注意突出各地方的历史文脉和各民族的传统特色，这样的例子不胜枚举。前面介绍的香山饭店在这方面亦进行了探索。香山饭店既是一幢现代化的宾馆，又在设计中充分体现中国传统建筑精神。设计师从江南传统园林和民居中吸取了不少养分，将溢香厅内粉墙翠竹、叠石理水与传统影壁组织在一起，创造出具有中国江南韵味的中庭空间。在材料的选择及细部处理上也很讲究，采用白色粉墙和灰砖线脚；在山石选择、壁灯、楼梯栏杆等细部处理中也很注意地域风格的体现。

被视为后现代主义里程碑的美国电话电报公司总部大楼（AT & T Building）是尊重历史文脉的又一例证（图 10-11 ~ 图 10-14）。该大楼位于纽约地价十分昂贵的中心区，平面采用十分简洁的矩形，单从平面看就有古典建筑的感觉。大楼的首层电楼厅是设计的重点，为了突出古典气氛，设计师采用了一排非结构的柱廊，这样既划分了电梯厅的平面，丰富了空间，而且又突出了古典的韵味。内部的材料主要以深色磨光花岗岩为主，华丽而稳重；地面石材作拼花图案处理，增加了丰富的感觉，亦有古典建筑的韵味；同时，还运用了许多古典建筑的语言，如拱廊、具象的雕塑等……总之，该大楼的室内设计是怀念历史、表现历史文脉的典例之一。

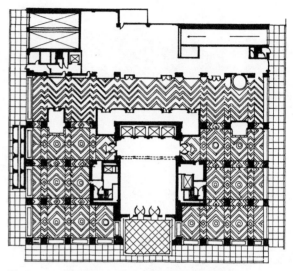

图 10-12　美国电话电报公司总部大楼首层平面图

图 10-13　美国电话电报公司总部大楼入口前厅效果

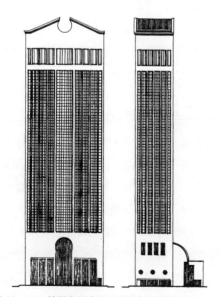

图 10-11　美国电话电报公司总部大楼外立面

图 10-14 美国电话电报公司总部大楼电梯厅内景

10.4.2 注重历史建筑保护

广义上，凡是使用过一段时间的建筑都可以称作旧建筑（或称为：既有建筑），其中既包括具有重大历史文化价值的古建筑、优秀的近现代建筑，也包括广泛存在的一般性建筑，如厂房、住宅等。室内设计与既有建筑改造具有非常紧密的联系。从某种意义上可以说，正是大量既有建筑需要重新进行内部空间的改造，才使室内设计成为一门相对独立的学科，才使室内设计师具有稳定的业务来源。一般情况下，室内设计的各种原则完全适用于既有建筑改造，这里则重点介绍具有历史文化价值的既有建筑室内改造。

建筑是文明的结晶、文化的载体，建筑常常通过各种各样的途径承载了这样那样的信息，人们可以从建筑中读到城市发展的历史。如果一个城市失去了不同时期的历史建筑，那么这个城市将成为缺乏历史感的场所，城市的魅力将大打折扣。那么如何保留城市记忆、保护历史建筑呢？人们经历了从原物不动、展览品式保护到逐渐再开发再利用等几个阶段。

建筑的意义在于使用，展览品式的保护尽管可以使建筑得到很好的保存，但活力却无从谈起，经济代价也十分巨大。因此，除了对于顶级的、历史意义极其深刻的古迹或者其结构已经实在无法负担新的功能的历史建筑以外，对于大多数年代比较近的，尤其是大量性的历史建筑保护应该优先考虑改造再利用的方式。比如在欧洲，大多数年代久远的教堂具有很高的历史价值，对这些教堂的保护工作往往是与使用并行的，即在使用中保护，在保护中使用，因此这些建筑一直焕发着活力，成为城市中的亮点。

在对具有历史文化价值的旧建筑进行改造时，除了运用一般的室内设计原则与方法外，还应特别注意"原真性"要求。学者们普遍认为：尽管历史建筑改造要使建筑遗产达到功能和美学上的完善，但更重要的是：要保护建筑遗产从诞生起的整个存在过程直到采取保护措施时为止所获得的全部信息，保护史料的原真性与可读性。"修缮不等于保护。它可能是一种保护措施，也可能是一种破坏。只有严格保存文物建筑在存在过程中获得的一切有意义的特点，修缮才可能是保护。而文物建筑的有意义的特点，在立档之始就应该由各方面的专家共同确认。这些特点甚至可能包括地震造成的裂缝、和滑坡造成的倾斜等'消极的'痕迹。因为有些特点的意义现在尚未被认识，而将来可能，所以，《威尼斯宪章》一般地规定，保护文物建筑就是保护它的全部现状。……修缮工作必须保持文物建筑的历史纯洁性，不可失真，为修缮和加固所加上去的东西都要能识别得出来，不可乱真。并且应该设法展现建筑物的历史。换一句话说，就是文物建筑的历史必须是清晰可读的。"[8]

历史建筑改造的佳例不少，如：法国巴黎的奥尔塞博物馆（Musée d'Orsay）就是一例。奥尔塞博物馆利用废弃多年的火车站改建而成，在改建过程中设计师尽量保存了建筑物的原貌，最大限度地使历史文脉延续下来，尽可能使传统的东西在新的环境中发挥价值；而新增部分的形式尽量简化朴素，以衬托传统建筑构件和装饰的精美。图 10-15 为展览大厅的一角，设计师保留了原有天花和构件，在原有站台上加设平台增加展览空间，新增的构件易于与原有构件区分，十分清晰地表达出不同历史时期的建筑信息，有些原有物件（如：大钟、顶部饰块）已经成为展厅的重要陈设物和装饰物（图 10-16）。通过增设展览空间，既满足了陈列要求，又较好地调整了空间尺度感，且衬托出原有建筑的优美。

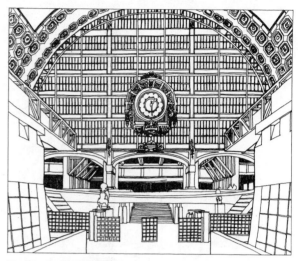

图 10-15　改造后的展览大厅

10.4.3　注重工业文明的传承

随着城市产业结构的转型，中国很多城市中有不少结构良好的工业建筑闲置下来，这些工业建筑往往成片出现，位于城市的偏中心地带，一旦处理不当，容易导致城市的局部性衰

图 10-16　原有的大钟成为重要的空间陈设物

落。这些工业建筑一般受当时国外工业建筑形式的影响比较大，采用了当时的新材料、新结构、新技术，加之空间高大、质朴，极具更新改造的价值和潜力，国内各大城市已经有不少成功的改造实例。

目前比较常见的方式是：将既有工业建筑改造成艺术家工作室、创意类办公空间、购物中心、餐馆、酒吧、社区中心或者室内运动场所等。厂房的特殊结构、特殊设备以及材料质感为人们提供了不同的感受，使人从中体会到工业文明的特色，同时，相对高大的空间也给人以不同于常见民用建筑的新奇感。改造之后工业建筑重新焕发生机，地区也随之繁荣起来，为社会提供了更多的就业机会，体现出工业建筑改造的社会价值。

工业建筑改造中亦涉及"整旧如旧"或"整旧如新"的选择问题。目前不少设计师偏向于采用"整旧如旧"的方法，希望保持历史资料的原真性和可读性。例如，北京东北部的大山子 798 地区，集中了很多企业。随着时代的变迁，不少企业已经风光不再，于是一批艺术家租下了这些厂房，将其改造成自己的工作室、展室……，经过一段时间的发展，如今这一地区已经成为北京的"苏荷区"和旅游景点。图 10-17 所示为原来的工业建筑被改造成艺术家的展室和工作室；图 10-18 的车间被改造成展览空间，高大的空间给人以新鲜感；原有设备被保留下来，使参观者体会到工业文明的特色；一些"文革"年代的标语也故意保留下来，使人能回忆起那个年代的风风雨雨。

图 10-17　原来的工业建筑被改造成艺术家的展室和工作室

图 10-18　原来的车间被改造成展览空间

10.5 融合科技的趋势

将设计与科技发展紧密结合一直是不少设计师探索的内容。随着科技的飞速发展，人们更加认识到科学技术的力量和作用，越来越致力于在科学技术的平台上进行设计创作。在室内设计领域中，设计师们热心于运用新设备、新设施；努力引入各门学科（如：人类工效学、建筑光学、环境心理学等）的新知识；反复尝试新材料、新产品、新工艺；尝试在设计中运用数字化方法……。总之，科学技术的发展正在对室内设计产生深远的影响。

高技派就是在建筑设计和室内设计中崇尚表现新材料、新结构、新设备和新工艺的流派，其影响十分巨大且持续，出现了不少优秀的作品，巴黎的蓬皮杜国家艺术与文化中心至今堪称典例。蓬皮杜国家艺术与文化中心建成于 1976 年，其最大特点就在于充分展示了现代技术本身所具有的表现力。大楼暴露了结构，而且连设备也全部暴露了。在东立面上挂满了各种颜色的管道，红色的代表交通设备，绿色

的代表供水系统，蓝色的代表空调系统，黄色的代表供电系统。面向广场的西立面上则蜿蜒着一条由底层而上的自动扶梯和几条水平向的多层外走廊。蓬皮杜中心的结构采用了钢结构，由钢管柱和钢桁架梁所组成。桁架梁和柱的相接亦采用了特殊的套管，然后再用销钉销住，目的是为了使各层楼板有升降的可能性。至于各层的门窗，由于不承重而具有很好的可变性，加之电梯、楼梯与设备均在外面，更充分保证了使用的灵活性，达到平面、立面、剖面均能变化的目的（图 10-19、图 10-20）。

10.5.1 与绿色设计结合

随着生态观念日益深入人心，当前的科技运用又表现出与绿色设计理念相结合的趋势，出现了诸如：双层立面、太阳能光伏、风力发电、地热利用、智能化通风控制……等一系列新技术，设计师尝试利用新技术来解决生态问题，实现人与自然的和谐。其中法国阿拉伯世界研究中心（The Arab World Institute, Paris）就是一例。该研究中心的立面设计希望

图 10-19　蓬皮杜国家艺术与文化中心外观

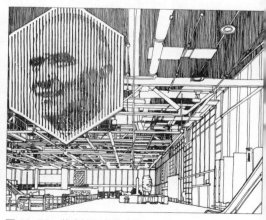

图 10-20　蓬皮杜国家艺术与文化中心大厅内景

图 10-21　法国阿拉伯世界研究中心外观

图 10-22　法国阿拉伯世界研究中心内部空间效果

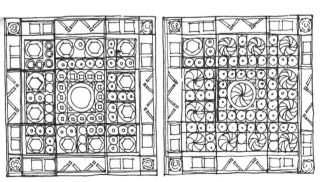

图 10-23　立面的局部设计,借鉴照相机快门的原理控制进光量

能够实现控制进光量,从而根据室外天气变化的情况,平衡天然采光与阳光得热之间的关系。设计师在外立面设计中借鉴了照相机快门的原理,使立面可以根据光线的强弱自动收缩,达到控制进光量的目的,形成一种高科技的"遮阳"手段(图 10-21 ~图 10-23)。

融合现代科技的室内设计不但可以在室内空间形象、环境气氛等方面有新的创举,给人以全新的感受,而且还有助于达到节约能源、节约资源的目标,是当前室内设计中的重要趋向之一,值得引起重视。

10.5.2　与数字技术结合

20 世纪后期以来,计算机技术、互联网技术、智能化技术等日趋发达,对人类的生活产生了巨大影响。如今,计算机已经深入到日常的建筑设计、室内设计工作之中,各类绘图软件、模拟软件得到广泛运用,甚至成为必备配置。

目前,在数字建模软件和编程手段的帮助下,设计师可以创作出复杂的造型;在数字制造技术的帮助下,可以建成和实现复杂的形态;在数字性能分析软件和技术的帮助下,可以使建筑物更节能、更绿色、更低碳;在数字结构计算和模拟分析技术的帮助下,可以使建筑设计与结构设计融为一体;在数字技术的帮助下,可以使人们降低造价,控制施工的全过程,还可以使后期的维护、管理更方便、更高效……总之,数字技术正在改变人们的观念,把与建筑设计、室内设计相关的多个专业和技术整合起来,全面推动行业的进步和发展。

数字技术对设计的影响是全方位、全过程的。在室内外空间的造型方面,飞速发展的数字技术为设计师的自由想象提供了强有力的支持。不少利用数字技术的空间造型，都打破了数千年来楼板、墙面、屋面都呈垂直状态（或有固定倾斜角）的习惯性思维，塑造出流动、不均质、倾斜、含糊、相互渗透的空间特征，突破了人与空间之间相对静止、硬性的关系，塑造出流动、柔美的空间形态，使人获得全新的空间体验。

图 10-24 是盖里为纽约某公司自助餐厅所做的室内设计，采用了弯曲的玻璃和钛金属；图 10-25 和图 10-26 是扎哈·哈迪德所做的室内设计，流畅的曲线和曲面给人以耳目一新的感受；图 10-27 是上海徐汇区龙腾大道某建筑内部空间，充分发挥了数字化设计的

长处和混凝土具有可塑性的特点，塑造出别致的空间效果；图 10-28 和图 10-29 是北京的凤凰国际传媒中心内景和哈尔滨艺术中心内景，大胆的设计和流动的空间给人以新奇、震撼之感。

在数字化时代，人类已经与计算机处于一个亲密合作的综合体系内，如果能将人类的创造力和想象力与机器的强大分析力和计算力综合成一股互相滋养、互相加强的力量，那将在很大程度上推动建筑设计和室内设计的发展。这绝对不是简单的绘图与运算工具的替代，而是空间认知、建造体系、价值体系等被赋予新的内涵，将给设计行业的发展倾注强大的生命力。

图 10-24　盖里的某自助餐厅室内设计

图 10-25　哈迪德的某艺术展览馆室内设计

图 10-26　哈迪德的某商业空间室内设计

图 10-27　发挥数字化设计长处的设计　　图 10-28　凤凰国际传媒中心内景

图 10-29　哈尔滨艺术
中心内景

10.6 强调个性的趋势

　　艺术创作是带有强烈个人色彩的精神活动，艺术家的天赋、素养、学识、经历、性格、情趣，以及接受的造型训练等因素，都是艺术家个性的重要来源。室内设计尽管具有浓厚的工程特点，但在很多方面也符合艺术创作的共性。设计师的设计哲学、设计理念、设计语言、设计技巧都可能使其作品表现出与众不同的个性。特别是 20 世纪 60 年代以来，现代主义建筑理论失去了一统天下的局面，各种理论、各种流派不断涌现，有时甚至有众说纷纭、无所适从之感。这种百家争鸣的局面，亦为设计师张扬个性提供了有利的外部条件。

图 10-30　奥地利旅游局营业厅内景

　　图 10-30 ～图 10-33 是三个完成于 20 世纪 70 年代左右反映设计师不同理念、不同个性的作品。图 10-30 是汉斯·霍莱因设计的维也纳奥地利旅游局营业厅，这是一个典型的反映后现代主义理念的作品，设计师运用了很多隐喻、象征的手法，形成了丰富的空间内涵，使人产生很多联想，也反映出设计师的个性；图 10-31 是贝聿铭设计的国家美术馆东馆，简洁的几何造型、表现材料的质感、表现光的魅力等设计手法都反映出现代主义的特点和设计师的强烈个性；图 10-32 和图 10-33 是理查德·罗杰斯设计的劳埃德大厦（Lloyd's of London），设计中暴露建筑结构，大量使用不锈钢、铝和其他合金材料构件，具有鲜明的高技派建筑风格，反映出设计师热爱和擅长表达现代技术的特点和个性。

　　图 10-34 和图 10-35 分别是典型的极少主义和极多主义的作品，这两类作品在处理

图 10-31　国家美术馆东馆中庭内景

图 10-32 劳埃德大厦外观

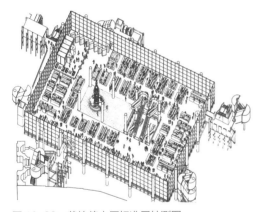

图 10-33 劳埃德大厦标准层轴测图

图 10-34 具有极少主义特征的室内空间

图 10-35 具有极多主义特征的室内空间

造型元素方面采取了完全不同的策略。前者强调：无需任何多余的装饰，只需要通过恰当的比例、简洁的肌理、单纯的色调、美妙的光影就可以创作出有活力、高质量的作品；后者则醉心于追求丰富的、奢华的、金碧辉煌的视觉效果。两类作品的视觉效果恰巧相反，既符合了不同业主的要求，也在某种程度上反映出设计师的个性。

21 世纪是强调创新的时代，在建筑设计和室内设计领域，创新往往意味着对个性的包容和鼓励。当然，设计师的个性不仅与其主观爱好有关，还受到社会大背景和文化大背景的制约，以及业主喜好、地域条件、技术水平、经济实力、施工技艺等多方面的制约。设计师需要不断探索，从文化素养、思想境界、设计技巧、生活感受等方面持续积累，才能逐渐形成自己的个性，获得最大限度的创作自由。

设计史和艺术史的发展已经证明：只有充分发挥创作个性，才能形成百花齐放、百家争鸣的繁荣局面，否则，就容易导致千篇一律、逐渐失去艺术活力，最终不利于行业的发展。

展望未来，室内设计仍将处于开放的端头，它的发展将与整个社会的变化相和谐、与艺术思潮的变化相和谐，与科学技术的进步相和谐，与人类对自身认识的深化相和谐，室内设计将永无止境地不断向前发展。

本章主要注释：

（1）李品.以低碳与健康为导向的上海既有住宅改造研究 [D]. 上海：同济大学硕士学位论文，2018：2-3.

（2）中共中央、国务院印发《"健康中国 2030"规划纲要 》[EB/OL].[2019-08-20]. http://www.gov.cn/zhengce/2016-10/25/content_5124174.htm.

（3）李品.以低碳与健康为导向的上海既有住宅改造研究 [D]. 上海：同济大学硕士学位论文，2018：36-37.

（4）世界环境与发展委员会.我们共同的未来 [M]. 王之佳，柯金良等译.长春：吉林人民出版社，1997：52.

（5）同上书，80.

（6）绿色建筑理念形成与发展 [EB/OL]. [2012-06-27]. https://site.douban.com/167209/widget/notes/9092563/note/222191708/.

（7）Michael J. Crosbie. Green Architecture: A Guide to Sustainable Design[M]. Rockport: Rockport Publishers, Inc., 1994：16-21.

（8）陈志华.谈文物建筑的保护 [J]. 世界建筑，1986（03）：16.

本章插图来源：

图 10-1Michael J. Crosbie. Green Architecture: A Guide to Sustainable Design[M]. Rockport: Rockport Publishers, Inc., 1994：16.

图 10-2 至图 10-5 陈易.

图 10-6 杜汝俭，李恩山，刘管平主编.园林建筑设计 [M]. 北京：中国建筑工业出版社，1986：392.

图 10-7 李雄飞，巢元凯主编.快速建筑设计图集（下）[M]. 北京：中国建筑工业出版社，1995：238.

图 10-8 陈易.

图 10-9 至图 10-10 张绮曼主编，郑曙旸副主编.室内设计经典集 [M]. 北京：中国建筑工业出版社，1994：115-116.

图 10-11 至图 10-14 同上书，196-198.

图 10-15 至图 10-16 同上书，205-206.

图 10-17 至图 10-18 陈易.

图 10-19 至图 10-20 张绮曼主编，郑曙旸副主编.室内设计经典集 [M]. 北京：中国建筑工业出版社，1994：151-152.

图 10-21 至图 10-23 同上书，221-222.

图 10-24（美）芭芭拉·伊森伯格著.建筑家弗兰克·盖里 [M]. 苏枫雅译.北京：中信出版社，2013；255.

图 10-25（澳大利亚）视觉出版集团著.扎哈·哈迪德和她的建筑 [M]. 付云伍译.桂林：广西师范大学出版社，2017：41.

图 10-26 同上书，90.

图 10-27 上海创盟国际建筑设计有限公司（Archi-Union Architects）.

图 10-28 Li Xiangning edited. Towards a Critical Pragmatism：Contemporary

Architecture in China[M]. He Yanfei translated. Mulgrave：The Images Publishing Group Pty Ltd., 2018：414.

图 10-29 同上书，404.

图 10-30（美）约翰·派尔著 . 世界室内设计史 [M]. 第 2 版 . 刘先觉、陈宇琳等译 . 北京：中国建筑工业出版社，2007：413.

图 10-31（美）菲利普·朱迪狄欧，珍妮特·亚当斯·斯特朗主编 . 贝聿铭全集 [M]. 李佳洁，郑小东译 . 北京：电子工业出版社，2012：141.

图 10-32 陈易 .

图 10-33（瑞士）肯尼斯·鲍威尔编 . 理查德·罗杰斯：未来建筑 [M]. 耿智，梁艳君，刘宜，杨戈，杨佳译 . 大连：大连理工大学出版社，2007：90.

图 10-34（西）奥罗拉·奎特编 . 极少主义室内设计 No.1[M]. 蔡红译 . 北京：中国水利水电出版社：知识产权出版社，2001：137.

图 10-35（西）恩卡纳·卡斯蒂落编著 . 极多主义室内设计 [M]. 马琴译 . 北京：中国建筑工业出版社，2005：36.

参考文献

相关标准及资料集

[1] 辞海编辑委员会．辞海 [M]．上海：上海辞书出版社，2000．

[2]《建筑设计资料集》编委会．建筑设计资料集（第一集）[M]．北京：中国建筑工业出版社，1994．

[3]《建筑设计资料集》编委会．建筑设计资料集（第三集）[M]．北京：中国建筑工业出版社，1994．

[4]《建筑设计资料集》编委会．建筑设计资料集（第六集）[M]．北京：中国建筑工业出版社，1994．

[5] 中国大百科全书总编辑委员会本卷编辑委员会．中国大百科全书—建筑·园林·城市规划 [M]．北京·上海：中国大百科全书出版社，1988．

[6] 中国建筑工业出版社，中国建筑学会．建筑设计资料集（第一分册）[M]．北京：中国建筑工业出版社，2017．

[7] 中国建筑工业出版社，中国建筑学会．建筑设计资料集（第四分册）[M]．北京：中国建筑工业出版社，2017．

[8] 中国建筑工业出版社，中国建筑学会．建筑设计资料集（第八分册）[M]．北京：中国建筑工业出版社，2017．

[9] 国家技术监督局．中国成年人人体尺寸：GB/T 10000-1988[S]．北京：中国标准出版社，1988．

[10] 国家市场监督管理总局，国家标准化管理委员会．公共场所卫生指标及限值要求：GB 37488-2019[S]．北京：中国标准出版社，2019．

[11] 中华人民共和国住房和城乡建设部，中华人民共和国国家质量监督检验检疫总局．建筑设计防火规范：GB 50016-2014[S]．北京：中国计划出版社，2014．

[12] 中华人民共和国住房和城乡建设部，中华人民共和国国家质量监督检验检疫总局．建筑照明设计标准：GB 50034-2013[S]．北京：中国建筑工业出版社，2013．

[13] 中华人民共和国住房和城乡建设部，中华人民共和国国家质量监督检验检疫总局．民用建筑隔声设计规范：GB 50118-2010[S]．北京：中国建筑工业出版社，2010．

[14] 中华人民共和国住房和城乡建设部，中华人民共和国国家质量监督检验检疫总局．建筑装饰装修工程质量验收标准：GB 50210-2018[S]．北京：中国建筑工业出版社，2018．

[15] 中华人民共和国住房和城乡建设部，中华人民共和国国家质量监督检验检疫总局．建筑内部装修设计防火规范：GB 50222-2017[S]．北京：中国计划出版社，2017．

[16] 中华人民共和国住房和城乡建设部，中华人民共和国国家质量监督检验检疫总局．民用建筑工程室内环境污染控制规范：GB 50325-2010[S]．北京：

中国计划出版社，2013.

[17] 中华人民共和国住房和城乡建设部，国家市场监督管理总局 . 民用建筑设计统一标准 : GB 50352-2019[S]. 北京 : 中国建筑工业出版社，2019.

[18] 中华人民共和国住房和城乡建设部，中华人民共和国国家质量监督检验检疫总局 . 无障碍设计规范 : GB 50763-2012[S]. 北京 : 中国建筑工业出版社，2012.

[19] 中华人民共和国住房和城乡建设部，中华人民共和国国家质量监督检验检疫总局 . 养老设施建筑设计规范 . CD 50867-2013[S]. 北京 : 中国建筑工业出版社，2013

[20] 中华人民共和国国家质量监督检验检疫总局，中华人民共和国卫生部，国家环境保护总局 . 室内空气质量标准 : GB/T 18883-2002[S]. 北京 : 中国标准出版社，2002.

[21] 中华人民共和国国家质量监督检验检疫总局，国家标准化管理委员会 . 中国未成年人人体尺寸 : GB/T 26158-2010[S]. 北京 : 中国标准出版社，2011.

[22] 中华人民共和国住房和城乡建设部，国家市场监督管理总局 . 绿色建筑评价标准 : GB/T 50378-2019[S]. 北京 : 中国建筑工业出版社，2019.

[23] 中国建筑学会 . 健康建筑评价标准 : T/ASC 02-2021[S]. 北京 . 中国建筑工业出版社，2021.

[24] 中华人民共和国船舶检验局 . 船规字 [1995]708 号 . 内河船舶乘客定额与舱室设备规范 [S]. 北京 : 人民交通出版社，1995.

相关专著

[1] Conran, Terence. The House Book[M]. New York: Crown Publishers Inc., 1977.

[2] Crosbie, Michael J.. Green Architecture: A Guide to Sustainable Design[M]. Rockport: Rockport Publishers, Inc., 1994.

[3] Goldsmith, Selwyn. Designing for the Disabled: The New Paradigm[M]. London: Taylor Francis Ltd, 1997.

[4] Li, Xiangning edited. Contemporary Architecture in China: Towards a Critical Pragmatism [M]. He Yanfei translated. Mulgrave: The Images Publishing Group Pty Ltd., 2018.

[5] Libeskind, Daniel. Daniel Libeskind: the Space of Encounter[M]. New York: Universe Publishing, 2001.

[6] Olds, Anita Rui. Child Care Design Guide[M]. New York: McGraw-Hill Companies, Inc., 2001.

[7] Sinnott, Ralph. Safety and Security in Building Design[M]. London: Gollins Professional and Technical Books, William Collins Sons & Co. Ltd., 1985.

[8]（澳大利亚）布伦丹·格利森，尼尔·西普 . 创建儿童友好性城市 [M]. 丁宇，译 . 北京 : 中国建筑工业出版社，2014.

[9]（澳）视觉出版集团 . 扎哈·哈迪德和她的建筑 [M]. 付云伍，译 . 桂林 : 广西师范大学出版社，2017.

[10]（德）梅尔文，罗德克，曼克 . 建筑空间中的色彩与交流 [M]. 马琴，万志斌，译 . 李铁楠，校 . 北京 : 中国建筑工业出版社，2008.

[11]（韩）韩国 C3 出版公社 . 苏醒的儿童空间 : 中文版（韩语版第 356 期）[M]. 刘懋琼，译 . 大连 : 大连理工大学出版社，2014.

[12]（美）Panero, Julius and Zelnik, Martin. 人体尺度与室内空间 [M]. 龚锦，译 . 曾坚，校 . 天津 : 天津科学技术出版社，1993.

[13]（美）Public Technology Inc. US Green Building Council. 绿色建筑技术手册 [M]. 王长庆，龙惟定，杜鹏飞，等，译. 北京：中国建筑工业出版社，1999.

[14]（美）R. 阿恩海姆. 色彩论 [M]. 常又明，译. 昆明：云南人民出版社，1980.

[15]（美）阿尔文·R·蒂利，亨利·得赖弗斯事务所. 人体工程学图解——设计中的人体因素 [M]. 朱涛，译. 北京：中国建筑工业出版社，1998.

[16]（美）芭芭拉·伊森伯格. 建筑家弗兰克·盖里 [M]. 苏枫雅，译. 北京：中信出版社，2013.

[17]（美）程大锦，科基·宾格利. 图解室内设计 [M]. 侯熠，冯希，译. 天津：天津大学出版社，2010.

[18]（美）菲利普·朱迪狄欧，珍妮特·亚当斯·斯特朗. 贝聿铭全集 [M]. 李佳洁，郑小东，译. 林兵，审校. 北京：电子工业出版社，2012.

[19]（美）马丁，Bella 和汉宁顿，Bruce. 通用设计方法 [M]. 初晓华，译. 北京：中央编译出版社，2013.

[20]（美）泰德·怀特恩. 西萨·佩里和他的建筑 [M]. 付云伍，译. 桂林：广西师范大学出版社，2018.

[21]（美）威廉·立德威尔克里蒂娜·霍顿吉尔·巴特勒. 通用设计法则 [M]. 朱占星，薛江，译. 北京：中央编译出版社，2013.

[22]（美）约翰·派尔. 世界室内设计史 [M]. 刘先觉，陈宇琳，等，译. 北京：中国建筑工业出版社，2007.

[23]（美）伊佩霞. 剑桥插图中国史 [M]. 赵世瑜，赵世玲，张宏艳，译. 济南：山东画报出版社，2002.

[24]（日）Ruriko Nii, Hitomi Umesawa. 医疗福利建筑室内设计 [M]. 陈浩，陈燕，译. 北京：中国建筑工业出版社，2011.

[25]（日）高龄者住宅财团. 老年住宅设计手册 [M]. 博洛尼精装研究院，中国建筑标准设计研究院，日本市浦设计，译. 北京：中国建筑工业出版社，2011.

[26]（日）荒木兵一郎，藤本尚久，田中直人. 国外建筑设计详图图集 3—无障碍建筑 [M]. 章俊华，白林，译. 北京：中国建筑工业出版社，2000.

[27]（日）芦原义信. 外部空间设计 [M]. 尹培桐，译. 北京：中国建筑工业出版社，1985.

[28]（日）日本建筑学会. 新版简明无障碍建筑设计资料集成 [M]. 杨一帆，张航，陈洪真，译. 苏怡，校. 北京：中国建筑工业出版社，2006.

[29]（日）日本照明学会. 照明手册 [M].《照明手册》翻译组，译. 北京：中国建筑工业出版社，1985.

[30]（日）田中直人，岩田三千子. 标识环境通用设计：规划设计的 108 个视点 [M]. 王宝刚，郭晓明，译. 北京：中国建筑工业出版社，2004.

[31]（日）小原二郎. 实用人体工程学 [M]. 康明瑶，段有瑞，译. 上海：复旦大学出版社，1991.

[32]（瑞典）斯文·蒂伯尔伊. 瑞典住宅研究与设计 [M]. 张珑，等，译. 北京：中国建筑工业出版社，1993.

[33]（瑞士）肯尼斯·鲍威尔，理查德·罗杰斯：未来建筑 [M]. 耿智，梁艳君，刘宜，等，译. 大连：大连理工大学出版社，2007.

[34]（西）奥罗拉·奎特. 极少主义室内设计 No.1[M]. 蔡红，译. 北京：中国水利水电出版社：知识产权出版社，2001.

[35]（西）恩卡纳·卡斯蒂落. 极多主义室内设计 [M]. 马琴，译. 北京：中国建筑工业出版社，2005.

[36] 陈飞虎，彭鹏. 建筑色彩学 [M]. 北京：中

国建筑工业出版社，2014.

[37] 陈易 . 建筑室内设计 [M]. 上海：同济大学出版社，2001.

[38] 陈易，陈申源 . 环境空间设计 [M]. 北京：中国建筑工业出版社，2008.

[39] 陈同滨，吴东，越乡 . 中国古典建筑室内装饰图集 [M]. 北京：今日中国出版社，1996.

[40] 陈志华 . 外国古建筑二十讲 [M]. 北京：生活·读书·新知三联书店，2002.

[41] 陈忠华，陈保胜 . 建筑装饰构造资料集（上）[M]. 北京：中国建筑工业出版社，1995.

[42] 杜汝俭，李恩山，刘管平 . 园林建筑设计 [M]. 北京：中国建筑工业出版社，1986.

[43] 樊树志 . 国史概要 [M]. 上海：复旦大学出版社，2000.

[44] 房志勇，林川 . 建筑装饰——原理、材料、构造、工艺 [M]. 北京：中国建筑工业出版社，1992.

[45] 高迪国际出版有限公司 . 游艇室内设计 [M]. 赵波，段佳燕，田育婧，译 . 大连：大连理工大学出版社，2012.

[46] 高祥生 . 装饰构造图集 [M]. 南京：江苏科学技术出版社，2005.

[47] 国家经贸委 /UNDP/GEF 中国绿色照明工程项目办公室，中国建筑科学研究院 . 绿色照明工程实施手册 [M]. 北京：中国建筑工业出版社，2003.

[48] 国务院学位委员会第六届学科评议组 . 学位授予和人才培养一级学科简介 [M]. 北京：高等教育出版社，2013.

[49] 霍光，侯纪洪 . 室内装修构造 [M]. 海口：海南出版社，1993.

[50] 霍维国，霍光 . 中国室内设计史 [M]. 北京：中国建筑工业出版社，2007.

[51] 贾祝军 . 无障碍设计 [M]. 北京：化学工业出版社，2015.

[52] 蒋孟厚 . 无障碍建筑设计 [M]. 北京：中国建筑工业出版社，1994.

[53] 焦舰，孙蕾，杨旻 . 城市无障碍设计 [M]. 北京：中国建筑工业出版社，2014.

[54] 来增祥，陆震纬 . 室内设计原理（上册）[M]. 北京：中国建筑工业出版社，1996.

[55] 李道增 . 环境行为学概论 [M]. 北京：清华大学出版社，1999.

[56] 李雄飞，巢元凯 . 快速建筑设计图集（中）[M]. 北京：中国建筑工业出版社，1994.

[57] 李雄飞，巢元凯 . 快速建筑设计图集（下）[M]. 北京：中国建筑工业出版社，1995.

[58] 李志民，宁岭 . 无障碍建筑环境设计 [M]. 武汉：华中科技大学出版社，2011.

[59] 梁思成 . 梁思成全集·第四卷 [M]. 北京：中国建筑工业出版社，2001.

[60] 刘敦桢 . 刘敦桢全集·第九卷 [M]. 北京：中国建筑工业出版社，2007.

[61] 柳孝图 . 建筑物理 [M]. 北京：中国建筑工业出版社，2010.

[62] 陆震纬，来增祥 . 室内设计原理（下册）[M]. 北京：中国建筑工业出版社，1997.

[63] 罗小未 . 外国近现代建筑史 [M]. 北京：中国建筑工业出版社，2004.

[64] 马光，胡仁禄 . 老年居住环境 [M]. 南京：东南大学出版社，1995.

[65] 潘谷西 . 中国建筑史 [M]. 北京：中国建筑工业出版社，2009.

[66] 彭一刚 . 建筑空间组合论 [M]. 北京：中国建筑工业出版社，2008.

[67] 彭一刚 . 中国古典园林分析 [M]. 北京：中国建筑工业出版社，1986.

[68] 羌苑，袁逸倩，王家兰 . 国外老年建筑设计 [M]. 北京：中国建筑工业出版社，1999.

[69] 矫苏平，井渌，张伟. 国外建筑与室内设计艺术 [M]. 徐州：中国矿业大学出版社，1998.

[70] 上海当代艺术博物馆. 伯纳德·屈米：建筑：概念与记号 [M]. 杭州：中国美术学院出版社，2016.

[71] 史春珊，袁纯馼. 现代室内设计与施工 [M]. 哈尔滨：黑龙江科学技术出版社，1988.

[72] 世界环境与发展委员会. 我们共同的未来 [M]. 王之佳，柯金良，等，译. 长春：吉林人民出版社，1997.

[73] 王建柱. 室内设计学 [M]. 台北：艺风堂出版社，1986.

[74] 王其钧，谢燕. 现代室内装饰 [M]. 天津：天津大学出版社，1992.

[75] 王笑梦，尹红力，马涛. 日本老年人福利设施设计理论与案例精析 [M]. 北京：中国建筑工业出版社，2013.

[76] 王小荣. 无障碍设计 [M]. 北京：中国建筑工业出版社，2011.

[77] 王远平，黄建军. 室内设计（上）[M]. 北京：中国建筑工业出版社，1999.

[78] 夏祖华，黄伟康. 城市空间设计 [M]. 南京：东南大学出版社，1992.

[79] 香港房屋协会. 香港住宅通用设计指南 [M]. 北京：中国建筑工业出版社，2009.

[80] 肖辉乾. 城市夜景照明规划设计与实录 [M]. 北京：中国建筑工业出版社，2000.

[81] 熊照志. 西方历代家具图册 [M]. 武汉：湖北美术出版社，1986.

[82] 徐磊青. 人体工程学与环境行为学 [M]. 北京：中国建筑工业出版社，2006.

[83] 徐磊青，杨公侠. 环境心理学 [M]. 上海：同济大学出版社，2002.

[84] 杨公侠. 建筑·人体·效能：建筑功效学 [M]. 天津：天津科学技术出版社，2000.

[85] 杨治良，罗承初. 心理学问答 [M]. 兰州：甘肃人民出版社，1986.

[86] 叶斌. 室内设计图典 [M]. 福州：福建科学技术出版社，1999.

[87] 张春新，敖依昌. 美术鉴赏 [M]. 重庆：重庆大学出版社，2002.

[88] 张恺悌，郭平. 中国人口老龄化与老年人状况蓝皮书 [M]. 北京：中国社会出版社，2010.

[89] 张绮曼. 环境艺术设计与理论 [M]. 北京：中国建筑工业出版社，1996.

[90] 张绮曼，郑曙旸. 室内设计经典集 [M]. 北京：中国建筑工业出版社，1994.

[91] 张绮曼，郑曙旸. 室内设计资料集 [M]. 北京：中国建筑工业出版社，1991.

[92] 赵广超. 不只中国木建筑 [M]. 上海：生活·读书·新知三联书店，2006.

[93] 郑曙旸等. 环境艺术设计与表现技法 [M]. 武汉：湖北美术出版社，2002.

[94] 周太明，皇甫炳炎，周莉，等. 电气照明设计 [M]. 上海：复旦大学出版社，2001.

[95] 周文麟. 城市无障碍环境设计 [M]. 北京：科学出版社，2000.

[96] 周燕珉，程晓青，林菊英，等. 老年住宅 [M]. 北京：中国建筑工业出版社，2018.

杂志

[1] 陈柏昆，李海峰. 提高《建筑施工》实践教学质量探讨 [J]. 青海大学学报（自然科学版），1997（4）：68-72.

[2] 陈志华. 谈文物建筑的保护 [J]. 世界建筑，1986（3）：15-18.

[3] 严永红. 重庆大学建筑城规学院光环境教学基地 [J]. 中国建筑装饰装修，2004（3）：68-71.

[4] 严永红 . 小型多用途教学实验室建设——重庆大学建筑城规学院建筑照明实验室 [J]. 照明工程学报，2005（2）：54-58.

非正式出版物

[1] 李品 . 以低碳与健康为导向的上海既有住宅改造研究 [D]. 上海：同济大学，2018.

[2] 卢琦 . "以人为本" 的老年居住环境创造 [D]. 上海：同济大学，2001.

[3] 吴正廉 . 世界豪华邮船图集 [R]. 上海：中国船舶工业集团公司第七〇八研究所，2008.

网站

[1] A Brief History of Interior Design [EB/OL].[2019-08-18]. https：//www.idlny.org/history-of-interior-design/.

[2] About ASID [EB/OL].[2019-07-24]. https：//www.asid.org/about.

[3] About CIDA [EB/OL].[2019-07-24]. https：//www.cidq.org/cidq.

[4] Become an Interior Designer [EB/OL]. [2019-07-24].https：//www.asid.org/belong/become.

[5] Definition of Interior Design [EB/OL]. [2019-07-24]. https：//www.cidq.org/definition-of-interior-design.

[6] NCIDQ Examination：3 Exam Sections [EB/OL].[2019-07-24].https：//www.cidq.org/exams.

[7] 道经 · 第十一章 [EB/OL].[2019-08-21]. https：//so.gushiwen.org/guwen/bookv_3320.aspx.

[8] 绿色建筑理念形成与发展 [EB/OL]. [2012-06-27]. https：//site.douban.com/167209/widget/notes/9092563/note/222191708/.

[9] 国际室内设计师 / 室内建筑师联照入会须知 [EB/OL]. [2019-07-24]. http：//www.jlzsxh.org.cn/newsview.php?id=91 IFI

[10] 亚洲室内设计联合会概述 [EB/OL].[2019-07-24]. http：//www.iid-asc.cn/international/read/100.html.

[11] 中共中央、国务院印发《"健康中国 2030" 规划纲要 》[EB/OL].[2019-08-20]. http：//www.gov.cn/zhengce/2016-10/25/content_5124174.htm.

[12] 中国建筑学会室内设计分会简介 [EB/OL]. [2019-07-24]. http：//www.iid-asc.cn/about/read/1.html.

图书在版编目（CIP）数据

室内设计原理／陈易主编 . —2 版 . —北京：中国建筑工业
出版社，2020.7（2023.8重印）
住房城乡建设部土建类学科专业"十三五"规划教材
高等学校建筑学专业指导委员会规划推荐教材
ISBN 978−7−112−25143−8

Ⅰ．①室…　Ⅱ．①陈…　Ⅲ．①室内装饰设计－高等学校－
教材　Ⅳ．① TU238.2

中国版本图书馆CIP数据核字（2020）第079507号

责任编辑：王　惠　陈　桦
责任校对：姜小莲

为了更好地支持相应课程的教学，我们向采用本书作为教材的教师提供课件，
有需要者可与出版社联系。
建工书院：http://edu.cabplink.com
邮箱：jckj@cabp.com.cn　电话：（010）58337285
教师QQ交流群：1050564186

住房城乡建设部土建类学科专业"十三五"规划教材
高等学校建筑学专业指导委员会规划推荐教材

室内设计原理（第二版）

主　编　同 济 大 学　陈　易
副主编　重 庆 大 学　陈永昌
　　　　华中科技大学　辛艺峰
＊
中国建筑工业出版社出版、发行（北京海淀三里河路9号）
各地新华书店、建筑书店经销
北京雅盈中佳图文设计公司制版
建工社（河北）印刷有限公司印刷
＊
开本：787 毫米 ×1092 毫米　1/16　印张：22　字数：465 千字
2020 年 8 月第二版　2023 年 8 月第三十二次印刷
定价：**79.00** 元（赠教师课件）
ISBN 978−7−112−25143−8
　（35916）